高等职业教育工程机械类专业规划教材

Jixie Zhitu ji CAD
机械制图及CAD

李云聪　吴笑伟　主　编
杨盛强［太原理工大学］　主　审

人民交通出版社

内 容 提 要

本书内容由机械制图及CAD两篇组成,根据当前高职高专的专业基础课程改革需要,结合高职高专教育特点和人才培养目标,采用最新技术制图与工程制图国家标准编写。

全书共有6个教学项目,内容包括:运用标准规定画图,绘制点、线、面的投影,绘制组合体的三视图及轴测图,识读与绘制零件图,识读与绘制装配图,计算机辅助制图。每个项目按照任务驱动的形式展开课程内容,按照任务引入→理论知识→任务实施→常见问题解析→任务小结5个环节编写。

本书为高职高专的工程机械运用与维修专业、工程机械技术服务与营销专业的教学用书,也可作为机械类其他专业的教学参考书和岗位培训用书。

图书在版编目(CIP)数据

机械制图及CAD/李云聪,吴笑伟主编. —北京:
人民交通出版社,2014.6
ISBN 978-7-114-11034-4

Ⅰ.①机… Ⅱ.①李…②吴… Ⅲ.①机械制图—
AutoCAD软件—高等职业教育—教材 Ⅳ.①TH126

中国版本图书馆CIP数据核字(2013)第282594号

高等职业教育工程机械类专业规划教材

书 名:	机械制图及CAD
著 作 者:	李云聪 吴笑伟
责任编辑:	丁润铎 周 凯
出版发行:	人民交通出版社股份有限公司
地 址:	(100011)北京市朝阳区安定门外外馆斜街3号
网 址:	http://www.ccpress.com.cn
销售电话:	(010) 59757973
总 经 销:	人民交通出版社股份有限公司发行部
经 销:	各地新华书店
印 刷:	北京市密东印刷有限公司
开 本:	787×1092 1/16
印 张:	16.75
字 数:	420千
版 次:	2014年6月 第1版
印 次:	2018年10月 第2次印刷
书 号:	ISBN 978-7-114-11034-4
定 价:	45.00元

(有印刷、装订质量问题的图书由本社负责调换)

高等职业教育工程机械类专业
规划教材编审委员会

主任委员 张 铁(山东交通学院)
副主任委员
  沈 旭(南京交通职业技术学院)   邰 茜(河南交通职业技术学院)
  吕其惠(广东交通职业技术学院)   吴幼松(安徽交通职业技术学院)
  李文耀(山西交通职业技术学院)   贺玉斌(内蒙古大学)

委 员
  丁成业(南京交通职业技术学院)   王 健(内蒙古大学)
  王 俊(安徽交通职业技术学院)   王德进(新疆交通职业技术学院)
  田兴强(贵州交通职业技术学院)   代绍军(云南交通职业技术学院)
  孙珍娣(新疆交通职业技术学院)   闫佐廷(辽宁省交通高等专科学校)
  刘 波(辽宁省交通高等专科学校)   祁贵珍(内蒙古大学)
  吴明华(安徽交通职业技术学院)   杜艳霞(河南交通职业技术学院)
  吴 哲(辽宁省交通高等专科学校)   陈华卫(四川交通职业技术学院)
  李云聪(山西交通职业技术学院)   李光林(山东交通职业技术学院)
  张炳根(湖南交通职业技术学院)   杨 川(成都铁路学校)
  杨长征(河南交通职业技术学院)   赵 波(辽宁省交通高等专科学校)
  高贵宝(山东职业学院)   徐化娟(甘肃交通职业技术学院)
  徐永杰(鲁东大学)   罗江红(新疆交通职业技术学院)
  张宏春(江苏省交通技师学校)   田晓华(江苏省扬州技师学院)

特邀编审委员
  万汉驰(三一重工股份有限公司)   刘士杰(中交西安筑路机械有限公司)
  孔渭翔(徐工集团挖掘机械有限公司)   张立银(山推工程机械股份有限公司工程机械研究总院)
  王彦章(中国龙工挖掘机事业部)   李世坤(中交西安筑路机械有限公司)
  王国超(山东临工工程机械有限公司重机公司)   李太杰(西安达刚路面机械股份有限公司)
  孔德锋(济南力拓工程机械有限公司)   季旭涛(力士德工程机械股份有限公司)
  韦 耿(广西柳工机械股份有限公司挖掘机事业部)   赵家宏(福建晋工机械有限公司)
  田志成(国家工程机械质量监督检验中心)   姚录廷(青岛科泰重工机械有限公司)
  冯克敏(成都市新筑路桥机械股份有限公司)   顾少航(中联重科股份有限公司渭南分公司)
  任华杰(徐工集团筑路机械有限公司)   谢 耘(山东临工工程机械有限公司)
  吕 伟(广西玉柴重工有限公司)   禄君胜(山推工程机械股份有限公司)

秘 书 长 丁润铎(人民交通出版社)

总 序

中国高等职业教育在教育部的积极推动下,经过10年的"示范"建设,现已进入"标准化"建设阶段。

2012年,教育部正式颁布了《高等职业学校专业教学标准》,解决了我国高等职业教育教什么、怎么教、教到什么程度的问题,为培养目标和规格、组织实施教学、规范教学管理、加强专业建设、开发教材和学习资源提供了依据。

目前,国内开设工程机械类专业的高等职业学校,大部分是原交通运输行业的院校,现为交通职业学院,而且这些院校大都是教育部"示范"建设学校。人民交通出版社审时度势,利用行业优势,集合院校10年示范建设的成果,组织国内近20所开设工程机械类专业高等职业教育院校专业负责人和骨干教师,于2012年4月在北京举行"示范院校工程机械专业教学教材改革研讨会"。本次会议的主要议题是交流示范院校工程机械专业人才培养工学结合成果、研讨工程机械专业课改教材开发。会议宣布成立教材编审委员会,张铁教授为首届主任委员。会议确定了8种专业平台课程、5种专业核心课程及6种专业拓展课程的主编、副主编。

2012年7月,高等职业教育工程机械类专业教材大纲审定会在山东交通学院顺利召开。各位主编分别就教材编写思路、编写模式、大纲内容、样章内容和课时安排进行了说明。会议确定了14门课程大纲,并就20门课程的编写进度与出版时间进行商定。此外,会议代表商议,教材定稿审稿会将按照专业平台课程、专业核心课程、专业拓展课程择时召开。

本教材的编写,以教育部《高等职业学校专业教学标准》为依据,以培养职业能力为主线,任务驱动、项目引领、问题启智,教、学、做一体化,既突出岗位实际,又不失工程机械技术前沿,同时将国内外一流工程机械的代表产品及工法、绿色节能技术等融入其中,使本套教材更加贴近市场,更加适应"用得上,下得去,干得好"的高素质技能人才的培养。

本套教材适用于教育部《高等职业学校专业教育标准》中规定的"工程机械控制技术(520109)"、"工程机械运用与维护(520110)"、"公路机械化施工技术(520112)"、"高等级公路维护与管理(520102)"、"道路桥梁工程技术(520108)"等专业。

本套教材也可作为工程机械制造企业、工程施工企业、公路桥梁施工及养护企业等职工培训教材。

本套教材也是广大工程机械技术人员难得的技术读本。

本套教材是工程机械类专业广大高等职业示范院校教师、专家智慧和辛勤劳动的结晶。在此向所有参编者表示敬意和感谢。

高等职业教育工程机械类专业规划教材编审委员会
2013.1

前 言

随着我国工程机械的发展，高职高专院校的机械制图课程也发生了深刻的变化。本书是根据教育部制定的《高职高专教育工程制图基本规定》，按照高职高专能力培养目标，从学生的认识规律出发，循序渐进，结合教学改革"项目引领，任务驱动"和"教、学、做一体化教学"的特点编写而成的。在编写中以"实用、够用"为准绳，遵循"精选内容、突出重点、强化应用、培养技能为主"、"基础理论教学要以应用为目的"的原则，从培养学生画图、识图、读图能力出发，注重知识的实用性、针对性。文字叙述力求简明通俗，插图清晰，图文并茂，并具有典型性和创新性。为方便教学，本书配有电子课件，使本教材更具实用性。为了适应识读国外图样的需要，本书介绍了第三角投影内容。全书贯彻执行了国家技术监督局发布的技术制图与机械制图标准以及近年来发布的有关新标准。本书另配有《机械制图习题集》与本书同时出版，以供学生及相关人员使用。

全书由山西交通职业技术学院李云聪、河南交通职业技术学院汽车学院吴笑伟担任主编。

参加本书编写工作的人员有：山西交通职业技术学院李云聪（项目一、项目四），李云峰（项目五之任务一），孙志星（项目五之任务二），王金仙（项目六之任务一、项目六之任务三、项目六之任务四），南京大学汽车学院吴笑伟（项目二、项目三），包头职业技术学院霍振生（项目六之任务二），山西交通技师学院刘玉洁（项目六任务五）。

本书聘请了太原理工大学杨盛强教授担任主审，对本书提出了许多宝贵意见，在此谨致谢枕！

尽管我们在探索教材特色方面做了许多努力，但由于编者水平有限，书中难免出现疏漏和不妥之处，恳请教学单位的专家和广大读者在使用时不吝指正。

编者

2014 年 1 月

第一篇 机械制图

项目一　运用标准规定画图 ··· 3
　　任务　识读机械图样中的国家标准 ··································· 3
项目二　绘制点、线、面的投影 ··· 23
　　任务　绘制点、线、面的投影 ······································· 23
项目三　绘制组合体的三视图及轴测图 ································· 41
　　任务一　绘制基本几何体的三视图 ································· 41
　　任务二　绘制组合体的三视图 ······································· 58
　　任务三　绘制组合体的轴测图 ······································· 74
项目四　识读与绘制零件图 ··· 85
　　任务一　学习机件的基本结构及表达方法 ························· 85
　　任务二　识读典型机件的零件图 ··································· 110
　　任务三　识读零件图中的尺寸及技术要求 ······················· 122
项目五　识读与绘制装配图 ··· 153
　　任务一　识读齿轮油泵的装配图 ··································· 153
　　任务二　识读装配图中标准件 ······································· 175

第二篇 AutoCAD

项目六　计算机辅助制图 ··· 209
　　任务一　平面图形吊钩的绘制 ······································· 209
　　任务二　标注尺寸 ··· 227
　　任务三　绘制轴 ·· 233
　　任务四　绘制千斤顶装配图 ··· 241
　　任务五　绘制立体图 ··· 247

参考文献 ··· 255

第一篇　机械制图

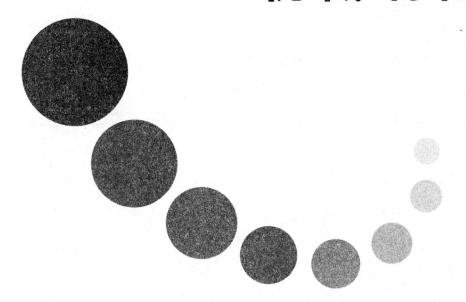

项目一
运用标准规定画图

任务　识读机械图样中的国家标准

任务引入

自从劳动开创人类文明史以来,图形一直是人们认识自然,表达、交流思想的主要形式。从象形文字的产生到埃及人丈量尼罗河两岸的土地,从航天飞机的问世到火星探测器对火星形貌的探测,图形的重要性是其他任何表达方式所不能替代的。它与语言和文字相比,具有形象、直观的优势。工程上用来表达物体的形状、尺寸与技术要求的图形称为图样。图样是人们表达设计思想、传递设计信息、交流创新构思的重要工具之一,是现代机械工业生产部门、管理部门和科技部门中一种重要的技术资料,在工程设计、施工、检验、技术交流等方面具有极其重要的地位。因此,图样被誉为工程技术界的通用语言,用图形、符号、文字和数字等元素确切地表示机械的结构形状、尺寸大小、工作原理和技术要求的图样称为机械图样。

为了便于技术交流、档案保存和各种出版物的发行,技术制图和机械制图等国家标准对图样上的图纸幅面和格式、比例和图线等内容作出了统一规定。国家标准是绘制工程图样时必须遵循的规则,每个工程技术人员都必须掌握并严格执行。

【知识目标】
1. 机械图样的分类、作用与基本内容;
2. 国家标准的一般规定(图纸幅面和格式、标题栏、比例、字体、图线、尺寸注法);
3. 绘图工具及绘图仪器的正确使用方法;
4. 平面图形的尺寸分析及画法;
5. 徒手画图的基本方法。

【能力目标】
1. 能正确识读机械图样中的国家标准;
2. 能正确使用一般的绘图工具和仪器;
3. 能选择合理的图线绘制平面图形。

一、机械图样的分类、作用与基本内容

机械图样就是根据投影原理、标准或有关规定画出的图,用以正确地表达机械、仪器等的形状、结构和大小。工厂中的图样有两大类,即零件图和装配图,统称为机械图样。

1. 零件图

1)零件图的作用

零件图主要有以下 3 方面的作用:

(1)指导零件生产前的准备工作。

(2)指导零件的加工制造工作。

(3)指导零件的质量检验工作。

2)零件图的内容

如图 1-1-1 所示为机座零件图。一张完整的零件图应包括以下 4 部分内容。

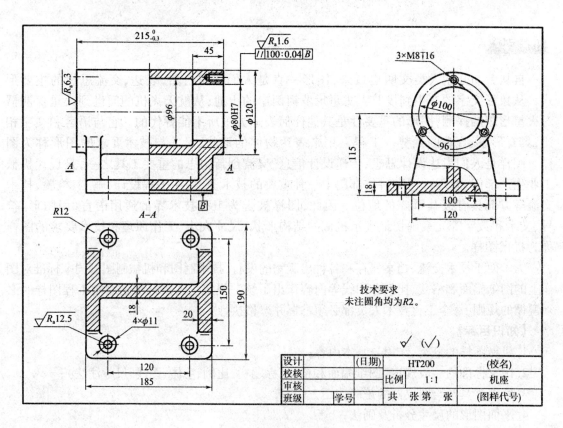

图 1-1-1 机座零件图

(1)一组视图。一组必要的视图,可采用剖视图、断面图等表示法,以便清晰地表达零件的形状、结构。

(2)完整的尺寸。正确、清晰、合理地标注零件制造、检验时所需要的全部尺寸。

(3)技术要求。零件图上的技术要求包括表面粗糙度、极限与配合、几何公差、表面处理、

热处理等要求。技术要求不能制定得太高,太高会增加制造成本;技术要求也不能制定得太低,太低会影响产品的使用性能和寿命。

(4)标题栏。零件图标题栏的内容包括零件名称、材料、数量、比例、图的编号以及制图者的签名和日期等。

2. 装配图

1)装配图的作用

装配图主要有以下3方面作用:

(1)装配图是绘制零件图的依据。

(2)装配图是机器装配、检验、调试和安装工作的依据。

(3)装配图是了解机器或部件工作原理、结构性能,从而决定操作、维护、拆装和维修方法的依据。

2)装配图的内容

如图1-1-2、图1-1-3所示,分别是滑动轴承的轴测图和装配图。

从图1-1-3中可知,一张完整的装配图应包括以下4部分内容:

(1)一组视图。表达机器的工作原理、各零件间的相对位置及装配关系、连接方式和重要零件的形状结构。

(2)必要的尺寸。标注出机器或部件的规格尺寸、安装尺寸、总体尺寸和其他重要尺寸等。

(3)技术要求。用文字或符号说明机器或部件在使用、检验、调试时的技术条件和要求。

(4)零件序号、明细栏和标题栏。在装配图上必须对每个零件进行编号,并在明细栏中

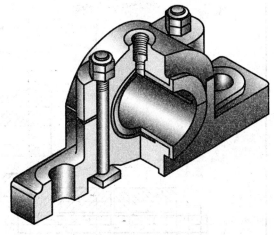

图1-1-2 滑动轴承轴测图

依次列出零件序号、名称、数量、材料等。标题栏中写明装配体的名称、绘图比例以及相关人员的名称等。

二、机械图样中的国家标准

机械图样是现代工业生产中最基本的技术文件,是工程界技术交流的"语言"。因此,对机械图样的内容、格式、尺寸注法和表达方法等,技术制图与机械制图等国家标准都作了统一规定。它们是机械图样绘制和使用的准则,工程技术人员必须严格遵守、认真执行。

1. 图纸幅面及格式(GB/T 14689—2008)

1)图纸幅面

图纸幅面是指由图纸宽度B和长度L组成的图面。标准图幅大小有5种,代号从A0~A4号。绘图时应选用表1-1-1中规定的图纸幅面尺寸。

在各种图纸的幅面中,A0幅面最大,面积约为$1m^2$;A1幅面为A0幅面的一半;其余都是后一号幅面为前一号幅面的一半;必要时,允许加长幅面,加长后的幅面尺寸应按基本幅面短边的整数倍增加得出。

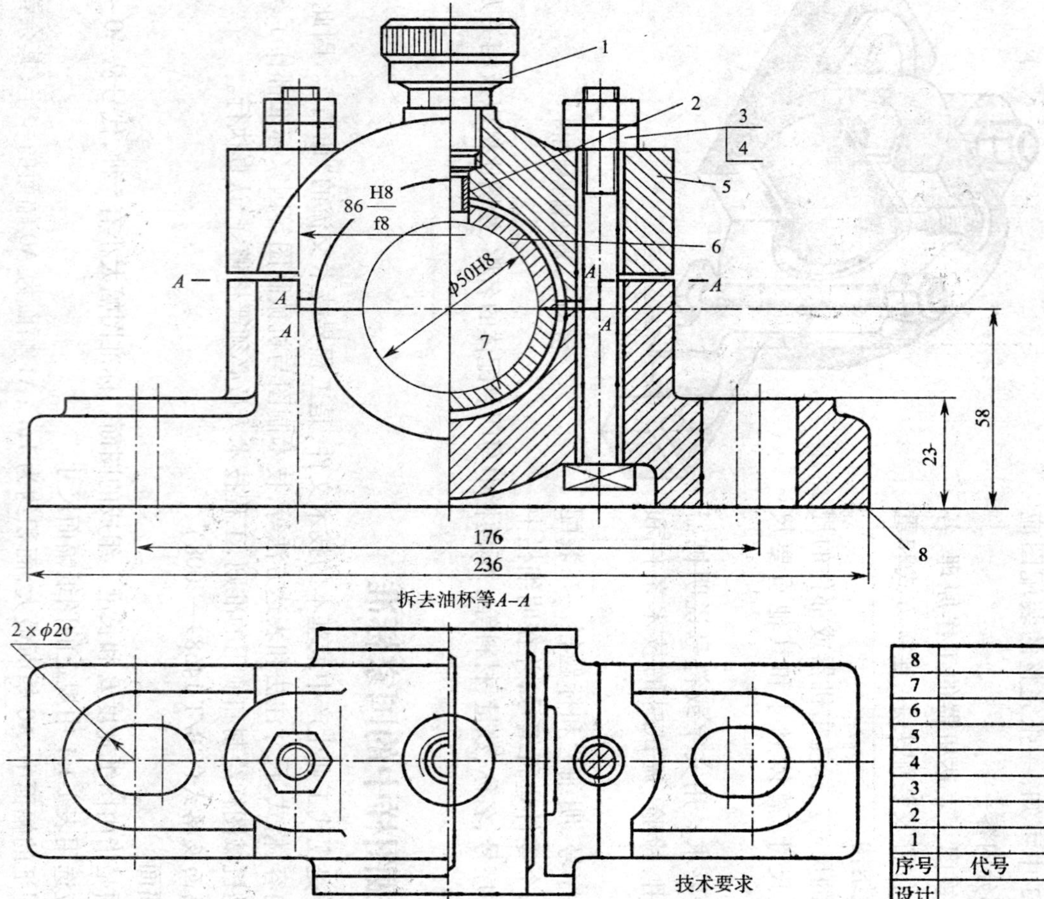

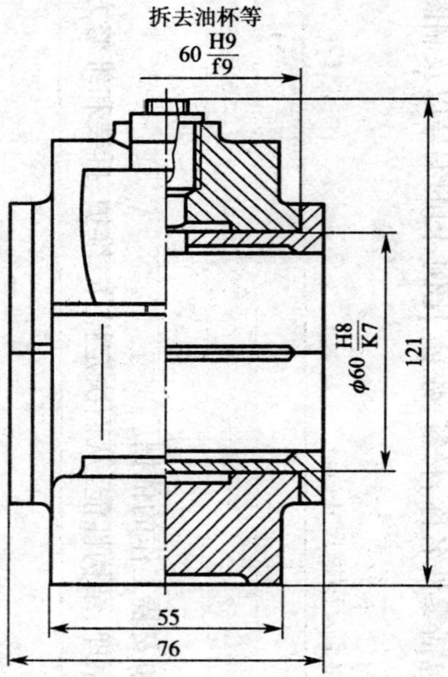

图 1-1-3 滑动轴承装配图

2) 图框格式

在图纸上必须用粗实线画出图框,其格式分为:不留装订边和留装订边两种。但同一产品的图样只能采用一种格式。不留装订边的图纸,其图框格式如图 1-1-4 所示。留有装订边的图纸,其图框格式如图 1-1-5 所示,它们的尺寸见表 1-1-1。

图纸幅面及图框尺寸(mm)　　　　表 1-1-1

幅面代号	A0	A1	A2	A3	A4
$B \times L$	841×1189	594×841	420×594	297×420	210×297
e	20			10	
c	10			5	
a	25				

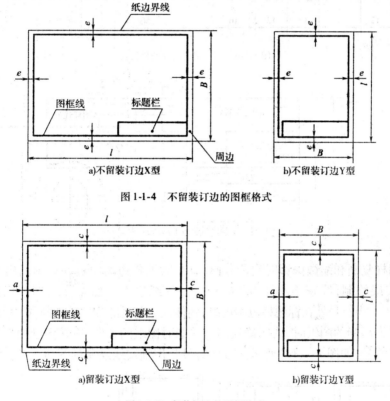

图 1-1-4　不留装订边的图框格式

图 1-1-5　留装订边的图框格式

3) 标题栏

标题栏位于图纸的右下角,如图 1-1-4 和图 1-1-5 所示。看图的方向应与标题栏的文字方向一致。标题栏的长边置于水平方向并与图纸的长边平行时,构成 X 型图纸,如图 1-1-4a)、图 1-1-5a) 所示。若标题栏的长边与图纸的长边垂直时,则构成 Y 型图纸,如图 1-1-4b)、图 1-1-5b) 所示。

国家标准《技术制图标题栏》(GB/T 10609.1—2008)对标题栏的内容、格式和尺寸作了规定。按国家标准绘制的标题栏一般均印刷在图纸上,不必自己绘制,如图 1-1-6 所示。在制图作业中标题栏可以简化,建议采用图 1-1-7 的格式绘制,此种标题栏不能用作正式图样的标题栏。

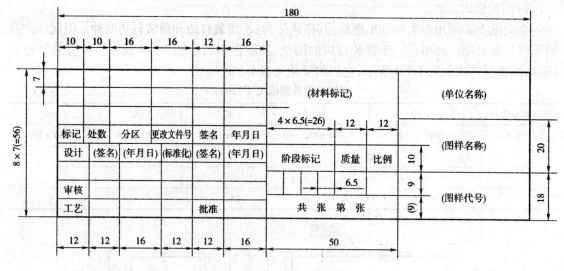

图 1-1-6　国标规定的标题栏格式

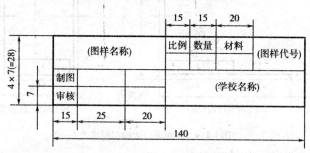

图 1-1-7　制图作业中的标题栏格式

4) 附加符号

为了使图样复制和缩微摄影时定位方便,应在图纸各边的中点处分别画出对中符号。对中符号用粗实线绘制,线宽不小于 0.5mm,长度从纸边界开始至伸入图框内约 5mm,如图 1-1-8 所示。当对中符号处在标题栏范围内时,则伸入标题栏部分省略不画,如图 1-1-8b) 所示。

当使用预先印制的图纸时,为明确绘图与看图时图纸的方向,应在图纸的下边对中符号处画出一个方向符号,如图 1-1-8c) 所示。方向符号是用细实线绘制的等边三角形。

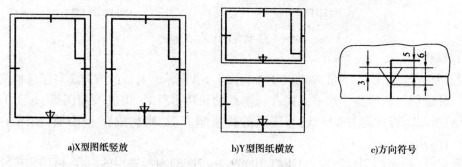

a) X型图纸竖放　　b) Y型图纸横放　　c) 方向符号

图 1-1-8　对中符号与方向符号

2. 比例 (GB/T 14690—1993)

图样中图形与其实物相应要素的线性尺寸之比,称为比例。

绘制图形时,根据物体的形状、大小及结构复杂程度不同,可选用的比例有原值比例(比值为1的比例)、放大比例(比值大于1的比例)和缩小比例(比值小于1的比例)。在选用比例时应优先选用表1-1-2中的优先系列,必要时再选允许使用的比例。

比例系列(n为正整数) 表1-1-2

种类		比例
原值比例		1:1
放大比例	优先使用	5:1 2:1 (5×10^n):1 (2×10^n):1 (1×10^n):1
	允许使用	4:1 2.5:1 (4×10^n):1 (2.5×10^n):1
缩小比例	优先使用	1:2 1:5 1:10 1:(2×10^n) 1:(5×10^n) 1:(1×10^n)
	允许使用	1:1.5 1:2.5 1:3 1:4 1:6 1:(1.5×10^n) 1:(2.5×10^n) 1:(3×10^n) 1:(4×10^n) 1:(6×10^n)

比例符号以":"表示,一般应标注在标题栏中的比例栏内。必要时,可在视图名称的下方或右侧标注。绘图时应尽量采用原值比例,按实物真实大小绘制。无论采用何种比例,在图形上标注的尺寸数字均为物体的真实大小,而与绘图的比例无关,如图1-1-9所示。

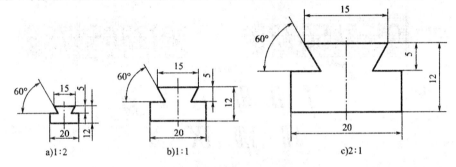

图1-1-9 用不同比例绘制的图形

3. 字体(GB/T 14691—1993)

字体包括汉字、数字和字母。图样中书写的字体必须做到:字体工整、笔画清楚、间隔均匀、排列整齐。

字体号数,即字体高度(用h表示)的公称尺寸系列为:1.8mm,2.5mm,3.5mm,5mm,7mm,10mm,14mm,20mm。汉字的字高不能小于3.5mm,其字宽一般为字高的$h/\sqrt{2}$。

1)汉字

在图样中书写的汉字应采用长仿宋体,并应采用国家正式公布的简化字。书写长仿宋体字的要领是:横平竖直、注意起落、结构匀称、填满方格。

2)数字和字母

数字和字母可写成斜体和直体,一般常用斜体。斜体字字头向右倾斜,与水平基准线呈75°夹角。

3)字体示例

汉字、数字和字母的示例如图1-1-10、图1-1-11所示。

4. 图线(GB/T 4457.4—2002)

1)图线的形式及应用

国标规定了绘制各种技术图样的基本线型,绘制机械图样常使用的8种基本图线的名称、线型和一般应用,如表1-1-3所示。

10号字

字体端正　笔画清楚　排列整齐　间隔均匀

7号字

装配时作斜度深沉最大小球厚直网纹均布水平镀抛光研视图
向旋转前后表面展开两端中心锥销键

5号字

技术要求对称不同轴垂线相交行径跳动弯曲形位移允许偏差内外左右
检验值范围应符合于等级精热处理淬回渗碳硬圈并紧其
作法未注明按全部倾角

图 1-1-10　长仿宋体汉字示例

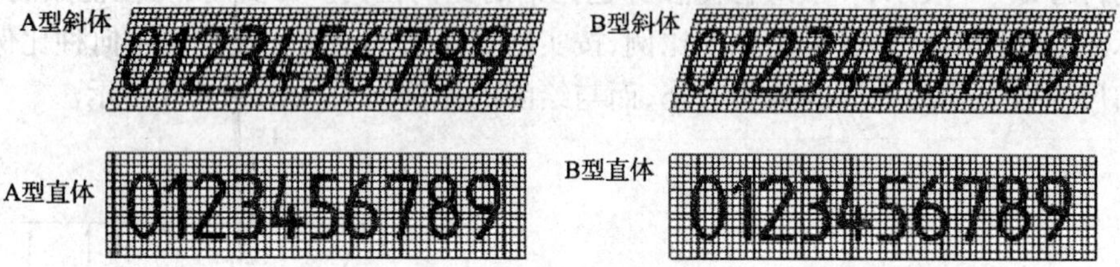

A型斜体　0123456789　　B型斜体　0123456789

A型直体　0123456789　　B型直体　0123456789

a) 阿拉伯数字

Ⅰ Ⅱ Ⅲ Ⅳ Ⅴ Ⅵ
Ⅶ Ⅷ Ⅸ Ⅹ

b) 罗马数字

斜体
ABCDEFGHIJKLMNOP
QRSTUVWXYZ

直体
ABCDEFGHIJKLMNOP

c) 大写拉丁字母

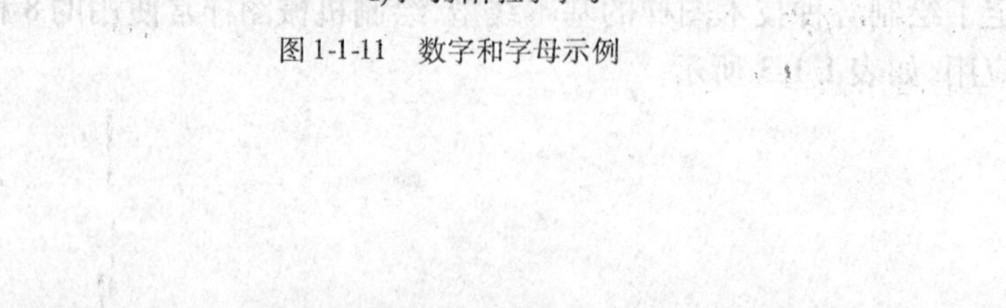

abcdefghijklmnopq
rstuvwxyz

d) 小写斜体拉丁字母

图 1-1-11　数字和字母示例

线型及其应用　　　　表1-1-3

图线名称	线型	图线宽度	一般应用
粗实线	———————	粗 d	可见棱边线 可见轮廓线 相贯线 螺纹的牙顶线和齿轮的齿顶圆(线)
细实线	———————	细约 $d/2$	尺寸线和尺寸界线 剖面线 过渡线 指引线和基准线 重合断面的轮廓线 螺纹的牙底线及齿轮的齿根线
虚线	- - - - - - -	细约 $d/2$	不可见棱边线 不可见轮廓线
粗点画线	—·—·—·—	粗 d	限定范围的表示线
细点画线	—·—·—·—	细约 $d/2$	轴线 对称中心线 齿轮的分度圆线 孔系分布的中心线
细双点画线	—··—··—··	细约 $d/2$	相邻辅助零件的轮廓线 可动零件的极限位置的轮廓线 中断线
波浪线	～～～	细约 $d/2$	断裂处的边界线 视图与剖视图的分界线
双折线	⌐⌐⌐	细约 $d/2$	断裂处的边界线

以下将细虚线、细点画线、细双点画线分别简称为虚线、点画线和双点画线。图线的具体应用示例,如图1-1-12所示。

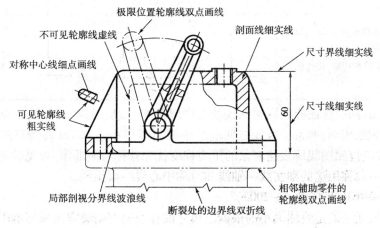

图1-1-12　图线的应用示例

2)图线的尺寸

所有线型的图线宽度 d 应按图样类型和尺寸大小在下列推荐系列中选择:0.13mm,

0.18mm、0.25mm、0.35mm、0.5mm、0.7mm、1mm、1.4mm、2mm。

机械图样中的图线分粗、细两种,粗线与细线的宽度比例为2∶1。绘图时,粗线 d 在 0.5～2mm 之间选择,一般取 0.7mm 或 0.5mm。在同一图样中,同类图线的宽度应一致。

手工绘图时,线素(指不连续线的独立部分,如点、长度不同的画和间隔)的长度宜符合表1-1-4的规定。

线素的长度　　　　　　　　　　　　　　　　　表1-1-4

线　素	线　型	长　度	示　　例
点	点画线、双点画线	≤0.5d	
短间隔	虚线、点画线	3d	
画	虚线	12d	
长画	点画线、双点画线	24d	注:d 为粗线的宽度

3)图线的画法

图线的画法,如表1-1-5所示。

图线的画法　　　　　　　　　　　　　　　　　表1-1-5

要　求	图　例	
	正确	错误
点画线、双点画线的首末两端应是画,而不是点		
画圆的中心线时,圆心应是画的交点,点画线两端应超出轮廓 2～5mm;当圆较小时,允许用细实线代替点画线		
虚线与虚线或实线相交,应以线段相交,不得留有间隔		
虚线直线在粗实线的延长线上相接时,虚线应留出间隔		
虚线圆弧与粗实线相切时,虚线圆弧应留出间隔		

同时应注意:同一张图样中同类图线的宽度应基本一致;虚线、点画线及双点画线的线段长度和间隔应大致相同;两条平行线之间的最小距离不得小于0.7mm;当有两种或更多种图线重合时,通常应按照图线所表达对象的重要程度优先选择绘制顺序:可见轮廓线→不可见轮廓线→尺寸线→各种用途的细实线→轴线和对称中心线→假想线。

5.尺寸注法(GB/T 4458.4—2003)

图形中的尺寸是确定物体大小的依据。尺寸的标注要严格遵守国家标准中有关尺寸标注的规定进行。

1)基本规则

(1)机件的真实大小应以图样上所注的尺寸数值为依据,与图形绘制比例与准确度无关。

(2)在机械图样中(包括技术要求和其他说明)的尺寸以毫米(mm)为单位,不需标注计量单位的代号或名称;如采用其他单位,则必须注明相应计量单位的代号或名称。

(3)对物体的每一尺寸,在图样中一般只标注一次,并应标注在能最清晰地反映该结构的图形上。

(4)标注尺寸时,应尽可能使用符号或缩写词。

常用的符号和缩写词如表1-1-6所示。

常用的符号和缩写词(GB/T 4458.4—2003)　　　　表1-1-6

序号	含义	符号或缩写词	序号	含义	符号或缩写词
1	直径	φ	8	正方形	□
2	半径	R	9	深度	↓
3	球直径	Sφ	10	沉孔或锪平	⊔
4	球半径	SR	11	埋头孔	∨
5	厚度	t	12	弧长	⌒
6	均布	EQS	13	斜度	∠
7	45°倒角	C	14	锥度	◁

2)尺寸的组成

一个完整的尺寸标注由尺寸界线、尺寸线、尺寸线终端和尺寸数字组成。标注示例如图1-1-13所示。

(1)尺寸界线。用于表示所注尺寸的范围,用细实线绘制。

尺寸界线应从图形中的轮廓线、轴线或中心线引出,尽量引画在图形外,并超出尺寸线末端2~3mm。有时也可用轮廓线、轴线或中心线作为尺寸界线。

尺寸界线一般应与尺寸线垂直,必要时允许倾斜,但两尺寸界线仍应互相平行,如图1-1-14所示。

(2)尺寸线。用于表示尺寸度量的方向,用细实线绘制在尺寸界线之间。

标注线性尺寸时,尺寸线必须与所标注的线段平行。尺寸线应单独画出,不能用其他图线代替,也不得与其他图线重合或画在其延长线上。

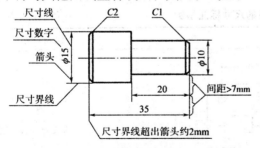

图1-1-13　尺寸的组成

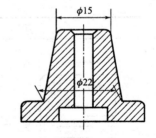

图1-1-14　倾斜引出的尺寸界线

(3)尺寸线终端。用于表示尺寸的起止。

尺寸线终端形式有箭头和斜线两种,箭头的形式如图1-1-15a)所示,适用于各种类型的图样;斜线用细实线绘制,其方向以尺寸线为准,逆时针旋转45°,如图1-1-15b)所示。当尺寸线的终端采用斜线形式时,尺寸线与尺寸界线必须相互垂直。同一张图样中,只能采用一种尺寸线终端形式,机械图样中一般采用箭头作为尺寸线终端。图1-1-15c)为箭头的不正确画法,在绘制图样时应尽量避免。

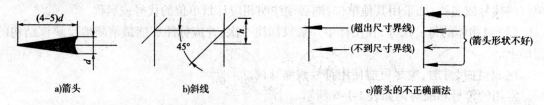

图 1-1-15　尺寸线终端形式

（4）尺寸数字。用于表示物体的真实大小。

线性尺寸数字一般应注写在尺寸线的上方，也允许注写在尺寸线的中断处，同一张图样上的注写形式应一致，如图 1-1-16a) 所示。

线性尺寸的数字应按图 1-1-16b) 所示的方向注写，即水平尺寸字头朝上，垂直尺寸字头朝左，倾斜尺寸字头保持朝上的趋势；并尽量避免在 30°范围内标注尺寸，当无法避免时，允许按图 1-1-16c) 所示的形式标注；数字不可被任何图线所通过，当不可避免时，图线必须断开，如图 1-1-16d) 所示。

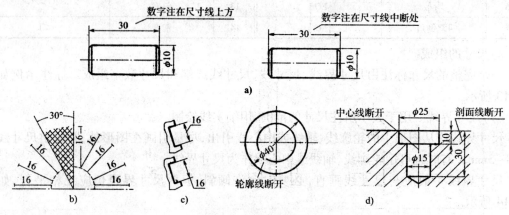

图 1-1-16　线性尺寸标注

3）常见的尺寸标注方法

常见的尺寸标注方法如表 1-1-7 所示。

常见的尺寸标注举例　　　　　　　　　表 1-1-7

内容	图例	说明
直线尺寸标注	（合理／不合理 两组图例）	串联尺寸，箭头对齐，即应注在一条直线上 并联尺寸，小尺寸在内，大尺寸在外，尺寸线之间间隔不得小于7mm，保持间隔基本一致

续上表

内　容	图　例	说　明
圆的尺寸标注	正确／错误 示例	圆和大于半圆的圆弧尺寸应标注直径，尺寸线通过圆心，箭头指向圆周，并在尺寸数字前加注符号"ϕ"
圆弧尺寸标注	R9、R8、R35、SR18 示例	小于和等于半圆的圆弧尺寸一般标注半径，尺寸线从圆心引出指向圆弧，终端画出箭头，并在尺寸数字前加注符号"R"
球体尺寸标注	$S\phi15$、$SR19$、$R8$ 示例	球面的直径或半径标注，应在符号"ϕ"或"R"前加注符号"S"。对于螺钉、铆钉头部、手柄等端部的球体，在不致引起误解时，可省略符号"S"
狭小尺寸标注	示例	当没有足够位置注写数字或画箭头时，可把箭头或数字之一布置在图形外，也可把箭头与数字均布置在图形外。标注串联线性小尺寸时，可用小圆点或斜线代替箭头，但两端的箭头仍应画出
角度标注	45°、60°、65°、55°30′、4°30′、15°、20°、25°、5°、90°、20° 示例	角度的尺寸界线沿径向引出，尺寸线画成圆弧，其圆心是角度顶点。角度数字一律写成水平方向，一般注写在尺寸线的中断处，必要时，也可注写在尺寸线的上方、外侧或引出标注

内容	图例	说明
对称图形尺寸标注	正　　　误	对称图形尺寸的标注为对称分布；当对称图形只画一半或略大于一半时，尺寸线应略超过对称中心线或断裂处的边界线，尺寸线另一端画出箭头

三、画带斜面、锥面、圆弧连接等的平面几何图形

机械图样中机件的图形轮廓多种多样，但它们都是由一些直线、圆弧或其他曲线所组成的几何图形。因此，绘制机械图样时，应当掌握常见几何图形的作图原理和作图方法。

1. 斜度与锥度

1) 斜度 S

一条直线（或平面）对另一直线（或平面）的倾斜程度称为斜度。其大小用两直线或两平面夹角的正切来表示，如图1-1-17a)所示，即：

$$斜度\ S = \tan\alpha = \frac{CB}{AB} = \frac{H}{L}$$

在机械图样中，斜度常以 $1:n$ 的形式标注。在比数前用斜度图形符号表示，斜度图形符号的画法如图1-1-17b)所示。斜度图形符号标注在斜度轮廓线引出线上，符号倾斜的方向应与斜度的方向一致，如图1-1-17c)所示。

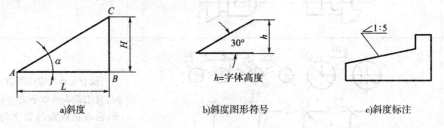

a) 斜度　　　b) 斜度图形符号　　　c) 斜度标注

图1-1-17　斜度及斜度的标注

图1-1-18为斜度的作图步骤：

(1) 已知斜度1:5，如图1-1-18a)所示。

(2) 作 $BC \perp AB$，在 AB 上取5个单位长度得 D，在 BC 上取1个单位长度得 E，连接 D 和 E，得1:5参考的斜度线，如图1-1-18b)所示。

(3) 按尺寸定出点 F，过点 F 作 DE 平行线，即得所求，如图1-1-18c)所示。

2) 锥度 C

锥度是指正圆锥的底圆直径与圆锥高度之比，如图1-1-19a)所示，即：

$$锥度\ C = \frac{D-d}{L} = 2\tan\frac{\alpha}{2}$$

在机械图样中，锥度常以 $1:n$ 的形式标注。在比数前用锥度图形符号表示，锥度图形符号的画法如图1-1-19b)所示。锥度图形符号标注在与引出线相连的基准线上，基准线应与圆锥

轴线平行,锥度图形符号方向应与锥度的方向一致,如图1-1-19c)所示。

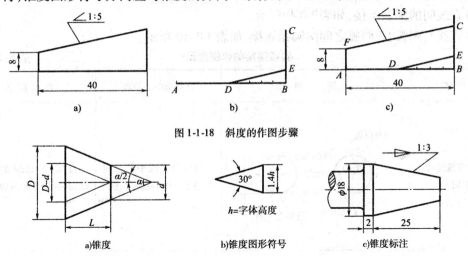

图1-1-18 斜度的作图步骤

图1-1-19 锥度及斜度的标注

图1-1-20为锥度的作图步骤:

(1)已知锥度1:5,如图1-1-20a)所示。

(2)按尺寸先画出已知线段,在轴线上取5个单位长度,在 AB 中心量取1个单位长度,得锥度1:5两条斜边 CD、CE,如图1-1-20b)所示。

(3)过 A、B 分别作 CD、CE 的平行线,即得所求,如图1-1-20c)所示。

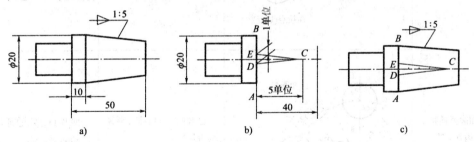

图1-1-20 锥度的作图步骤

2. 圆弧连接

用一段圆弧光滑地连接相邻两线段(直线或圆弧)的作图方法,称为圆弧连接。起连接作用的圆弧称为连接弧。圆弧连接在机件平面轮廓图中经常可见,如图1-1-21所示连杆及平面轮廓图。

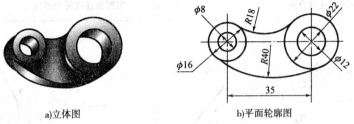

图1-1-21 连杆及平面轮廓图

为保证连接光滑,必须使连接弧与已知线段(直线或圆弧)相切。因此,作图时应准确地求出连接弧的圆心及切点。

(1) 圆弧连接的作图原理，如表 1-1-8 所示。
(2) 直线间的圆弧连接，如表 1-1-9 所示。
(3) 直线与圆弧、两圆弧之间的圆弧连接，如表 1-1-10 所示。

圆弧连接的作图原理   表 1-1-8

种类	图例	连接弧圆心轨迹	切点位置
与已知直线连接（相切）	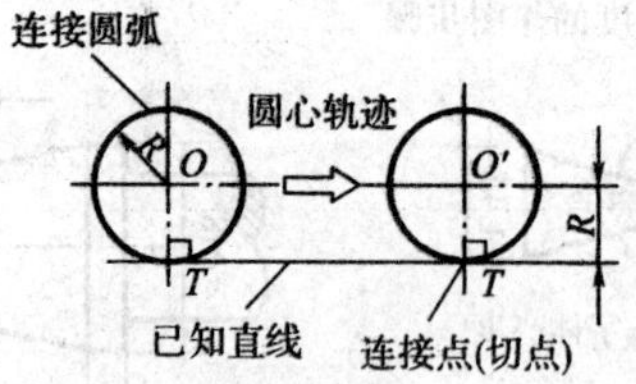	与已知直线平行且间距等于 R 的一条平行线	自圆心向已知直线作垂线，其垂足 T 即为切点
与已知圆弧连接（外切）	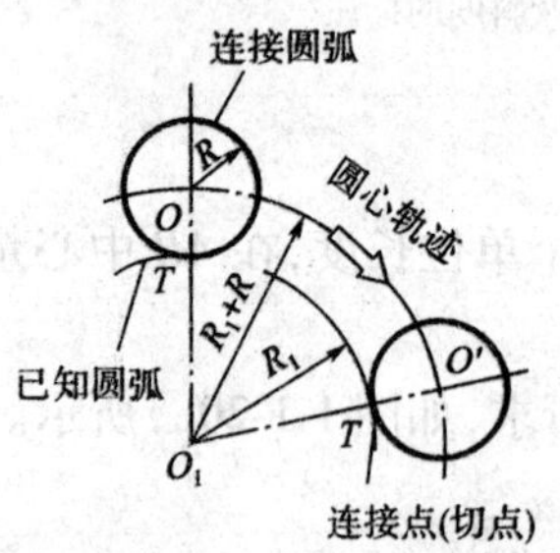	为已知圆的同心圆，半径为 R_1+R	两圆心连线与已知圆的交点 T
与已知圆弧连接（内切）	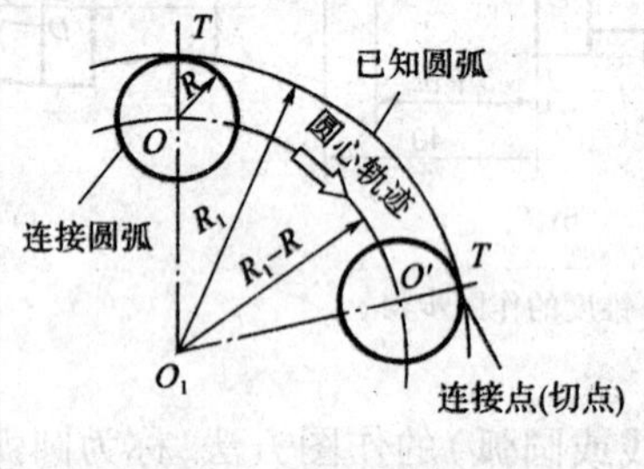	已知圆的同心圆，半径为 R_1-R	两圆心连线的延长线与已知圆的交点 T

两直线间的圆弧连接   表 1-1-9

类别	用圆弧连接直角	用圆弧连接钝角或锐角
图例 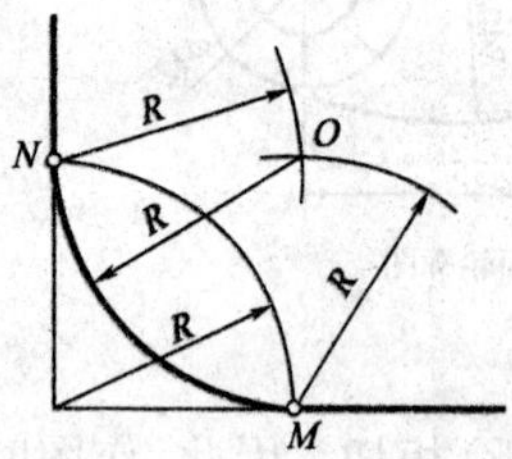 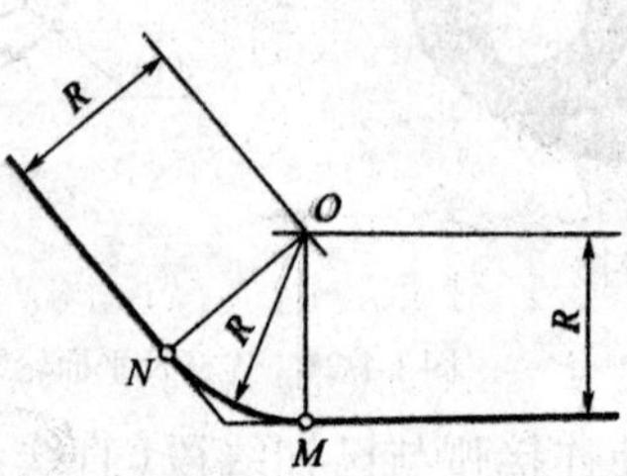 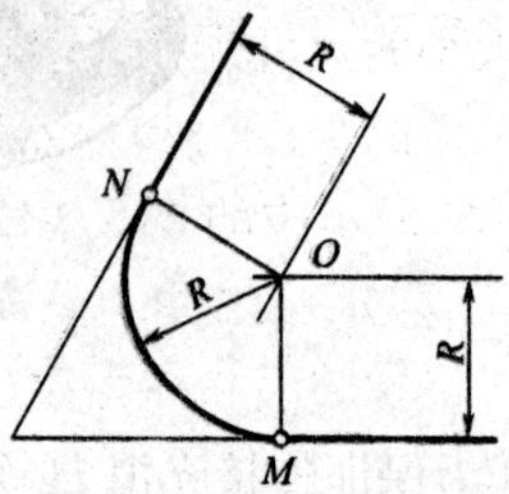		

表 1-1-10　直线与圆弧、两圆弧之间的圆弧连接

名称	已知条件	作图方法和步骤		
		求连接圆弧的圆心	求切点	画连接圆弧
直线与圆弧的连接				
外连接				
内连接				
混合连接				

四、绘制平面图形的方法与步骤

画平面图形前先要对图形进行尺寸分析、线段性质分析,明确作图顺序,才能正确画出图形和标注尺寸。

1. 平面图形尺寸分类

平面图形中的尺寸,按其作用可分为两类:定形尺寸和定位尺寸。

(1)定形尺寸。平面图形中用于确定各线段形状大小的尺寸称为定形尺寸。如直线段的长度、圆与圆弧的半径(或直径)和角度大小等的尺寸,如图 1-1-22 所示中的 $R15$、$R12$、$R50$、$R10$ 等。

(2)定位尺寸。平面图形中用于确定线段之间相对位置的尺寸称为定位尺寸。如确定圆或圆弧的圆心位置、直线段位置的尺寸等。如图 1-1-22 所示中的"尺寸 8"是确定 $\phi 5$ 的圆心位置尺寸。

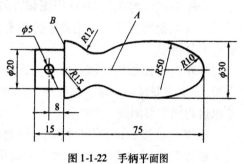

图 1-1-22　手柄平面图

有时,同一个尺寸既是定形尺寸又是定位尺寸。如图 1-1-22 中的"尺寸 75"既是手柄长度的定形尺寸,又是 R10 的定位尺寸。

(3)尺寸基准。尺寸基准是定位标注尺寸的起点。一个平面图形应有两个方向的尺寸基准,通常以图形的对称轴线、圆的中心线及其他线段作为尺寸基准。如图 1-1-22 所示对称线 A 为手柄的垂直方向尺寸基准,直线 B 为水平方向尺寸基准。

2. 线段分析

平面图形中的线段(直线或圆弧),根据其定位尺寸的完整与否,可分为已知线段、中间线段、连接线段三种。下面以图 1-1-22 中圆弧的性质进行分析。

(1)已知圆弧。根据作图基准线位置和已知尺寸就能直接作出的圆弧,如图 1-1-22 中的 R15、R10 等。

(2)中间圆弧。尺寸不全,但只要一端的相邻圆弧先作出,就能由已知尺寸和几何条件作出的圆弧,如图 1-1-22 中的 R50。

(3)连接圆弧。尺寸不全,需两端相邻圆弧先作出,然后依赖相邻圆弧的连接关系才能作出的圆弧,如图 1-1-22 中的 R12。

在绘制平面图形时,先要进行线段性质分析,以确定各线段之间的连接关系。一般应先画作图基准线和已知线段,其次画中间线段,最后画连接线段。连接线段在平面图形中一般起着封闭图形的作用。

任务实施

一、准备工作

(1)教学设备:制图教室、绘图工具。
(2)教学资料:PPT 课件。
(3)材料与工具:小刀、铅笔、胶带、三角板、橡皮、圆规、绘图纸(A4)等。

用 A4 图纸,抄画如图 1-1-22 所示手柄的平面图形,并标注尺寸。要求正确使用一般的绘图工具和仪器,掌握常用的几何作图方法,能正确标注平面图形的尺寸,掌握绘制平面图形的作图步骤。

二、操作流程

步骤 1:分析平面图形,熟悉图形中的尺寸与线段性质。

步骤 2:拟定作图顺序。图 1-1-22 所示手柄的平面图形的作图步骤如表 1-1-11 所示。

步骤 3:确定绘图比例,选用图幅,固定图纸。

步骤 4:绘制底稿。选用合适的铅笔,按各种图线的线型规定,轻而细地画出底稿,各种线型暂不分粗细。

步骤 5:描深加粗底稿。选用合适的铅笔将各种图线按规定的粗细加深。保证图线连接光滑,同类线型规格一致。描深加粗的顺序一般是:先曲后直,先粗后细,由上向下,由左向右,并尽量将同类型图线一起描深。

步骤 6:画箭头,填写尺寸数字,标题栏。

步骤 7:校对并修饰全图,做到全面符合制图规范,图面清晰整洁。

表 1-1-11 平面轮廓图的作图步骤

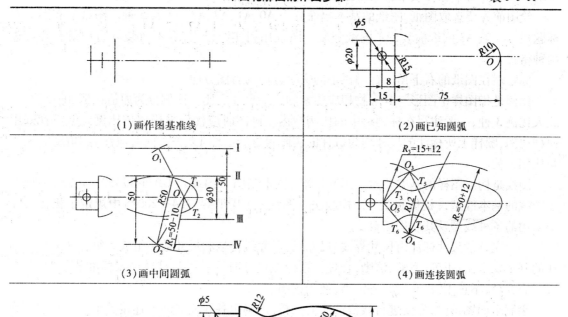

【操作提示】
（1）绘图时，注意连接线段的连接点要准确。
（2）连接线段不要超出连接点。
（3）连接线段注意圆弧的中心。

常见问题解析

【问题】线段连接不够光滑，如图 1-1-23a)所示。

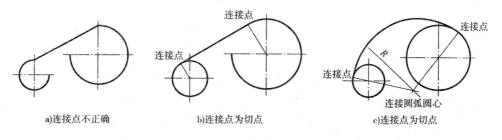

图 1-1-23 线段的光滑连接

【答】必须准确找到连接线段的连接点和连接圆弧的圆心。

任务小结

国家标准是绘制工程图样时必须遵循的规则。为了便于技术交流、档案保存和各种出版物的发行，技术制图和机械制图国家标准对图样上的图纸幅面和格式、比例和图线等内容作出了统一规定。每个工程技术人员都必须掌握并严格执行。

绘图前先要选取图纸,图纸的基本幅面分为 A0、A1、A2、A3、A4 共 5 种。图纸上有图框和标题栏。一般 A3 图纸横装,A4 图纸竖装。图框用粗实线绘出,有不留装订边和留有装订边两种格式。

标题栏在图纸的右下角。标题栏中的文字方向为看图方向。

比例是指图样中图形与其实物相应要素的线性尺寸之比。比例分为原值比例、缩小比例、放大比例 3 种,一般注写在标题栏中的比例栏内。画图时应优先采用原值比例。但不论采用何种比例,图样上所标注的尺寸均为机件的实际尺寸,与比例无关。同时应注意,角度的大小与比例无关。

图线是构成图样的基本要素。国家标准《技术制图 图线》(GB/T 17450—1998)中规定了图线的基本线型,《机械制图 图样画法 图线》(GB/T 4457.4—2002)中规定了机械图样中采用的各种线型及其应用场合。

一个完整的尺寸标注由尺寸界线、尺寸线、尺寸线终端和尺寸数字组成。组合体的尺寸标注的基本要求是:正确、完整、清晰、合理。在标注尺寸时,应做到:符合国家标准的规定,各类尺寸应齐全,不重不漏,布置整齐清晰,便于读图。

绘制平面图形时,先要进行线段性质的分析,以确定各线段之间的连接关系。一般应先画作图基准线和已知线段,其次画中间线段,最后画连接线段。连接线段在平面图形中一般起着封闭图形的作用。

项目二

绘制点、线、面的投影

任务　绘制点、线、面的投影

【任务引入】

投影是人们从自然中得到的启示。当一个人在太阳下行走时,在地面上会出现一个影子。这种当具有太阳、光线、人和地面时会得到影子的过程,启示人们制作出照相机、摄影机,丰富人们的生活,如果剔除这些具体事物的物理意义,就得到了投影的基本概念。同时,人们又发现:当车轮与太阳光线形成不同的角度时,车轮在地面上的影子的形状虽然大多数情况下均为椭圆,但差别依然很大,同时也不能从椭圆影子中想象出这个车轮的真实大小。而当车轮与地面平行、太阳光线又与地面垂直时,影子的形状和大小就与空间物体(车轮)的形状和大小一致了,此时就能从影子想象出空间的物体了。正是因为这一点,人们认识到正投影的作用及其重要性并使其为工程技术服务。

这种来源于自然、提炼于生活、抽象为理论的认识事物的基本方法和步骤是需要我们认真学习的,同时也告诉我们:一个概念的产生和形成不是凭空想象的结果,而是生活经验的积累和积极思考的结果。

把物体置于光源和投影面之间,投影面上出现的影子称为投影。这种作出物体投影的方法称为投影法。如果我们掌握了投影法,便可理解图样是如何绘制出来的。

【知识目标】

1. 投影和投影法的概念;
2. 正投影法的基本原理和基本特性;
3. 三视图的形成过程及其对应关系;
4. 点、线、面的投影特性;
5. 点、线、面的绘制方法。

【能力目标】

1. 能正确绘制简单形体的三视图;
2. 能正确绘制点的投影;
3. 能正确绘制线的投影;

4. 能正确绘制面的投影；

5. 具备一定的空间想象、空间思维能力。

理论知识

一、分析投影的基本知识

根据国家标准规定,机械图样按正投影法绘制。下面介绍物体三视图的形成和投影关系,并对构成物体的最基本的几何元素(点、直线、平面)的投影进一步分析,为掌握表达空间物体的方法奠定基础。

1. 投影法的基本概念

当灯光或太阳光等光源照射物体时,在地面或墙上等平面上就会产生与原物体形状相同或类似的影子,人们根据这种投影现象,进行科学的总结和抽象,提出了将空间物体表达为平面图形的投影方法,即投影法。

所谓投影法,就是投射线通过物体,向选定的面投射,并在该面上得到投影的方法。

2. 投影法的种类

投影法按投射线性质的不同可分为两类,即中心投影法和平行投影法。

(1) 中心投影法。投射线由投影中心的一点射出,通过物体与投影面相交所得的图形,称为中心投影法,如图 1-2-1 所示。由于投射线互不平行,所得图形不能反映物体的真实大小。用中心投影法的原理所画透视图接近于视觉映象,直观性强,是绘制建筑物常用的一种图示方法。但是由于作图较复杂和度量性差。因此,在绘制机械图样中很少采用。

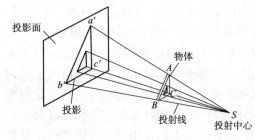

图 1-2-1 中心投影法

(2) 平行投影法。如果将投影中心移至无穷远处,则投影可看成互相平行的投射线通过物体与投影面相交,用平行的投射线进行投影的方法称为平行投影法,如图 1-2-2 所示。

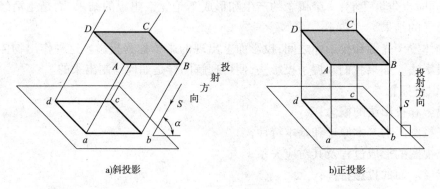

a) 斜投影   b) 正投影

图 1-2-2 平行投影法

在平行投影法中,根据投射方向是否垂直投影面,平行投影法又可分为两种。

① 斜投影法:投影方向(投射线)倾斜于投影面,称为斜投影法,简称斜投影,如图 1-2-2a) 所示。

② 正投影法:投影方向(投射线)垂直于投影面,称为正投影法,简称正投影,如图 1-2-2b)

所示。

由于正投影法能完整、真实地表达物体的形状和大小、度量性好，而且作图简便。因此，绘制机械图样时主要采用正投影法，以后简称为投影。

3. 正投影的基本特性

（1）真实性。当直线或平面图形平行于投影面时，其投影反映的线段实长和平面图形的真实形状，如图1-2-3a）所示。

（2）积聚性。当直线或平面图形垂直于投影面时，直线段的投影积聚成一点，平面图形的投影积聚成一条直线，如图1-2-3b）所示。

（3）类似性。当直线或平面图形倾斜于投影面时，直线段的投影仍然是直线段，但比实长短；平面图形的投影是原平面图形的类似形，但不反映平面实形，如图1-2-3c）所示。

由以上性质可知，在采用正投影画图时，为了反映物体的真实形状和大小以及作图方便，应尽量使物体上的平面或直线对投影面处于平行或垂直的位置。

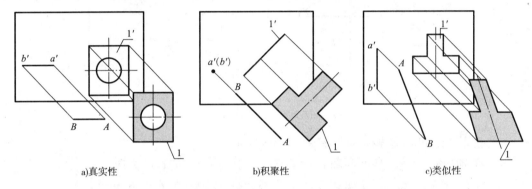

图1-2-3　正投影的基本特性

二、绘制三视图的基本知识

根据有关标准和规定，用正投影法绘制出物体的图形称为视图。

用正投影法绘制物体的视图时，将物体置于观察者与投影面之间，始终保持"人→物体→投影面"的相对位置关系，以观察者的视线作为投射线，将观察到的形状画在投影面上。如图1-2-4所示，三个形状不同的物体在同一投影面上却得到了相同的视图。因此，物体的一个视图一般是不能确定其形状和结构的。在机械图样中，采用多面正投影的方法，画出几个不同方向的投影来表示一个物体的形状，即采用三视图。

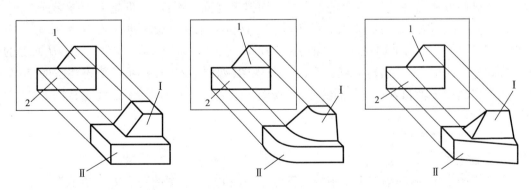

图1-2-4　不同物体在一个投影面上得到相同的视图

1. 三面投影体系的建立

三面投影体系由三个相互垂直的投影面所组成,这三个投影面将空间分为八个分角,分别为第一分角、第二分角、第三分角等,如图 1-2-5a)所示。图样画法的国家标准规定,技术制图优先采用第一分角画法,如图 1-2-5b)所示。三个投影面分别为:

(1)正立投影面,简称正面或 V 面。
(2)水平投影面,简称水平面或 H 面。
(3)侧立投影面,简称侧面或 W 面。

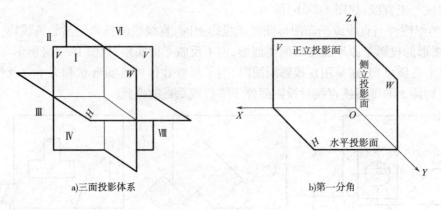

a)三面投影体系　　b)第一分角

图 1-2-5　三投影面体系

三个投影面之间的交线称为投影轴,它们分别是:

(1)OX 轴,简称 X 轴,是 V 面和 H 面的交线,它反映物体的长度方向。
(2)OY 轴,简称 Y 轴,是 H 面和 W 面的交线,它反映物体的宽度方向。
(3)OZ 轴,简称 Z 轴,是 V 面和 W 面的交线,它反映物体的高度方向。

OX、OY、OZ 三根轴的交点称为坐标原点。

2. 三视图的形成和名称

如图 1-2-6a)所示,将物体置于三面投影体系中,按正投影法分别向 V 面、H 面、W 面进行投影,即可得到物体的三视图,分别称为:

(1)主视图——由前向后投射,在 V 面上得到的视图。
(2)俯视图——由上向下投射,在 H 面上得到的视图。
(3)左视图——由左向右投射,在 W 面上得到的视图。

为了画图方便,需将相互垂直的三个投影面摊平在同一平面上,即把三个投影面展开,如图 1-2-6b)所示。展开方法是:V 面保持不动,H 面绕 OX 轴向下旋转 90°,W 面绕 OZ 轴向右旋转 90°,使 H 面、W 面与 V 面在同一平面上。在旋转过程中,将 OY 轴一分为二,在 H 面上的称为 OY_H,在 W 面上的称为 OY_W。展开后的三面视图,如图 1-2-6c)所示。值得注意的是:画图时不需要画出投影轴和表示投影面的边框,视图按上述位置布置时,不需注出视图名称,如图 1-2-6d)所示。

3. 三视图的投影规律

1)位置关系

以主视图为主,俯视图在主视图的正下方,左视图在主视图的正右方。画三视图时,其位置应按上述规定配置,如图 1-2-7 所示。

2) 方位关系

所谓方位关系,指的是以绘图(或看图)者面对物体正面(主视图的投影方向)观察物体为准,看物体的上、下、左、右、前、后6个方位在三视图中的对应关系,如图1-2-7a)所示。

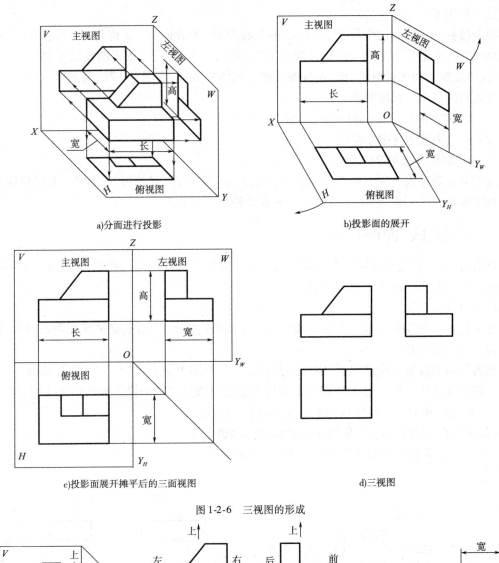

a) 分面进行投影　　　　　　　　　　　b) 投影面的展开

c) 投影面展开摊平后的三面视图　　　　　　　d) 三视图

图1-2-6　三视图的形成

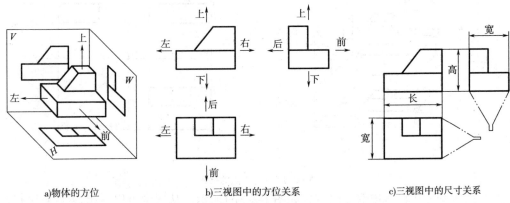

a) 物体的方位　　　　b) 三视图中的方位关系　　　　c) 三视图中的尺寸关系

图1-2-7　三视图的投影关系

(1) 主视图反映了物体的上、下和左、右。
(2) 俯视图反映了物体的前、后和左、右。

27

(3)左视图反映了物体的前、后和上、下。

由图1-2-7a)、图1-2-7b)所示可知,俯、左视图靠近主视图的一面叫里边,均表示物体的后面,远离主视图的一面叫外边,均表示物体的前面。

3)三等关系

物体都有长、宽、高三个尺度,若将物体左右方向(X方向)尺度称为长,上下方向(Z方向)尺度称为高,前后方向(Y方向)尺度称为宽,则在三视图上主、俯视图反映了物体的长度,主、左视图反映了物体的高度,俯、左视图反映了物体的宽度,如图1-2-7c)所示。

由此归纳得出三视图的关系:

(1)主、俯视图长对正(等长)。

(2)主、左视图高平齐(等高)。

(3)俯、左视图宽相等(等宽)。

以上关系简称为三视图的三等关系,即"长对正,高平齐,宽相等"。注意:不仅物体整体的三视图符合三等关系,物体上的每一部分都应符合三等关系。

三、画点、线、面的投影

点、直线和平面是构成物体的基本几何元素。通过对这些几何元素的投影作进一步分析,为掌握表达空间物体的方法奠定基础。

1.点的投影

点是最基本的几何要素。为了迅速而正确地画出物体的三视图,必须掌握点的投影规律。

1)点的三面投影

当投影面和投影方向确定时,空间一点在一个投影面上只有唯一一个投影,如图1-2-8a)所示。假设在物体上取一点A,A点的三面投影就是由该点向三个投影面所作垂线的垂足。

(1)A点在H面上的投影称为水平投影,用a表示。

(2)A点在V面上的投影称为正面投影,用a'表示。

(3)A点在W面上的投影称为侧面投影,用a''表示。

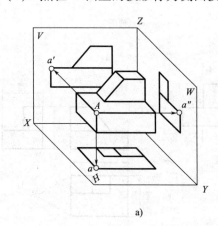
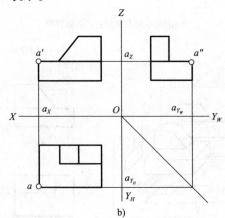

图1-2-8 物体上点的投影

点的三面投影在物体视图上的位置如图1-2-8b)所示。从图中可以看出,A点三个投影之间的投影关系与三视图之间的三等关系是一致的,即

(1)A点的水平投影a和正面投影a'的连线垂直于OX轴,即$aa' \perp OX$。

(2)A 点的正面投影 a' 和侧面投影 a'' 的连线垂直于 OZ 轴,即 $a'a'' \perp OZ$。

(3)A 点的水平投影 a 到 OX 轴的距离等于其侧面投影 a'' 到 OZ 轴的距离,即 $aa_X = a''a_Z$,且 $aa_{Y_H} \perp OY_H, a''a_{Y_W} \perp OY_W$。

以上为三面投影体系中点的投影规律。它说明了点的任一投影与另外两个投影之间的关系,是画图与读图的理论依据。

2)点的空间位置

若将图 1-2-8a)所示的 A 点从物体中分离出来,可得到图 1-2-9 所示图形:图 1-2-9a)为 A 点的空间位置图,图 1-2-9b)所示为 A 点的三面投影图。

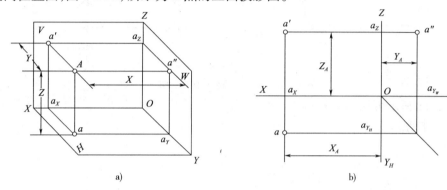

图 1-2-9 点的空间位置与三面投影图

如果将三面投影体系看作空间直角坐标系,则三个投影面即为坐标面,投影轴即为坐标轴,点 O 即为坐标原点。从图 1-2-9a)所示可知,空间点 A 到 W 面的距离 Aa'' 平行且等于 OX 轴上的线段 Oa_X,等于点 A 的 X 坐标。空间点 A 到 V 面的距离 Aa' 平行且等于 OY 轴上的线段 Oa_Y,等于点 A 的 Y 坐标。空间点 A 到 H 面的距离 Aa 平行且等于 OZ 轴上的线段 Oa_Z,等于点 A 的 Z 坐标。因此可知点的投影与点的坐标有如下关系:

(1)A 点到 W 面距离 $Aa'' = Oa_X = X$ 坐标。

(2)A 点到 V 面距离 $Aa' = Oa_Y = Y$ 坐标。

(3)A 点到 H 面距离 $Aa = Oa_Z = Z$ 坐标。

空间一点的位置可由该点的坐标 (X,Y,Z) 确定。从图 1-2-9b)所示可知,A 点三面投影的坐标分别是 $a(X,Y), a'(X,Z), a''(Y,Z)$。任一投影都包含了两个坐标,所以一点的两面投影就包含了确定该点空间位置的三个坐标,即确定了该点的空间位置。

操作练习 1-2-1:已知点 $A(30,10,20)$,求作点 A 的三面投影图。

作法:

(1)作投影轴 OX、OY_H、OY_W、OZ。

(2)在 OX 轴上由 O 点向左量取 30,得 a_X 点,在 OY_H、OY_W 轴上由 O 点分别向下、向右量取 10,得出 a_{Y_H}、a_{Y_W} 点;在 OZ 轴上由 O 点向上量取 20,得出 a_Z 点。

(3)过点 a_X 作 OX 轴的垂线,过点 a_{Y_H}、a_{Y_W} 分别作 OY_H、OY_W 轴的垂线,过点 a_Z 作 OZ 轴的垂线,如图 1-2-10a)所示。

(4)各条垂线的交点 a、a'、a'',即为点 A 的三面投影图,如图 1-2-10b)所示。

3)两点的相对位置

两点的相对位置是指空间两个点的上下、左右、前后关系,如图 1-2-11 所示。其相对位置由 X、Y、Z 三个坐标差确定。

（1）X 坐标反映左、右方向，其值大在左、值小在右。
（2）Y 坐标反映前、后方向，其值大在前、值小在后。
（3）Z 坐标反映上、下方向，其值大在上、值小在下。

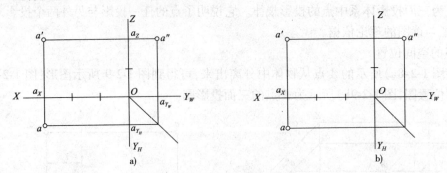

图 1-2-10　根据点的坐标作投影图

从图 1-2-11 所示可知，$a_X < b_X, a_Y < b_Y, a_Z > b_Z$，所以 A 点在 B 点的右、后、上方，B 点在 A 点的左、前、下方。

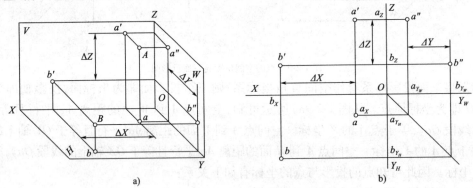

图 1-2-11　两点的相对位置

如图 1-2-12 所示，C、D 两点的坐标关系是：$c_X = d_X, c_X = d_Y, c_Z > d_Z$，由此可知，$C$ 点在 D 点的正上方，这使得 C、D 两点在水平面上的水平投影 c、d 重合。

我们把这种共处于同一条投射线上，在相应的投影面上具有重合投影的两点，称为对该投影面的一对重影点。两点重影时，远离投影面的一点为可见，另一点为不可见，并规定在不可见点的投影符号外加括号表示，如图 1-2-12 所示，D 点的水平投影用 (d) 表示。

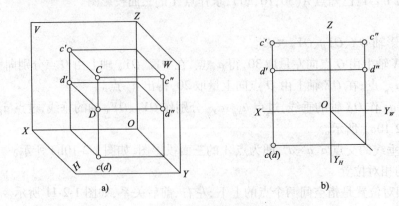

图 1-2-12　重影点的投影

2. 直线的投影

1) 直线的三面投影

直线是由若干点组成的,直线的投影可由直线上一系列点的投影确定。根据两点决定一直线的基本性质,要确定直线在空间的位置,只要定出直线上的两点即可,先作出两点的三面投影,然后将同名投影(在同一投影面上的投影)连接起来,即得直线的三面投影图,如图1-2-13所示。已知直线AB两端点A和B,图1-2-13a)为直线AB的轴测图,作图时,分别作出两端点A、B的三面投影a、b(水平投影)、a'、b'(正面投影)、a"、b"(侧面投影),如图1-2-13b)所示,连接A、B的同名投影ab、a'b'、a"b",即为直线的三面投影,如图1-2-13c)所示。

求直线的三面投影,实际上是求其两端点的同名投影的连线。

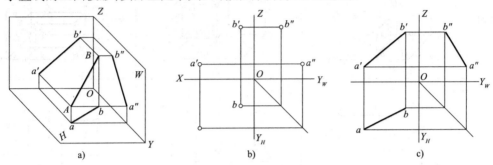

图1-2-13 直线的三面投影图

2) 各种位置直线的投影特性

根据空间直线对三个投影面的不同位置,可分为投影面平行线、投影面垂直线和一般位置直线3种。前两种直线也称为特殊位置直线。

(1) 投影面平行线。平行于一个投影面,同时倾斜于另外两个投影面的直线段称为投影面平行线。投影面平行线又可分为3种(表1-2-1)。

投影面平行线的投影特性 表1-2-1

名称	正平线	水平线	侧平线
轴测图	(图)	(图)	(图)
投影图	(图)	(图)	(图)
投影特性	1. 在所平行的投影面上的投影反映实长 2. 其余两个投影面上的投影平行于相应的投影轴		

①正平线。直线段平行于正投影面,倾斜于水平投影面和侧投影面。
②水平线。直线段平行于水平投影面,倾斜于正投影面和侧投影面。
③侧平线。直线段平行于侧投影面,倾斜于正投影面和水平投影面。

(2)投影面垂直线。垂直于一个投影面,同时平行于另外两个投影面的直线段称为投影面垂直线。投影面垂直线又可分为三种(表1-2-2)。

投影面垂直线的投影特性　　　　　　　　　　　表1-2-2

名称	正垂线	铅垂线	侧垂线
轴测图			
投影图			
投影特性	1. 在所垂直的投影面上的投影有积聚性 2. 其余两个投影面上的投影反映实长,且垂直于相应的投影轴		

①正垂线。直线段垂直于正投影面,平行于水平投影面和侧投影面。
②铅垂线。直线段垂直于水平投影面,平行于正投影面和侧投影面。
③侧垂线。直线段垂直于侧投影面,平行于水平投影面和正投影面。

(3)一般位置直线。在3个投影面上的投影均处于倾斜位置的直线段称为一般位置直线,如图1-2-14所示。其投影特性为:
①一般位置直线的各面投影都与投影轴倾斜。
②一般位置直线的各面投影的长度均小于实长。

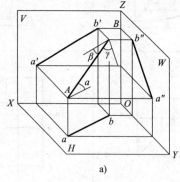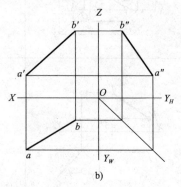

图1-2-14　一般位置直线的投影

3)直线与点的相对位置

属于直线的点,其投影仍属于直线的投影。如图1-2-15所示,点 $C \in AB$($\in$ 为属于符号),则必有 $c \in ab, c' \in a'b', c'' \in a''b''$。

注意:如果点的三面投影中有一面投影不属于直线的同面投影,则该点必不属于该直线。

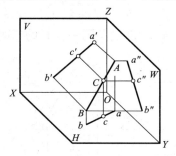 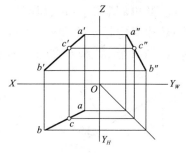

图 1-2-15 属于直线的点的投影特性

操作练习 1-2-2:已知直线 AB 的三面投影和属于直线的点 C 的水平投影 c,如图 1-2-16a)所示,求作点 C 的正面投影 c' 和侧面投影 c''。

作法:

过 c 点作 OX 轴的垂线交 a'b' 于 c' 点,过 c' 点作 OZ 轴的垂线交 a''b'' 于 c'' 点,如图 1-2-16b)所示即为所求。

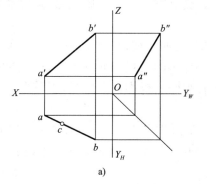 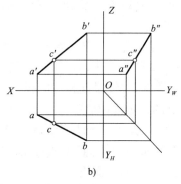

图 1-2-16 求属于直线的点的投影

4)两直线的相对位置

空间两直线的相对位置有平行、相交和交叉等三种情况,它们的投影特性分述如下:

(1)平行的两直线。空间相互平行的两直线,它们的各组同面投影也一定相互平行。如图 1-2-17 所示,若 $AB \parallel CD$,则 $ab \parallel cd$、$a'b' \parallel c'd'$、$a''b'' \parallel c''d''$。

反之,如果两直线的各组同面投影都相互平行,则可判定它们在空间也一定相互平行。

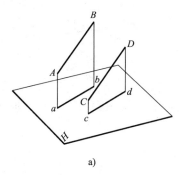 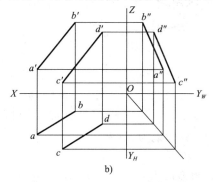

图 1-2-17 平行两直线的投影

(2)相交的两直线。空间相交的两直线,它们的同名投影也一定相交,交点为两直线的共有点，且应符合点的投影规律。

如图 1-2-18 所示，直线 AB 和 CD 相交于点 K，点 K 是直线 AB 和 CD 的共有点。根据点属于直线的投影特性，可知 k 既属于 ab，又属于 cd，即 k 一定是 ab 和 cd 的交点。同理，k' 必定是 a'b' 和 c'd' 的交点；k″ 也必定是 a″b″ 和 c″d″ 的交点。由于 k、k' 和 k″ 是同一点 K 的三面投影。因此，k、k' 的连线垂直于 OX 轴，k' 和 k″ 的连线垂直于 OZ 轴。

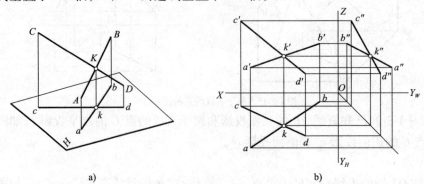

图 1-2-18　相交两直线的投影

反之，如果两直线的各组同面投影都相交，且交点符合点的投影规律，则可判定这两直线在空间也一定相交。

(3) 交叉的两直线。在空间既不平行也不相交的两直线，叫交叉两直线，又称异面直线。

若交叉两直线的投影中，有某投影相交，这个投影的交点是同处于一条投射线上，且分别从属于两直线的两个点，即重影点的投影。将各组同名投影交点连线，不垂直于相应的投影轴，即不符合点的投影规律。

如图 1-2-19 所示，水平面投影的交点 1(2)，是 H 面重影点 K_1（从属于直线 AB）和 K_2（从属于直线 CD）的水平投影。正面投影的交点 3'(4')，是 V 面重影点 K_3（从属于直线 CD）和 K_4（从属于直线 AB）的正面投影。

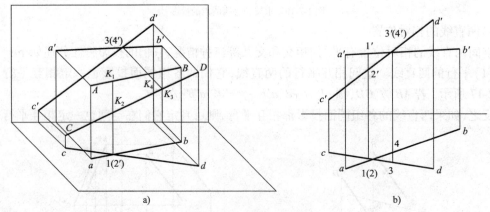

图 1-2-19　交叉两直线的投影

由于，$Z_{K1} > Z_{K2}$，所以 K_1 可见，而 K_2 不可见，故标记为 1(2)。由于 $Y_{K3} > Y_{K4}$，所以 K_3 可见，而 K_4 不可见，故标记为 3'(4')。

3. 平面的投影

1) 平面的表示法

由几何学可知，平面的空间位置可由下列几何元素确定：

(1) 不在同一直线上的 3 点，如图 1-2-20a) 所示。

(2) 一条直线和不在该直线上的一点,如图 1-2-20b)所示。

(3) 相交的两直线,如图 1-2-20c)所示。

(4) 平行的两直线,如图 1-2-20d)所示。

(5) 任意平面图形,如图 1-2-20e)所示。

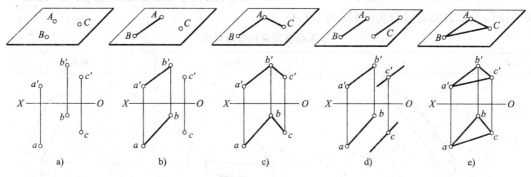

图 1-2-20　平面的表示法

2) 各种位置平面的投影

空间平面在三面投影体系中,根据对三个投影面的相对位置,可分为投影面平行面、投影面垂直面和一般位置平面三种。前两种平面也称为特殊位置平面。

(1) 投影面平行面。平行于一个投影面,垂直于另外两个投影面的平面称为投影面平行面。投影面平行面又可分为三种(表 1-2-3)。

投影面平行面的投影特性　　　　　　　　　　　　　　　表 1-2-3

名称	正平面	水平面	侧平面
实例			
轴测图			
投影图			
投影特性	1. 在所平行的投影面上的投影反映实形 2. 其余两个投影面上的投影为积聚性的直线段,且平行于相应的投影轴		

①正平面。平面平行于正投影面,同时又垂直于水平投影面和侧投影面。
②水平面。平面平行于水平投影面,同时又垂直于正投影面和侧投影面。
③侧平面。平面平行于侧投影面,同时又垂直于正投影面和水平投影面。

(2)投影面垂直面。垂直于一个投影面,倾斜于另外两个投影面的平面称为投影面垂直面。投影面垂直面又可分为三种(表1-2-4)。

投影面垂直面的投影特性　　　　　表1-2-4

名称	正垂面	铅垂面	侧垂面
实例	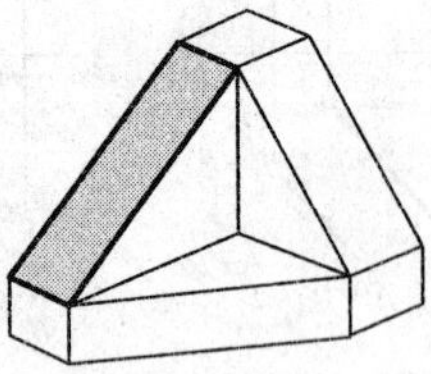	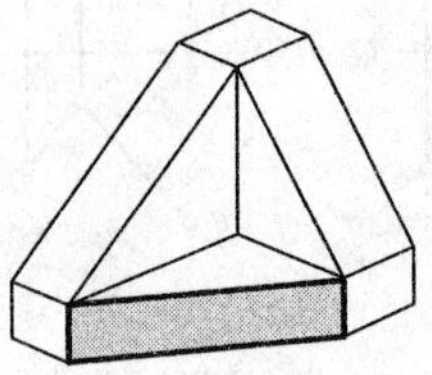	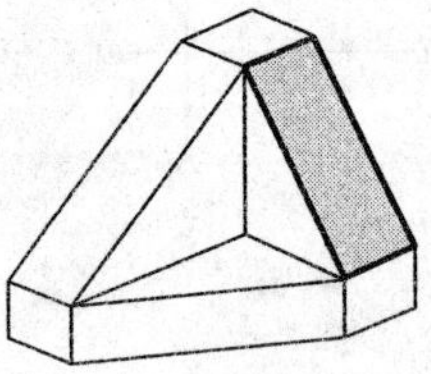
轴测图	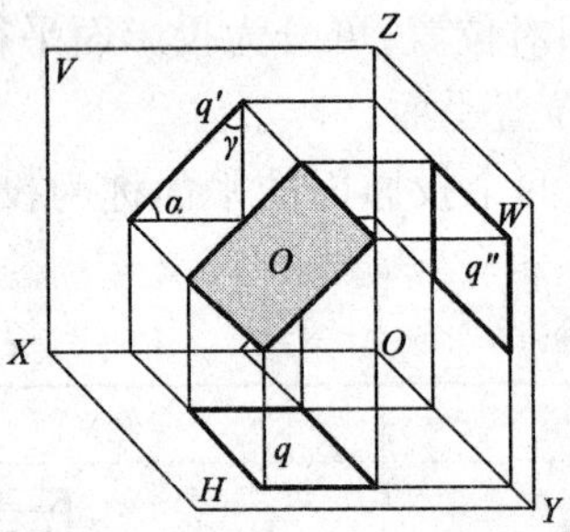	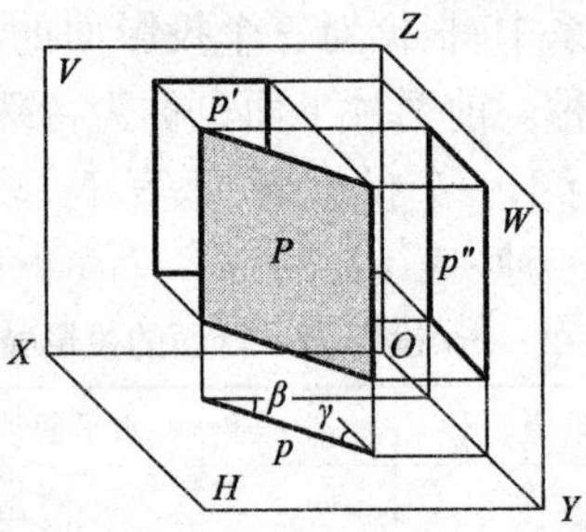	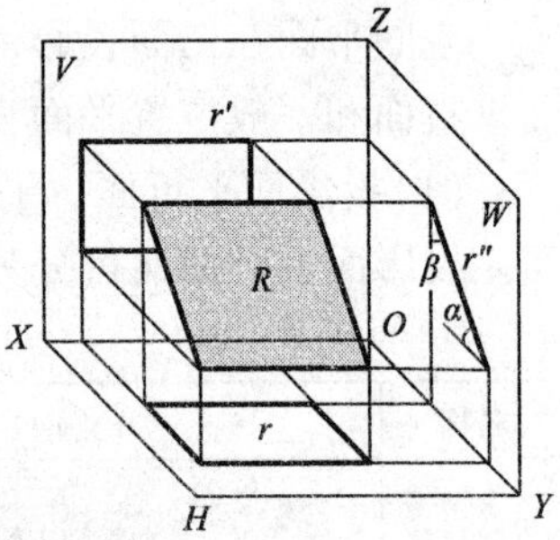
投影图	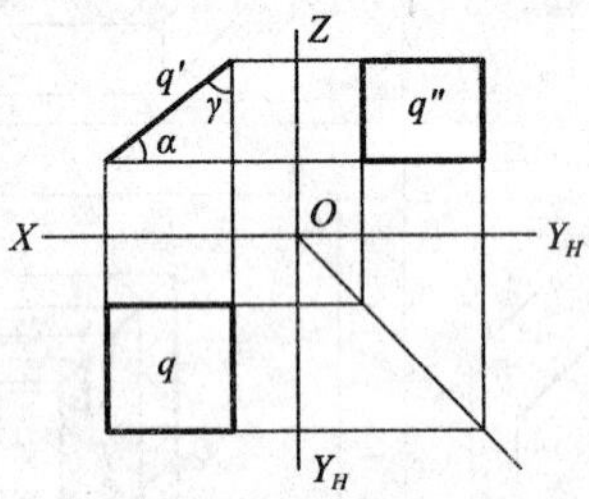	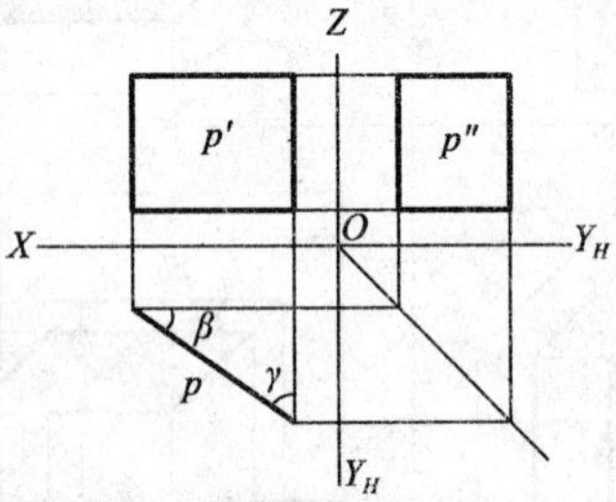	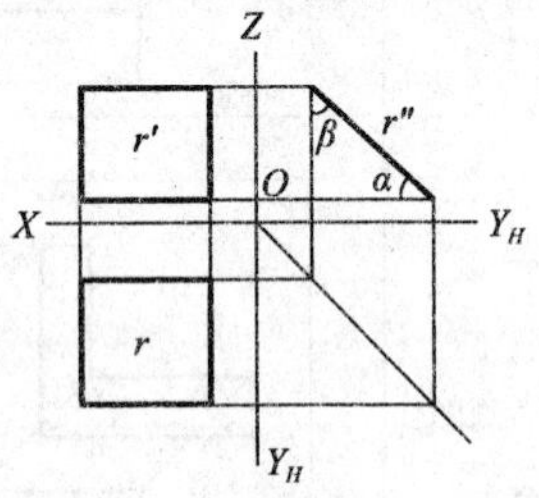
投影特性	1. 在所垂直的投影面上的投影,成为有积聚性的直线段 2. 其余两个投影面上的投影为原平面图形的类似形		

①正垂面。平面垂直于正投影面,同时又倾斜于水平投影面和侧投影面。
②铅垂面。平面垂直于水平投影面,同时又倾斜于正投影面和侧投影面。
③侧垂面。平面垂直于侧投影面,同时又倾斜于正投影面和水平投影面。

(3)一般位置平面。三个投影面均处于倾斜位置的平面,称为一般位置平面,如图1-2-21所示。其投影特性为:各面投影都不反映实形,是原平面图形的类似形。

3)平面上的直线和点

(1)平面上的直线。

①一直线若通过平面上的两个点,则此直线必在该平面上,如图1-2-22a)所示。

② 一直线若通过平面上的一个点,并且平行于平面上的一条直线,则此直线也必在该平面上,如图 1-2-22b)所示。

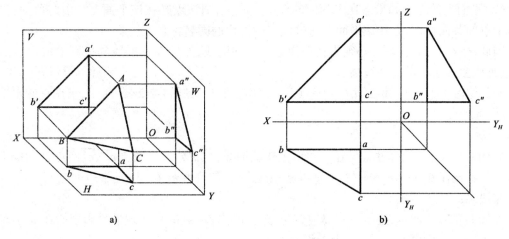

图 1-2-21 一般位置平面的投影特性

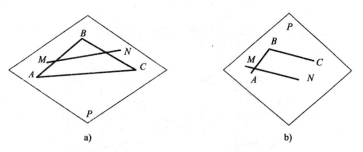

图 1-2-22 属于平面上的直线

操作练习 1-2-3:如图 1-2-23 所示,已知平面 △ABC,试作出属于该平面的任一直线。

作法一:

根据"一直线通过平面上的两个点"的条件作图(图 1-2-23a)。

任取属于直线 AB 的一点 M,它的投影分别为 m 和 m′;再取属于直线 BC 的一点 N,它的投影分别为 n 和 n′;连接两点的同名投影。由于 M、N 皆属于平面,所以 mn 和 m′n′ 所表示的直线 MN 必属于 △ABC 平面。

作法二:

根据"一直线通过平面上的一个点,并且平行于平面上的另一直线"的条件作图(图 1-2-23b)。

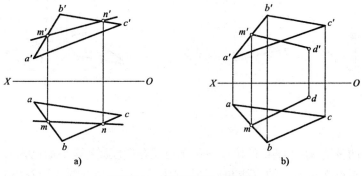

图 1-2-23 作属于平面上的直线

经过属于平面的任一点 $M(m,m')$，作直线 $MD(md,m'd')$ 平行于已知直线 $BC(bc,b'c')$，则直线 MD 必属于 $\triangle ABC$。

(2) 平面上的点。如果点在平面内的任一直线上，则该点必在该平面上。由此可知：位于平面上点的各面投影，必在该平面上通过该点的直线的同名投影上。

因此，要在平面上取点，必须先在平面上作一辅助线，然后在辅助线的投影上取得点的投影，这种作图方法叫做辅助线法。

操作练习 1-2-4：已知 $\triangle ABC$ 上一点 K 的正面投影 k'，如图 1-2-24a) 所示，求作它的水平投影 k。

作法一：

如图 1-2-24b) 所示，过点 k' 在三角形上作辅助线，与 $a'b'$、$a'c'$ 交于 m'、n' 两点，再由 m'、n' 按点的投影规律在 ab、ac 上求得 m、n 两点并且连线，最后由 k' 在 mn 上求得 k 点。

作法二：

如图 1-2-24c) 所示，连接点 a'、k' 与 $b'c'$ 交于 d' 点，再由 d' 点按点的投影规律在 bc 上求得 d 点，连接 ad，最后由 k' 点在 ad 上求得 k 点。

作法三：

如图 1-2-24d) 所示，若过 k' 点作 $a'b'$ 的平行线为辅助线，所得结果是一样的。

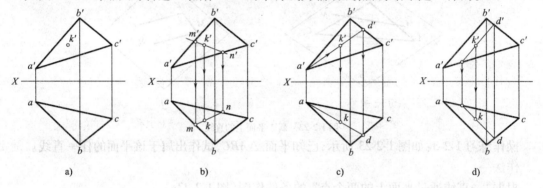

图 1-2-24 在平面上作辅助线取点

操作练习 1-2-5：如图 1-2-25a) 所示，已知任意五边形 $ABCDE$ 的一个投影和其中 AB、CD 两边的水平投影，且 $AB \parallel CD$，完成该五边形的水平投影。

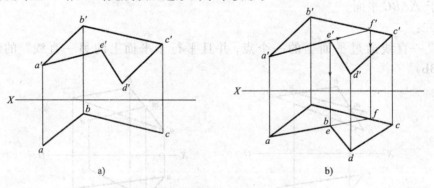

图 1-2-25 补全任意五边形的投影

此五边形中两条边 AB 和 BC 的两面投影都已给出，实际上该平面已由相交两直线 AB 和 BC 所决定。只要根据在平面上的直线和点的投影性质，即可由已知投影补出其他投影。

作法：

如图1-2-25b)箭头所示，作 $cd \parallel ab$，由 d' 点得 d 点；再过 e' 点作辅助线 $AF(af、a'f')$，即可由 e' 点得 e 点，连接起来就可完成该五边形的水平投影。

任务实施

一、准备工作

(1) 教学设备：制图教室。
(2) 教学资料：PPT课件、模型。
(3) 材料与工具：小刀、铅笔、圆规、胶水、三角板、橡皮、橡皮泥等。

二、操作流程

制作点、线、面的投影立体模型，在三面投影体系中对不同空间位置的点或线进行投影。仔细观察不同位置点或线的投影，并总结其变化规律。在三面投影体系中，可以徒手绘制出点或线的三面投影。

(1) 步骤1。用硬纸板、泡沫材料或橡皮泥等制作模型。
(2) 步骤2。获得点的空间位置与投影面之间的关系。
(3) 步骤3。分析直线段与投影面的关系，获得直线段的投影规律。

【操作提示】

制作的点能反映点的空间位置关系、点与线的位置关系（点在线上，点不在线上）线与投影面的位置关系、线与线的关系（相交、平行、异面）等。

(4) 步骤4。制作平面图形的投影体系，并在三面投影体系中对不同位置的平面图形进行投影。仔细观察不同位置平面图形的投影，并总结其变化规律。在三面投影体系中，可以徒手绘制不同位置的平面图形的三面投影。

【操作提示】

制作内容可根据授课内容来定，最好包括面与投影面的关系、面与面的关系（平行、相交）。

常见问题解析

【问题】在求作点的三面投影时，对重影点的投影容易出错。
【答】只要熟练掌握了点的位置与坐标的关系，此问题可迎刃而解。

任务小结

物体在阳光的照射下，就会在墙面或地面投下影子，这就是投影现象。投影法是指投射线通过物体向投影面投射，并在该面上得到投影的方法。

在三视图中，主视图和俯视图都反映物体的长，主视图和左视图都反映物体的高，俯视图和左视图都反映物体的宽。三视图之间的度量对应关系可归纳为：主视图、俯视图长对正，主视图、左视图高平齐，俯视图、左视图宽相等，即"长对正，高平齐，宽相等"。

关于点的投影：三个投影相互求，连线垂直投影轴；影轴点面等距离，均为点的坐标值；两点位置看坐标，左右前后分低高；坐标相同必重影，括号把它来分清。

关于直线的投影：直线平行投影面，该面投影实长线；直线垂直投影面，该面投影成一点；平行直线影平行，相交直线影相交；交点符合点投影，反之必为交叉线；点分线段成正比，投影分割比相同。

空间平面在三面投影体系中，根据对三个投影面的相对位置，可分为投影面平行面、投影面垂直面和一般位置平面三种。前两种平面也称为特殊位置平面。

平面内的点和直线的判断条件：若点从属于平面内的任一直线，则点从属于该平面；若直线通过属于平面的两个点，或通过平面内的一个点，且平行于属于该平面的任一直线，则直线属于该平面。

项目三

绘制组合体的三视图及轴测图

任务一　绘制基本几何体的三视图

任务引入

基本几何体简称为基本体,它是由若干个表面构成的。根据表面的性质,基本体通常分为两类:平面体和曲面体。表面全部为平面的几何体称为平面体,如棱柱、棱锥等;表面中含有曲面的几何体称为曲面体,如圆柱、圆锥、圆球和圆环等,这些曲面体又称为回转体。工程实践中,有许多机件是由一个或若干个基本体有机组合而成的。如图 1-3-1 所示为由基本体组成的机件的实例。正确熟练地掌握基本体的作图方法、图形特征可以为绘制和识读各种图样奠定坚实的基础。

a)钩头键

b)V形铁

c)顶尖

d)手把

图 1-3-1　由基本体组成的机件

基本体是认识复杂零件和机器的基础。如果能将一个零件或一部机器分解成若干个基本体,那就能很方便地了解该零件或机器了,这是分析各种机械图样的一个有效方法。

【知识目标】

1. 基本体的概念;
2. 平面体三视图的画法和投影规律;
3. 回转体三视图的画法和投影规律;
4. 基本体尺寸标注的基本规则和要求;
5. 切割体三视图的画法和投影规律。

【能力目标】

1. 能正确绘制平面体的三视图;

2. 能正确绘制回转体的三视图；
3. 能正确绘制切割体三视图；
4. 能正确标注基本体的尺寸；
5. 具备一定的空间想象和表达能力。

理论知识

一、绘制平面体的三视图

平面立体包括棱柱、棱锥等。

平面立体上相邻两表面的交线称为棱线，棱线与棱线的交点称为顶点。平面立体由若干个平面围成，且每个平面的边线由直线段组成，每条直线段由其两端点（顶点）确定，所以绘制平面立体的投影或三视图，可归结为绘制它的各表面（棱面）和各棱线的投影或三视图。

1. 棱柱

1）棱柱的三视图投影

如图 1-3-2a) 所示为一个正六棱柱的投影情况。现分析棱柱各表面所处的位置：顶面和底面为水平面；六个侧棱面中，前后棱面为正平面，其余均为铅垂面。画棱柱的投影时，一般先画顶面和底面的投影，它们为水平面，水平面反映实形。其余两个投影积聚为直线。再画侧棱线的投影，六条侧棱线均为铅垂线，水平投影积聚为正六边形的六个顶点，其余两个投影均为竖直线，且反映棱柱的高。画完上述面与棱线的投影后，即得该棱柱的投影，如图 1-3-2b) 所示。

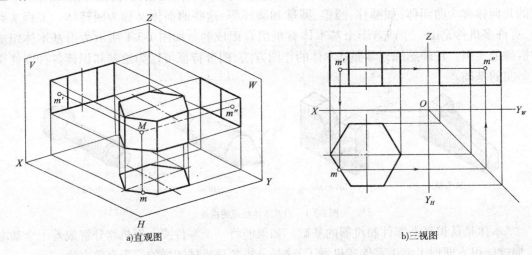

a) 直观图　　　　　　　　　　　b) 三视图

图 1-3-2　正六棱柱的三视图

2）棱柱表面上求点

在平面立体表面上取点，其原理和方法与平面上取点相同。由于棱柱的各表面均处于特殊位置，因此可利用积聚性来取点。棱柱表面上点的可见性可根据点所在平面的可见性来判别：若平面可见，则平面上点的同名投影为可见，反之为不可见。如已知正六棱柱上一点 M 的正面投影 m'，求 m 和 m"，作图方法如图 1-3-2 所示。

分析：m' 为可见点的投影，M 点必处在六棱柱的左前棱面上。

作图：根据积聚性，按箭头方向在俯视图上求得 m，再根据投影规律，如图 1-3-2 中箭头所示，求得 m"。

如果 M 点在右前棱面上,则左视图上的 W 面投影 m'' 处于不可见表面上,这时应加括号。

2. 棱锥

1) 三棱锥的三视图投影

如图 1-3-3a) 所示为一正三棱锥的投影图,图中底面 ABC 平行于 H 面,其中 AC 边垂直于 W 面。

图 1-3-3b) 所示为三棱锥的三视图。俯视图外框是三角形,反映底面实形;外框内三个三角形,是三个侧面的投影,不反映实形。主视图为两个相邻的三角形线框,是侧面 SAB、SBC 的投影,不反映实形;主视图的外线框反映侧面 SAC 的投影,不可见,也不反映实形;底面在主视图上积聚为一条水平线。左视图是一个三角形线框,为侧面 SAB 和 SBC 的重合投影,前者可见,后者不可见,均不反映实形;侧面 SAC 积聚为一条斜线,底面积聚为一条水平线。

棱锥的三视图特征是:当棱锥的底面平行于某一投影面时,则棱锥在该投影面上的视图外轮廓为与其底面全等的多边形线框,其他两个视图均为有若干个相邻的三角形所组成的线框,且外框也为三角形。

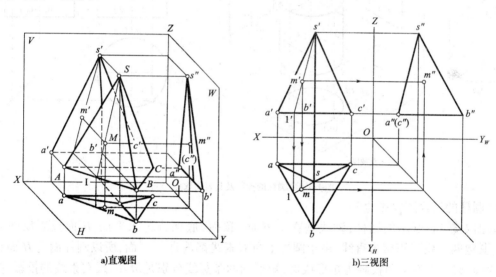

a) 直观图   b) 三视图

图 1-3-3 正三棱锥的三视图

2) 三棱锥表面上求点

组成三棱锥的表面有特殊位置平面,也有一般位置平面。如果点所在的表面为特殊位置平面,可根据积聚性的投影规律直接求得;如果点所在表面为一般位置平面,则可选取适当的辅助直线作图,称为辅助线法。作图的依据是:平面上的点必定在平面上并通过该点的一直线上,则该点的投影也必定在这条直线的投影上。

如图 1-3-3b) 所示,已知 M 点的正面投影 m',求水平投影 m 及侧面投影 m''。

分析:因为投影 m' 为可见,所以 M 点处在左前的一般位置平面 SAB 上。

作图:通过 m' 作一辅助线,连接 s' 和 m',并延长至 $1'$,即得辅助线 $SⅠ$ 的正面投影 $s'1'$,按箭头所示求得 $SⅠ$ 的水平投影 $s1$。根据投影规律,在 $s1$ 上求得 M 点的水平投影 m。

再按箭头所示,由 m' 和 m 求得侧面投影 m''。因为 M 点在 SAB 上,$s''a''b''$ 可见,则 m'' 也可见。

二、绘制回转体的三视图

工程上常见的曲面立体为回转体。回转体是由回转面或回转面与平面所围成的立体。

常见的回转体有圆柱、圆锥、圆球等。回转面是由一动线(或称母线)绕轴线旋转而成的。回转面上任一位置的母线称为素线。母线上任一点的运动轨迹皆为垂直于轴线的圆,称其为纬圆。由于回转体的侧面是光滑曲面,因此,画投影图时,仅画曲面上可见面和不可见面的分界线的投影,这种分界线称为转向轮廓素线。

1.圆柱

如图1-3-4所示为一圆柱的立体图和投影图,它由顶面、底面和圆柱面所围成。圆柱面是由一直母线绕与之平行的轴线旋转而成的。

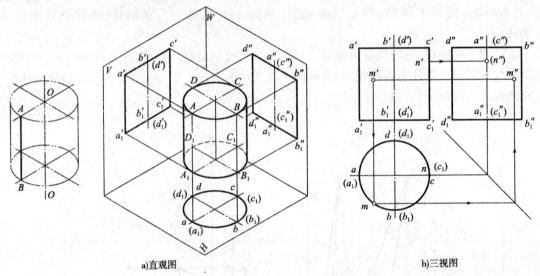

a)直观图　　　　　　　　　　　b)三视图

图 1-3-4　圆柱的投影及其表面取点

1) 圆柱的三视图投影

如图1-3-4a)所示的圆柱,轴线垂直于 H 面。顶面、底面皆为水平面,H 面投影反映实形(圆),其他两个投影积聚为直线。由于圆柱上所有素线都垂直于 H 面,所以圆柱面的 H 面投影积聚为圆。圆柱面的 V 面投影为矩形线框,矩形的两条竖线分别是最左、最右素线的投影。圆柱面最左、最右素线是前、后两半圆柱面可见与不可见的分界线,称为圆柱面正面投影的转向轮廓线。圆柱面的 W 面投影也为矩形线框,矩形的两条竖线分别是最前、最后素线的投影。圆柱面最前、最后素线是左、右两半圆柱面可见与不可见的分界线,称为圆柱面侧面投影的转向轮廓线。当转向轮廓线的投影与中心线重合时,规定只画中心线。

圆柱的投影特性为:在与轴线垂直的投影面上的投影为一圆,另外两个投影均为矩形线框。

画圆柱的投影时,应先画出轴线或中心线,再画出投影为圆的投影,最后画出其余两个投影。

2) 圆柱表面上求点

对轴线处于特殊位置的圆柱,可利用其积聚性来取点;对位于转向轮廓线上的点,则可利用投影关系直接求出。

在图1-3-4b)中,已知点 M 的正面投影 m',求水平投影 m 和侧面投影 m''。

分析:m' 是位于主视图左方一个可见点的投影,则 M 点必在前半个圆柱面的左半部上。

作图:根据积聚性,如箭头所示直接求得水平投影 m。再根据投影规律,由 m′ 和 m 如箭头所示求得 m″。因 M 点在圆柱面的左半部,则点 m″ 可见。N 点的投影可自行分析。

2. 圆锥

1) 圆锥的三视图投影

如图 1-3-5a)所示为圆锥的直观图,图中圆锥的轴线垂直于 H 面,底面平行于 H 面。

如图 1-3-5b)所示为圆锥的三视图。俯视图为一个圆形线框,它是底面的投影并反映实形;因为圆锥面上所有素线都倾斜于水平面,所以这个圆也是圆锥表面的投影。圆锥的底面在下为不可见,圆锥的表面在上为可见。主视图和左视图是两个全等的等腰三角形线框,底边是圆锥底面的积聚投影,两腰是圆锥面的转向轮廓线的投影。主视图上的两腰是圆锥面上最左、最右两条素线的投影,它把圆锥面分成前、后两个部分,前面可见,后面不可见。左视图上的两腰是圆锥面上最前、最后素线的投影,它把圆锥面分成左、右两部分,左面可见,右面不可见。

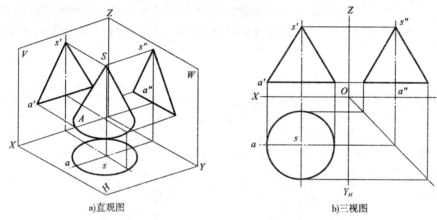

a)直观图   b)三视图

图 1-3-5　圆锥

圆锥的三视图特征是:当圆锥轴线垂直于某一投影面时,在该投影面上的视图为一个与底面全等的圆形线框,而另外两个视图均为反映圆锥侧面的等腰三角形线框。

2) 圆锥表面上求点

A 点为圆锥表面上的点,已知 A 点的正面投影 a′,求其余两面投影 a 及 a″,如图 1-3-6 所示。

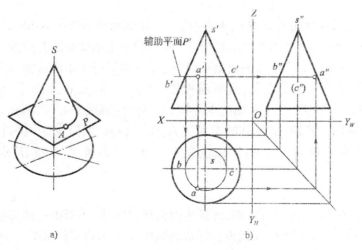

图 1-3-6　圆锥表面上的点

分析:图1-3-6中 a' 为可见点的投影,且在中心线的左边,则 A 点处于前半个圆锥面的左边。因圆锥面的三个投影都没有积聚性,所以不能直接求得表面上点的投影,一般采用辅助素线法或辅助平面法作图,这里介绍常用的辅助平面法。

作图:过 A 点作一个垂直于轴线的平面为辅助平面,该平面与圆锥表面的交线是一个圆。图1-3-6a)中圆锥轴线为铅垂线,辅助平面为水平面,交线为一水平圆。在图1-3-6b)中过 a' 作一与轴线垂直的直线,它与圆锥正面投影的交点 b' 和 c' 之间的距离即为交线水平圆的直径。在俯视图中,以 $b'c'$ 为直径作圆,该圆为交线的水平投影,在此圆上求出 a,再根据投影规律由 a' 和 a 求出 a''。作图过程如图1-3-6b)中箭头所示。

3. 圆球

如图1-3-7所示为一圆球的直观图和投影图。它是由一圆母线绕其直径旋转而成的。

1) 圆球的三视图投影

球的三个投影均为等径的圆。H 面投影的圆线 b 是球体水平投影转向轮廓线的投影;V 面投影的圆线 a' 是球体正面投影转向轮廓线的投影;W 面投影的圆线 c'' 是球体侧面投影转向轮廓线的投影。

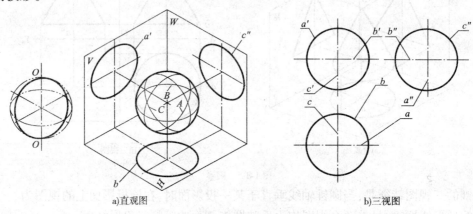

a)直观图   b)三视图

图1-3-7 圆球

2) 圆球表面上求点

由于球面的三个投影均无积聚性,除位于转向轮廓线上的点能直接求出外,其余都需用纬圆法来求解。

在图1-3-8中,已知球面上点 M 的水平投影 m',求其余两面投影 m 和 m''。

分析:在图1-3-8中 m' 为可见点的投影,则 M 点位于上半球面的左前方。

作图:过 M 点作平行于水平面的辅助平面(也可以作平行于正面或侧面的辅助平面),该辅助平面与球面的交线为水平面圆,水平面投影反映该圆的实形,正平投影积聚为一条直线。图1-3-8中,过 m' 点作平行于 X 轴的水平线,交圆的轮廓线于 $1'$、$2'$ 两点,以线段 $1'$、$2'$ 的长度为直径在俯视图上作圆,并在该圆上求得 m,由 m 和 m' 求得 m'',作图过程如图1-3-8中箭头所示。M 点在前半球,m' 可见;M 点也在左半球,m'' 也可见。N 点、K 点的投影可自行分析。

4. 圆环

如图1-3-9a)所示为圆环的直观图,环的表面由环面围成,环面由一圆母线(素线圆)绕不过圆心但在同一平面上的轴线回转而成。靠近轴线的半个母线圆形成的环面为内环面,远离轴线的半个母线圆形成的环面为外环面。

1) 圆环的三视图投影

如图 1-3-9b) 所示为圆环的三视图。主视图中,左、右两个圆是平行于正面的两个素线圆的正面投影,上、下两条切线是圆环面上最高圆和最低圆的正面投影。左视图中,左、右两个圆是平行于侧面的两个素线圆的侧面投影,上、下两条切线是圆环面上最高圆和最低圆的投影。俯视图上的两个实线圆是圆环面上最大和最小纬圆的投影,点画线圆表示母线圆心旋转而形成的轨迹的水平投影。

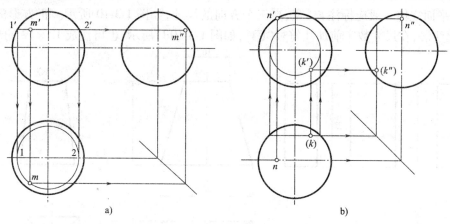

图 1-3-8 圆球

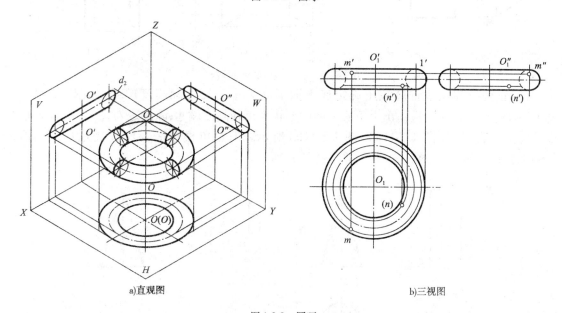

a) 直观图　　　　　　　　　　b) 三视图

图 1-3-9 圆环

2) 圆环表面上求点

已知环面上 M 点的正面投影 m',求作水平投影 m 及侧面投影 m'',如图 1-3-9b) 所示。

分析:m' 为可见点的投影,所以 M 点在外环面的前、左上部,可采用在环面上过 M 点作一水平辅助圆的方法求点。

作图:过 m' 作一水平线得一交点 $1'$,该线为水平辅助圆在正面上的积聚投影。再以 $O_1'1'$ 为半径作出辅助圆在水平面的投影,并求得 m。再由 m 及 m' 求得 m''。由于 M 点在外环面上半部的左侧,所以投影 m 及 m'' 均为可见。N 点的投影可自行分析。

三、标注基本体的尺寸

复杂的机件很多是由基本体构成的,所以掌握基本体的尺寸注法是学习组合体和零件尺寸标注的基础。本节所讲述的平面体和回转体的尺寸注法,是图样中标注尺寸的基础,初学者应十分重视。

1. 平面立体的尺寸标注

(1) 平面立体一般应标注长、宽、高三个方向的尺寸,如图1-3-10所示。正方形的尺寸可采用简化注法,在尺寸数字前加注符号"□",如图1-3-10d)所示,也可注成12×12的形式。

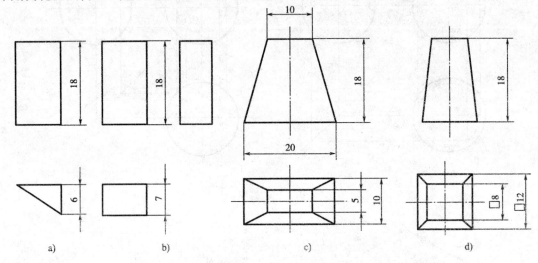

图1-3-10 棱柱、棱台的尺寸注法

(2) 正棱柱和正棱锥应注出确定底平面形状大小的尺寸和高度尺寸,如图1-3-11a)、图1-3-11b)所示。棱台应注出上下底平面的形状大小和高度尺寸,除此之外,一般应注出其底面的外接圆直径,如图1-3-11a)、图1-3-11b)所示。但也可根据需要注成其他形式,如图1-3-10c)、图1-3-10d),图1-3-11c)、图1-3-11d)所示。

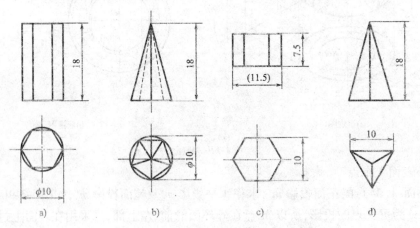

图1-3-11 底面为正多边形的棱柱、棱锥尺寸注法

2. 回转体的尺寸注法

(1) 圆柱和圆台(或圆锥)应注出高和底圆直径,直径一般标注在投影为非圆视图的直径上,并在直径尺寸前加注"φ",如图1-3-12a)、图1-3-12b)所示。

(2）圆环应注出素线圆和中心圆直径，并在直径尺寸前加注"ϕ"，如图 1-3-12c）所示。

(3）圆球只标一个直径尺寸，并在直径尺寸前加注"$S\phi$"，只用一个视图就可将其形状和大小表示清楚，如图 1-3-12d）所示。

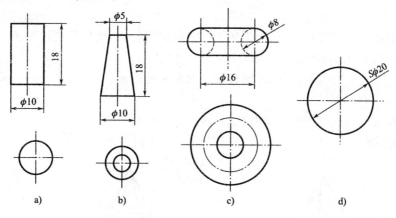

图 1-3-12　圆柱、圆台、圆环和圆球的尺寸注法

四、绘制截断体的三视图

如图 1-3-13 所示，基本体被平面 P 截切，被截平面截断后的部分称为截断体，截平面与基本体表面的交线称为截交线，截交线围成的平面图形称为截断面。

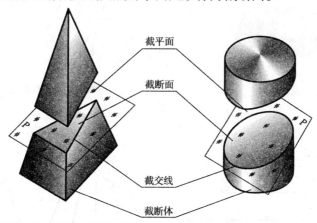

图 1-3-13　截交线与截断面

截交线的形状由基本体表面的形状和截平面与基本体的相对位置决定。但任何截交线都具有下列两个基本性质：

(1）封闭性。截交线是一个封闭的平面图形。

(2）共有性。截交线是截平面与基本体表面的共有线。

1. 绘制平面立体截断体的三视图

绘制平面立体截断体的三视图实质就是求作平面体的截交线。由于平面立体的各个表面都是平面图形，各条棱线都是直线，所以平面体的截交线是由直线组成的一个封闭的平面多边形。多边形的顶点是棱线与截平面的交点，它的边是截平面与平面体的交线。因此，求作平面体的截交线，实质上就是求截平面与平面体上各被截棱线的交点，然后依次连接即得截交线。

操作练习 1-3-1：求作六棱锥被切角后的三视图，如图 1-3-14a）所示。

分析：正六棱锥被正垂面 P 切去锥顶，其截交线是由正垂面 P 与正六棱锥的六条棱线和六个棱面相交而形成的六边形的正垂面。所以在 V 面投影积聚为斜线，在 H 面和 W 面投影为六边形的类似形。

作法：

(1) 先画出正六棱锥的三视图，利用截平面的积聚性投影，找出截交线各顶点的正面投影 a'、b'、c'、d'、e'、f'，如图 1-3-14b) 所示。

(2) 根据直线上点的投影特性，求出各顶点的水平投影 a、b、c、d、e、f 及侧面投影 a''、b''、c''、d''、e''、f''，如图 1-3-14c) 所示。

(3) 依次连接各点的同面投影，即得截交线的三面投影。

(4) 整理轮廓线，判断可见性，完成三视图，如图 1-3-14d) 所示。

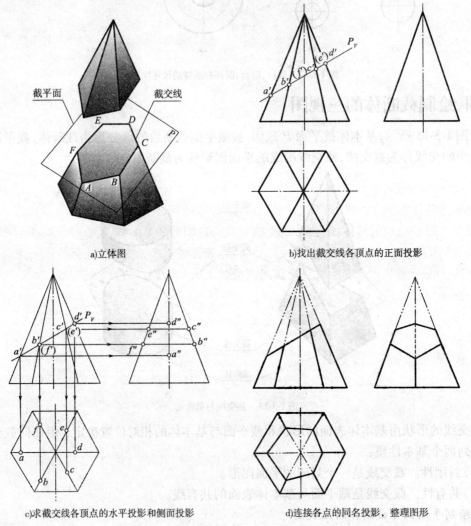

a) 立体图　　b) 找出截交线各顶点的正面投影

c) 求截交线各顶点的水平投影和侧面投影　　d) 连接各点的同名投影，整理图形

图 1-3-14　斜切正六棱锥

操作练习 1-3-2：求作正六棱柱被截切后的投影，如图 1-3-15a) 所示。

分析：正六棱柱被正垂面 P 切去一角，其截交线是由平面 P 与六棱柱的五个棱面以及在端面相截而形成的六边形。因平面 P 为正垂面，则截平面在 V 面投影积聚为斜线，H 面和 W 面投影为六边形的类似形。

作图：

(1)在正面投影中找出截交线各交点的正面投影 a'、b'、c'、d'、e'、f'，如图 1-3-15b)所示。

(2)根据直线上点的投影特性，求出各顶点的水平投影 a、b、c、d、e、f 及侧面投影 a''、b''、c''、d''、e''、f''，如图 1-3-15b)所示。

(3)依次连接各点的同面投影，即得截交线的三面投影。

(4)整理轮廓线，判别可见性，完成三视图，如图 1-3-15b)所示。

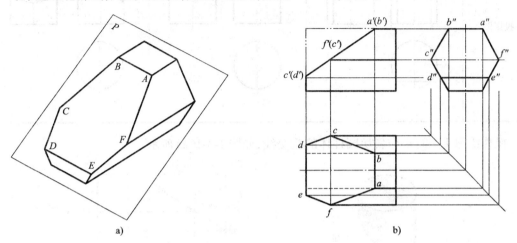

图 1-3-15 斜切正六棱柱

2. 绘制回转体截断体的三视图

绘制回转体截断体的三视图实质就是求作回转体的截交线。回转体的表面由曲面与平面所组成。当截平面与回转体相交时，截交线一般是封闭的平面曲线，特殊情况时是直线或者曲线与直线的组合。由于截交线是截平面与回转体表面的共有线，截交线上的任一点都是截平面与回转体表面的共有点。所以只要求出截交线上的一系列点的投影，再依次连接，即得截交线的投影。

1) 圆柱体的截交线

根据截平面与圆柱轴线的相对位置不同，其截交线的形状可分为三种情况，如表 1-3-1 所示。

圆柱体的截交线　　　　表 1-3-1

截平面位置	与轴线平行	与轴线垂直	与轴线倾斜
截交线形状	矩形	圆	椭圆
轴测图			

续上表

截平面位置	与轴线平行	与轴线垂直	与轴线倾斜
投影图			

操作练习 1-3-3：求作斜切圆柱体的截交线，如图 1-3-16a) 所示。

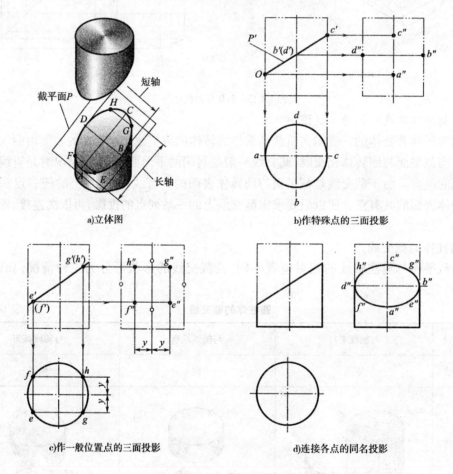

图 1-3-16 斜切圆柱体

分析：由于截平面与圆柱轴线斜切，故截交线为椭圆。长轴为 AC，短轴为 BD。截交线的 V 面投影积聚为直线，H 面的投影与圆柱的 H 面的投影重合，W 面投影仍是椭圆，其投影可根据圆柱面上取点的方法求出。

作法：

(1) 求特殊点。椭圆长轴两端点 A、C 分别是圆柱体被截切后截交线上的最低、最高点及最左、最右点；短轴两端点 B、D 分别是圆柱体被截切后截交线上的最前、最后点。由 a'、b'、c'、d' 点求得 a、b、c、d 点和 a''、b''、c''、d'' 点的投影，如图 1-3-16b) 所示。

(2) 求一般位置点。在正面投影直线上任意选定 $e'(f')$、$g'(h')$ 点，利用投影的积聚性找到水平投影 e、f、g、h 点，最后求得 e''、f''、g''、h'' 点，如图 1-3-16c) 所示。

(3) 光滑连接。用曲线板依次光滑连接 a''、b''、c''、d''、e''、f''、g''、h''、a'' 各点，即得椭圆截交线的侧面投影，如图 1-3-16d) 所示。

操作练习 1-3-4：求作被截切圆柱体的三视图，如图 1-3-17a) 所示。

分析：该圆柱的上端切口是用左、右两个平行于圆柱轴线对称的侧平面及两个垂直于圆柱轴线的水平面截切而成的。其下端开槽是用两个平行于圆柱轴线对称的正平面及一个垂直于圆柱轴线的水平面截切而成的。侧平面、正平面与圆柱表面的截交线都是直线，水平面与圆柱表面的截交线都为圆弧。因此，圆柱上、下被截切的部分的截交线均可用积聚性法求作。

作法：

(1) 先画出圆柱的三视图。

(2) 画上端切口部分。由于截平面分别为侧平面和水平面，其正面投影积聚直线，则由尺寸及对称特性作出正面投影和水平投影，再得出截交线的侧面投影 a''、b''、c''、d''，如图 1-3-17b) 所示。

(3) 画下端开槽部分。由于截平面为两个正平面和一个水平面，其侧面投影积聚直线，则由尺寸及对称特性作出侧面投影和水平投影，再得出截交线的正面投影，如图 1-3-17b) 所示。

(4) 整理轮廓，判别可见性。

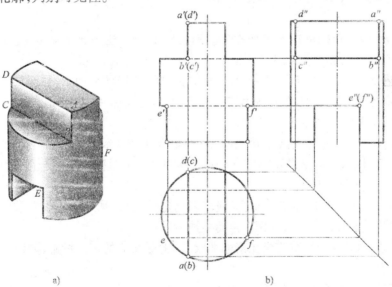

图 1-3-17 被截切圆柱体的三视图画法

2) 圆锥体的截交线

由于截平面与圆锥轴线相对位置不同，其截交线的形状也不同，可分五种情况，如表 1-3-2 所示。

截平面位置	垂直于轴线 $\theta=90°$	倾斜于轴线 $\theta>90°$	平行于一条素线 $\theta=\alpha$	平行于轴线	过锥顶但不垂直于轴线
截交线形状	圆	椭圆	抛物线+直线	双曲线+直线	等腰三角形
轴测图	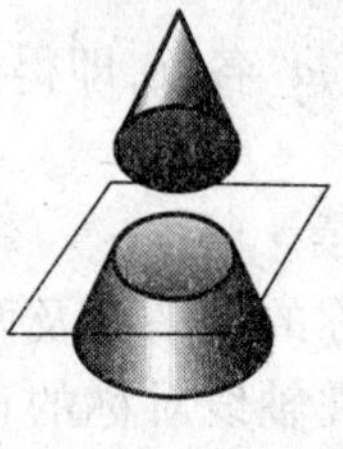	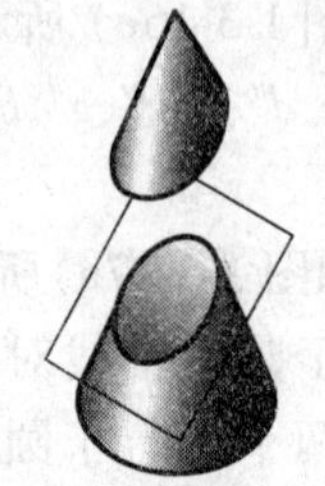	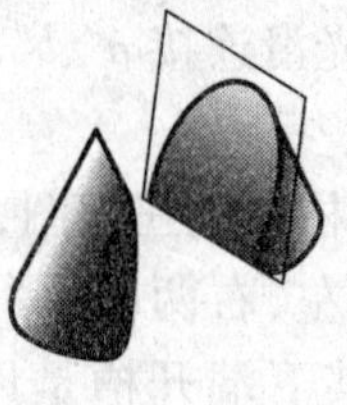	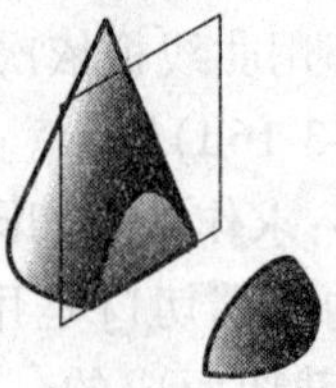	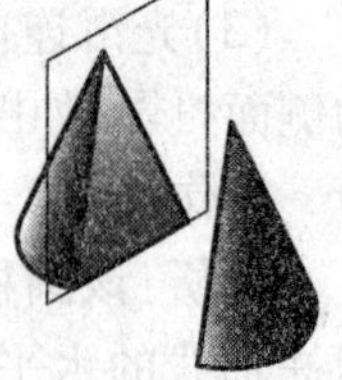
投影图	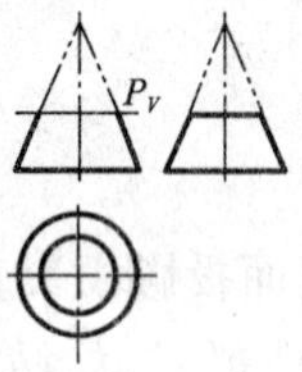	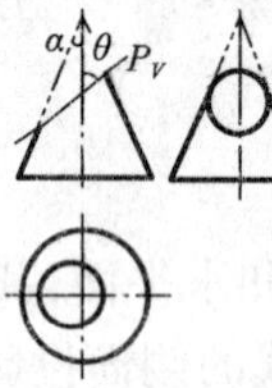	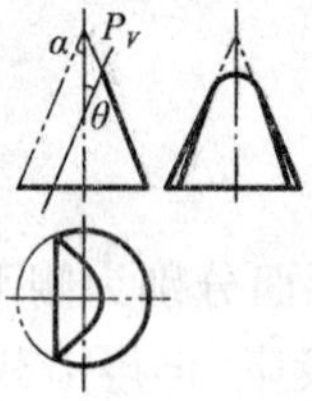	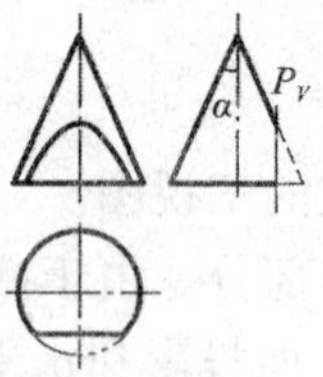	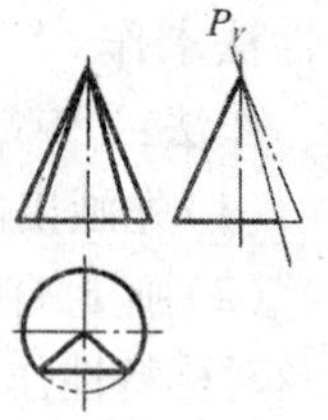

操作练习1-3-5：求作被正平面截切圆锥体的截交线，如图1-3-18a)所示。

分析：因为截平面为正平面，并与圆锥轴线平行，所以截交线为双曲线。其水平投影和侧面投影分别积聚为一直线，正面投影为双曲线。

作法：

(1)辅助素线法：过圆锥顶点 S 任作一条通过截交线上任一点 M 的素线，点 M 的投影属于素线的同面投影上，如图1-3-18b)所示。

(2)辅助平面法(三面共点)：作一垂直于圆锥轴线的辅助平面 R，与圆锥面相交，其交线为圆，该圆与截平面 P 的交点 C、D 为截交线上的点，也是圆锥面、截平面 P 和辅助平面 R 的三面公共点，如图1-3-18c)所示。

①求特殊点。点 E 是截交线上最高点，它在最前素线上，故可根据 e'' 直接作出 e'、e。点 A、B 是截交线上最低点，也是最左、最右点，其水平投影 a、b 是圆锥底圆与截平面的交点，即由 a、b 求出点 a'、b'，如图1-3-18d)所示。

②求一般位置点。利用辅助平面法(或用辅助素线法)作辅助圆的水平投影，得交点 c、d，再由点 c、d 求其正面投影 c'、d'，如图1-3-18e)所示。

③依次将点 a'、c'、e'、d'、b' 连成光滑的曲线，即为截交线的正面投影，如图1-3-18f)所示。

3)圆球的截交线

圆球被任意方向的平面截切，其截交线一定是圆。

当截平面为投影面的平行面时，截交线在所平行的投影面上的投影为一圆，其余两面投影积聚为直线，其长度等于圆的直径，圆的直径大小取决于截平面与圆球球心的距离 B，如图1-3-19所示。

操作练习1-3-6：求作半球开槽的三视图，如图1-3-20a)所示。

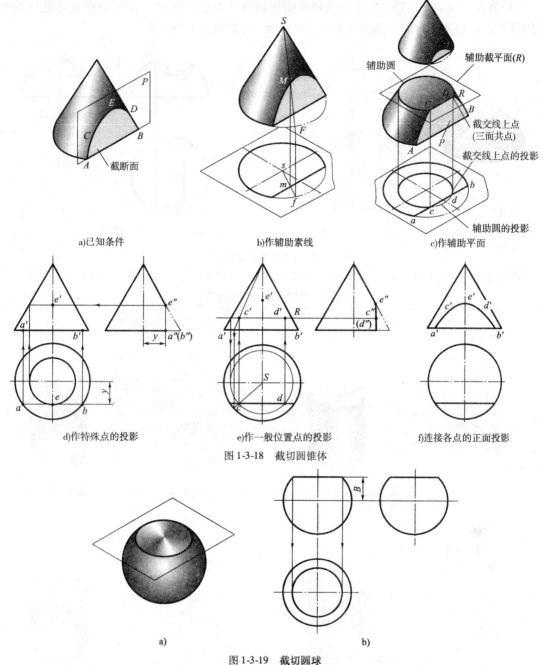

a)已知条件　　　b)作辅助素线　　　c)作辅助平面

d)作特殊点的投影　　　e)作一般位置点的投影　　　f)连接各点的正面投影

图 1-3-18　截切圆锥体

图 1-3-19　截切圆球

分析：半球开槽是由两个对称的侧平面和一个水平面截切而成的。槽的两个侧平面与球面的截交线各为一段平行于侧面的圆弧，其侧平面投影反映实形，正面投影和水平投影积聚为直线；而水平面与球面的截交线为等径的两段圆弧，其水平投影反映实形，正面投影和侧面投影积聚为直线。

作法：

（1）首先画出半圆球的三视图。

（2）再根据槽宽、槽深尺寸画出反映槽形特征的主视图；画俯视图时，交线圆弧半径 R_1 由槽底作辅助平面法来确定，如图 1-3-20b）所示。

(3)画左视图时,交线圆弧 R_2 由槽侧平面作辅助平面法来确定。点 a'' 为槽底可见与不可见的分界点。槽把平行侧面的球轮廓线切去一部分,如图 1-3-20c)所示。

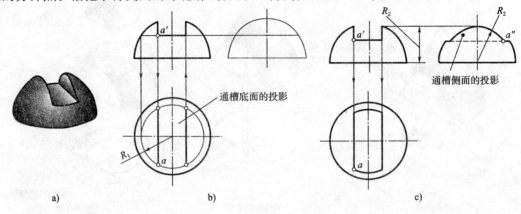

图 1-3-20　开槽半球的三视图画法

机械零件上常见的还有一类带切口的基本体,其立体形状与三面投影如表 1-3-3 所示。

常见的带切口基本体的投影　　　　　　表 1-3-3

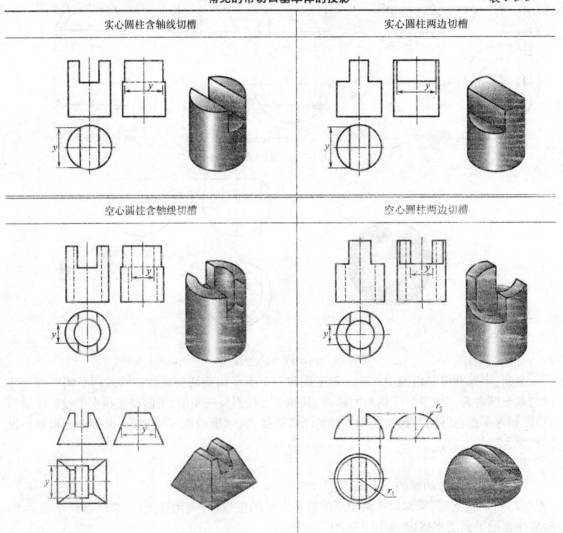

实心圆柱含轴线切槽	实心圆柱两边切槽
空心圆柱含轴线切槽	空心圆柱两边切槽

任务实施

一、准备工作

(1) 教学设备:制图教室、绘图工具。
(2) 教学资料:PPT 课件、模型。
(3) 材料与工具:小刀、铅笔、圆规、胶带、橡皮、三角板、绘图纸(A4)等。

二、操作流程

操作任务:绘制截切基本体的三面视图。如图 1-3-21c)所示为一三棱锥被截切的直观图,截切后的立体为三棱锥的组合体。根据主视图中的截切位置,补全此组合体的俯视图与左视图。

步骤1:分析三面视图,掌握视图中截切平面的性质与投影规律(平面 ABCD 为水平面,平面 CDEF 为正垂面)。

步骤2:标注出截切平面特殊点的投影,如图 1-3-21 所示。

步骤3:依据投影规律在其他投影面内作出对应点的投影。

步骤4:依次连接对应点的投影,补全截切平面在其他投影面内的投影。

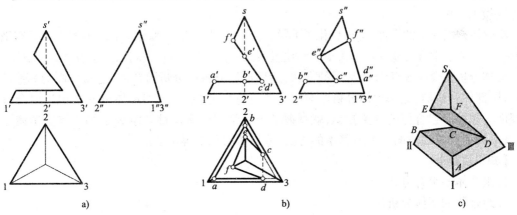

图 1-3-21 截切三棱锥的三面视图

【操作提示】

补全截切组合体视图,应首先分析截切的基本体,再分析清楚截切平面在视图中特殊位置的投影,截切平面与基本体表面的交点多为特殊位置的点,如图 1-3-21c)中的 A、B、E、F,根据点的投影特征即可求作其他投影面的投影。

常见问题解析

【问题】组合体视图中不可见线段的判断与表示。

【答】视图中不可见线段用虚线表示。如图 1-3-21 中线段 CD 在俯视图中的投影。

任务小结

基本几何体简称为基本体。它是由若干个表面构成的,根据表面的性质,基本体通常分为平面体和回转体。

基本体是认识复杂零件和机器的基础。如果能将一个零件或一部机器分解成若干个基本体,那就能很方便地了解该零件或机器了,这是分析各种机械图样的一个有效方法。

平面立体包括棱柱和棱锥等。绘制平面立体的投影和三视图,可归结为绘制它的各表面(棱面)和各棱线的投影和三视图。

工程上常见的曲面立体为回转体。回转体是由回转面或回转面与平面所围成的立体。常见的回转体有圆柱、圆锥、圆球等。

平面立体一般应标注长、宽、高三个方向的尺寸。圆柱和圆台(或圆锥)应注出高和底圆直径,直径一般标注在投影为非圆视图的直径上,并在直径尺寸前加注"φ"。圆球只标注一个直径尺寸,并在直径尺寸前加注"Sφ"。

绘制平面立体截断体三视图的实质就是求作平面体的截交线。绘制回转体截断体三视图的实质就是求作回转体的截交线。

任务二　绘制组合体的三视图

【任务引入】

任何复杂的物体,不管它是零件、部件,还是机器,都可以分解成简单的物体。这些复杂的物体叫做组合体。

组合体是简化了的零件,是理想化了的结构形状。从组合体到实际生产中的零件只有细小的差别。为了使学习者能从基本体很顺利地过渡到零件图的学习,中间加入了组合体的学习。

形体分析法是分析组合体常用的方法,运用形体分析法分析组合体,进而分析实际生产中的零件、部件和机器,运用形体分析法对组合体进行尺寸标注,运用形体分析法识读组合体的三视图。掌握了组合体的有关知识,就掌握了今后学习的主动性。掌握了组合体的形体分析法,就掌握了分析物体的一个最基本的方法,所以务必认真学习。

【知识目标】

1. 组合体的组合方式。
2. 组合体的形体分析法。
3. 组合体三视图的画法。
4. 组合体三视图的尺寸标注。
5. 组合体三视图的识读。

【能力目标】

1. 能正确绘制组合体的三视图并标注尺寸。
2. 会补视图、补漏线。
3. 能运用形体分析法和线面分析法识读组合体的三视图。

【理论知识】

一、认识组合体

由两个或两个以上的基本几何体组成的物体,称为组合体。任何复杂的机器零件都是由一些基本几何体组成的。

1. 组合体的形体分析

实际物体是一个不可分的整体,但为了运用前述基本投影特征和作图方法,常常在绘制、识读组合体的三视图以及在标注尺寸的过程中,假想将实际物体分解成几个基本的组成部分,分析清楚各组成部分的结构形状、相对位置、组合形式以及其表面连接方式。这种将复杂形体分解、简化为几个简单形体的分析方法,称为形体分析法。掌握了形体分析法,也就掌握了画图、标注尺寸、读图的基本方法。

如图 1-3-22a)所示的轴承座可分解为底板、圆筒、支承板及肋板四个部分,各部分的相对位置如图 1-3-22b)所示。这些组成部分通过叠加和挖切等方式组合成了轴承座。

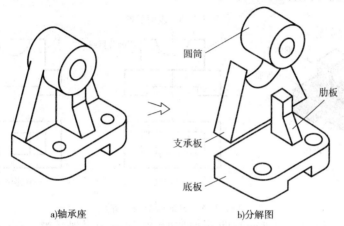

图 1-3-22　轴承座的形体分析法

2. 组合体的组合方式

常见的组合形式大体上分为:叠加、切割和综合(既有叠加又有切割的组合形式)。

1)叠加式

这类组合体可视为由若干个简单基本体通过叠加、相切、相交而成。如图 1-3-22a)所示的轴承座,可看成是底板与支承板、肋板叠加、支承板与圆筒相切、肋板与圆筒相交而成。

2)切割式

这类组合体可视为由一个基本体被切去某些部分而形成。如图 1-3-22 所示的底板,可看成是由一个四棱柱体从中切去一槽、截切两个角及挖去两个圆柱体而形成。

3)综合式

对于形状复杂一些的组合体,其组合形式往往是既有"叠加"又有"切割"的综合方式。对于整个轴承座来讲,就是一个既有叠加,又有切割的综合形式。

3. 组合体的表面连接方式

基本体组合在一起,其表面之间连接方式有平齐、相错、相切、相交等关系。

1)平齐方式

当两基本体的表面平齐(即共面)时,中间不画分界线,如图 1-3-23b)所示。图 1-3-23c)所示的错误是多画了线。

2)相错方式

当两基本体的表面相错(不平齐)时,中间应画分界线,如图 1-3-24b)所示。图 1-3-24c)所示的错误是漏画了线。

3)相切方式

两基本体的表面相切通常有平面与曲面相切和曲面与曲面相切两种相切方式。

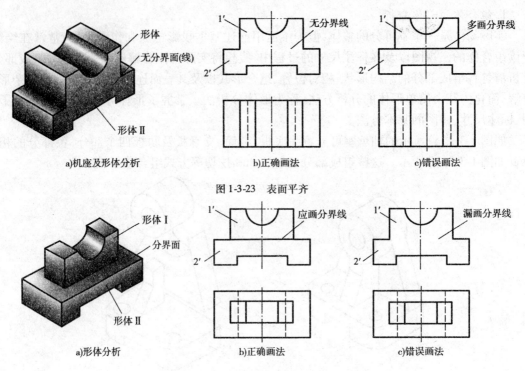

图 1-3-23 表面平齐

图 1-3-24 表面相错（不平齐）

（1）平面与曲面相切。当平面与曲面相切时，相切处为光滑过渡、无界线。画视图时，该处不应画线。

如图 1-3-25a)所示的摇臂分解后可视为由耳板和圆筒相切组合而成。耳板前后侧平面与圆筒表面相切，在相切处光滑过渡，其相切处不存在分界线。图 1-3-25c)所示的主、左视图相切处不画切线，但耳板顶面的投影要画到切点为止。图 1-3-25d)、图 1-3-25e)所示为常见的错误画法。

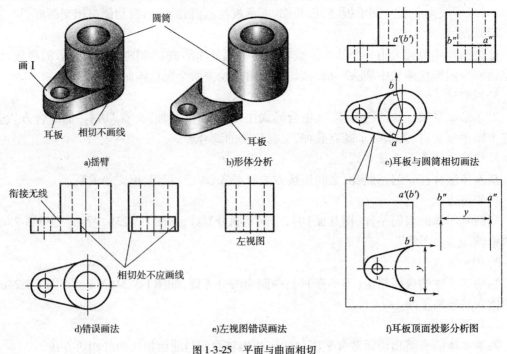

图 1-3-25 平面与曲面相切

（2）曲面与曲面相切。如图1-3-26所示为两侧曲面相切的压铁,其正面投影为两相切圆弧。在相切处是否画出分界线,可通过切点作公共切平面位置而定。当公共切平面与投影面不垂直时,则该投影面的投影图上不画分界线,如图1-3-26a)所示,否则必须画线,如图1-3-26b)所示的俯视图。

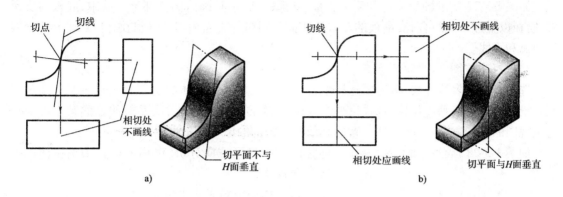

图1-3-26 曲面与曲面相切

4）相交方式

当两基本体的表面相交时,在相交处应画出交线,如图1-3-27a)所示。摇臂中的耳板前、后侧平面与圆筒表面相交,如图1-3-27b)所示主视图中的投影 $a'b'$；肋板的斜平面与圆筒表面相交,交线为椭圆线 $\overset{\frown}{CDE}$,如图1-3-27b)所示左视图的投影 $c''d''e''$。图1-3-27c)所示的直线画法是错误的。

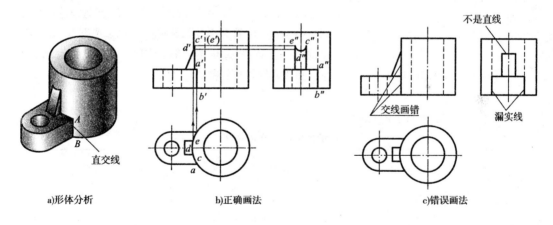

图1-3-27 表面相交

二、绘制组合体的三视图

画组合体三视图之前,首先应对组合体进行形体分析,以明确该组合体的形状、结构特点、组合形式、相邻两部分的表面连接方式、各组成部分之间的相对位置等,为选择主视图的投影方向和画图理清思路,然后再开始画图。

1. 叠加型组合体三视图画法

现以图1-3-22所示的轴承座为例,介绍叠加型组合体三视图的一般画法和步骤。

1)形体分析

画图之前,首先应对组合体进行形体分析。了解组合体由哪些基本体组成、各基本体之间的相对位置和组合形式以及各部分表面之间的连接关系,对组合体的形体特点有一个总的认识,以便三视图画法方案的选择。

如图1-3-22所示轴承座可分解为底板、支承板、肋板和圆筒四个部分。其中,底板与支承板、肋板以叠加形式组合;支承板的左右两侧面与圆筒外表面相切,肋板与圆筒相交,其相交线为圆弧和直线。

2)选择主视图

选择视图的表达方案,首先要选择主视图。一般是将组合体的主要表面或主要轴线放置在与投影面平行或垂直位置,选择反映组合体各部分的形状和位置关系较明显的某一方向作为主视图的投影方向。同时,还应考虑其他两视图上的虚线尽量少些。

如图1-3-28所示的轴承座,从图中标注的六个投影方向分析,选择 A 向作为主视图的投影方向较佳。

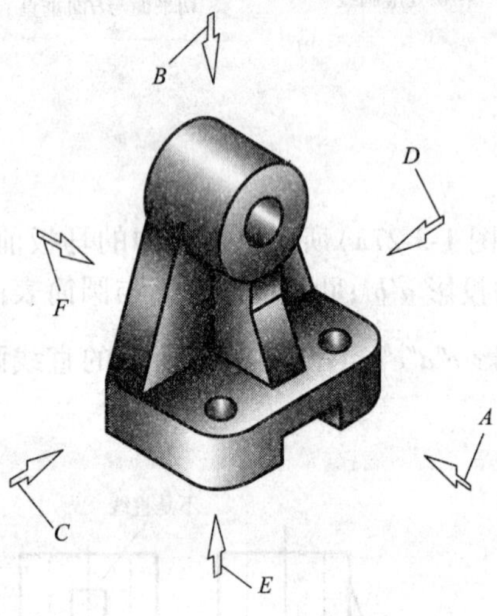

3)选择图纸幅面和比例

视图表达方案确定后,根据组合体的复杂程度和尺寸大小,选择符合国家标准规定的图幅和比例。在一般情况下,尽可能选用1:1的比例。图幅大小的选择要根据所绘制视图的面积大小以及留足标注尺寸和标题栏的位置来确定。

4)布置视图位置,画出作图基准线

布图时,根据组合体的总体尺寸及视图之间留足标注尺寸的空当,将各视图均匀、合理地布置在图框中。各视图位置确定后,用细点画线或细实线画出作图基准线,作图基准线一般选用组合体上的底面、对称面、重要端面以及重要轴线等。

图1-3-28 主视图的选择

5)绘制底稿

轴承座三视图的画图步骤如表1-3-4所示。

画轴承座三视图的步骤　　　　　表1-3-4

图例		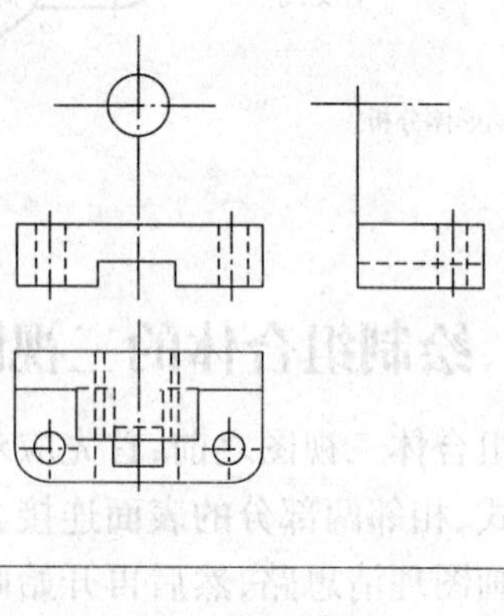
说明	画出各视图作图基准线:对称中心线、大圆孔中心线及其对应的轴线、底面和背面位置线	画底板:先画俯视图,凹槽则从主视图开始画起

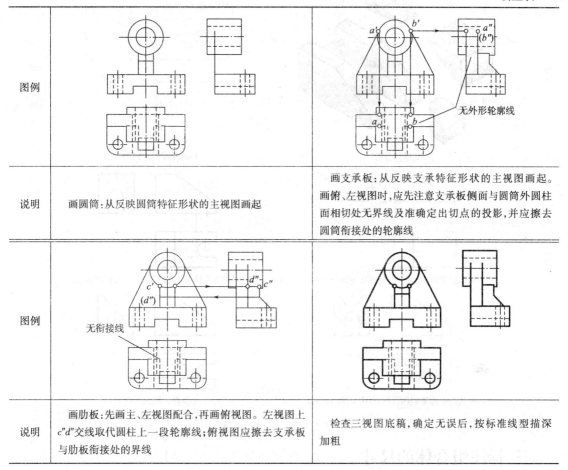

图例	（见图）	（见图）
说明	画圆筒：从反映圆筒特征形状的主视图画起	画支承板：从反映支承特征形状的主视图画起。画俯、左视图时，应先注意支承板侧面与圆筒外圆柱面相切处无界线及准确定出切点的投影，并应擦去圆筒衔接处的轮廓线
图例	（见图）	（见图）
说明	画肋板：先画主、左视图配合，再画俯视图。左视图上 $c''d''$ 交线取代圆柱上一段轮廓线；俯视图应擦去支承板与肋板衔接处的界线	检查三视图底稿，确定无误后，按标准线型描深加粗

为了迅速而正确地画出组合体的主视图，画底稿时，应注意以下几点：

（1）画图的先后顺序，一般先从形状特征明显的视图入手。先画主要部分，后画次要部分；先画可见部分，后画不可见部分；先画圆或圆弧，后画直线。

（2）画图时，结合组合体的每一基本体部分，三个视图配合着画，注意表面连接关系和衔接处的图线变化，不要一个视图一个视图的单个画。这样，不但可以提高画图速度，还能避免漏线、多线现象。

（3）各形体之间的相对位置，要正确反映在各个视图中。

6）检查、描深

检查三视图底稿，确定无误后，按标准线型描深加粗，完成全图。

2. 切割型组合体三视图画法

切割式组合体与以叠加式为主的组合体相比，所用的分析方法和作图的几大步骤基本相同，但在具体的画图过程中有所差异。所以，针对切割式组合体，应从整体出发，先把原形体假想成是长方体或圆柱体等基本形体，然后再分析假想的基本形体是如何被一块一块地切割成现在的实际形状。在画图时，对于被切割部位，应先画出切平面有积聚性的投影，然后再画其他视图的投影。在切割后的形体上，往往有较多的斜面、凹面。斜面呈多边形，凹面不可见部分用虚线表示。画图时，同样要严格按照"三等"对应关系作图。画切割体的关键在于求切割面与物体表面的截交线，以及切割面之间的交线。具体作图步骤如图1-3-29所示，在此不再赘述。

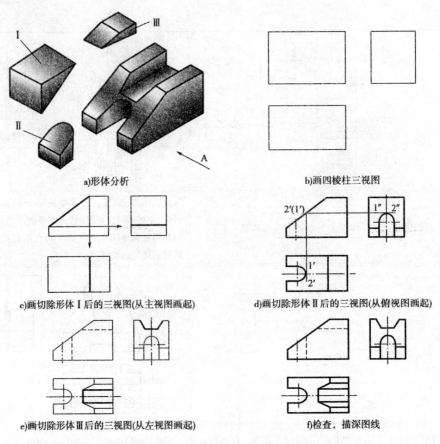

图 1-3-29 切割式组合体三视图的画图步骤

三、标注组合体的尺寸

尺寸与视图是机械图样的两项重要内容,视图只能表达形体的形状和各部分相对位置,但其大小必须由尺寸决定。只有视图而没有尺寸,将无法制造加工。

1. 尺寸的种类

1) 定形尺寸

确定组合体各部分的形状和大小的尺寸称为定形尺寸。如图 1-3-30 所示,尺寸 58、34、10、R10、φ10 是分别反映底板形状大小的长、宽、高及圆角、圆孔形状大小的定形尺寸。尺寸 8、13、9 是反映肋板形状大小的定形尺寸。

2) 定位尺寸

确定组合体各部分之间的相对位置的尺寸称为定位尺寸。如图 1-3-30 中的尺寸 32,是确定支承板上 φ20 圆孔中心到底板底面距离的定位尺寸;尺寸 38、23,是确定底板上两个直径为 φ10 的小圆孔中心之间及距底板后侧距离的定位尺寸。

3) 总体尺寸

确定组合体外形的总长、总宽、总高的尺寸称为总体尺寸。当总体尺寸与已标注的定形尺寸一致时,就不需另行标注。如图 1-3-30 中的总长和总宽尺寸就与底板的长 58 和宽 34 一致。

组合体的一端为回转体时,为考虑制作方便,不需直接注出总体尺寸。一般都是由回转体中心的定位尺寸和回转体的半径来反映某一方向的总体尺寸,如图 1-3-31 所示。

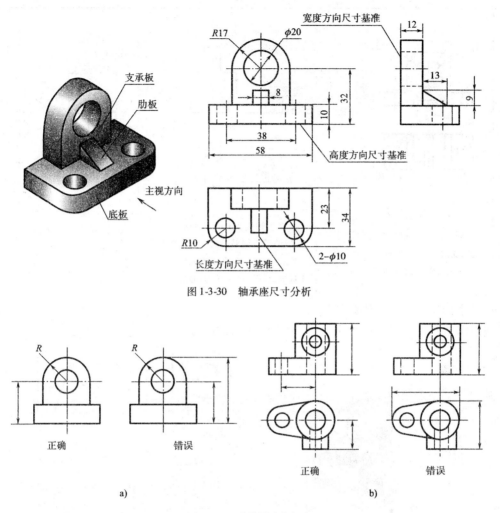

图 1-3-30　轴承座尺寸分析

图 1-3-31　总体尺寸的标注

2. 尺寸基准

标注组合体的尺寸时,应先选择尺寸基准。所谓尺寸基准,就是标注尺寸的起点或参考点。由于组合体是一个具有长、宽、高三个方向尺寸的空间形体,因此,在每个方向都应有尺寸基准。尺寸基准的选择必须体现组合体的结构特点,使尺寸标注方便。一般选择组合体的对称面、底面、重要端面或轴线等作为尺寸基准。如图 1-3-31 所示,选择轴承座的对称面为长度方向的尺寸基准;底板的底面为高度方向的尺寸基准;底板和支承板的后面为宽度方向的尺寸基准。

组合体由于形状不一的特点,每个方向上除确定一个主要基准外,有时还要选择辅助基准,主要基准和辅助基准之间应有尺寸联系,如表 1-3-5 所示。

3. 尺寸标注的基本要求

(1) 正确。尺寸标注应符合机械制图国家标准的有关规定。
(2) 完整。各部分尺寸要完整,既不遗漏,也不重复。
(3) 清晰。尺寸布置要整齐清晰,便于查找和阅读。
(4) 合理。尺寸标注要符合设计和工艺上的要求。

尺 寸 基 准　　　　　　　　表1-3-5

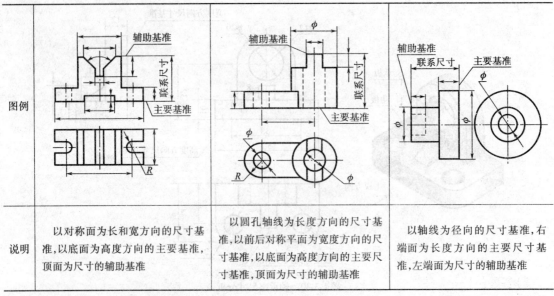

图例			
说明	以对称面为长和宽方向的尺寸基准，以底面为高度方向的主要基准，顶面为尺寸的辅助基准	以圆孔轴线为长度方向的尺寸基准，以前后对称平面为宽度方向的尺寸基准，以底面为高度方向的主要尺寸基准，顶面为尺寸的辅助基准	以轴线为径向的尺寸基准，右端面为长度方向的主要尺寸基准，左端面为尺寸的辅助基准

4. 尺寸标注的基本方法和步骤

现以图1-3-32a)所示轴承座为例，说明标注尺寸的方法与步骤。

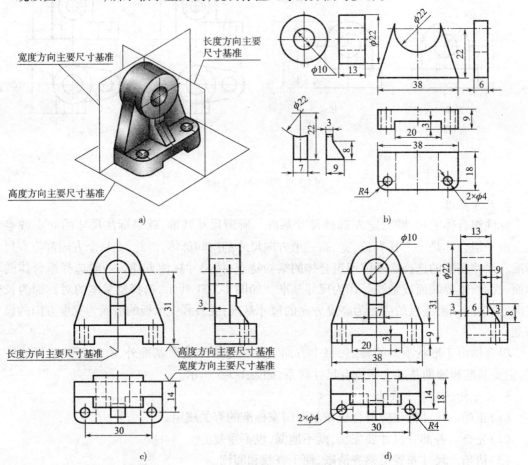

图1-3-32 轴承座尺寸的标注步骤

（1）进行形体分析。将轴承座分为底板、支承板、肋板和圆筒四个部分,并分别标出各部分的定形尺寸,如图1-3-32b)所示。

（2）选择尺寸基准。根据轴承座结构特点,选择长、宽、高三个方向的尺寸基准,如图1-3-32a)所示。

（3）标注定位尺寸。从基准出发,分析这四部分的相对位置,标出定位尺寸,如图1-3-32c)所示。

（4）进行调整,注出所有尺寸。归总所有尺寸,检查尺寸有无多余或遗漏,使所标注的尺寸正确、完整、清晰,如图1-3-32d)所示。

5. 尺寸标注的注意事项

（1）为使图形清晰,尺寸应尽量标注在视图外侧,相邻视图的相关尺寸最好注在两视图之间,如图1-3-33a)所示。

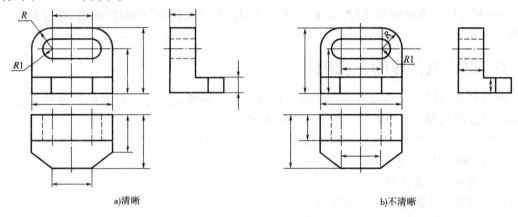

a)清晰　　　　　　　　　　b)不清晰

图1-3-33　尺寸布置

（2）尺寸应尽量标注在表示形体特征最明显的视图上。如图1-3-32d)中所示的高度尺寸31,标注在主视图上比标注在左视图上要好;肋板的高度尺寸8,标注在左视图上比标注在主视图上要好。

（3）同一基本形体的定形尺寸以及相关联的定位尺寸应尽量集中标注在反映形状特征和位置之间较为明显的视图上,如图1-3-34a)所示。

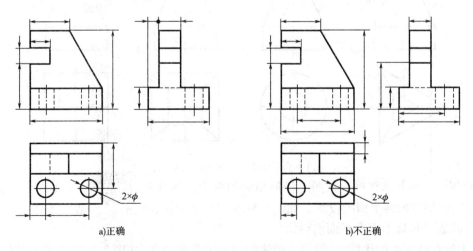

a)正确　　　　　　　　　　b)不正确

图1-3-34　定形尺寸和定位尺寸应尽量集中标注

(4)回转体的直径尺寸应尽量标注在非圆视图上,半径尺寸则必须标注在投影为圆弧的视图上,如图1-3-35所示。

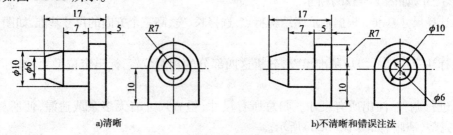

图1-3-35 圆柱、圆锥、圆弧尺寸的注法

(5)尽量避免在虚线上标注尺寸。如图1-3-32d)中所示的主视图中圆筒的孔径$\phi 10$,若标注在左、俯视图上,应将其从虚线引出。

(6)标注同一方向的尺寸时,应按"小尺寸在内,大尺寸在外"的原则排列,尽量避免尺寸线与尺寸界线相交。

四、识读组合体的三视图

画图和看(读)图是学习本课程的两个重要任务。画图是运用正投影的原理和方法将空间物体画成图线和线框组成的一组平面图形来表达物体的形状;读图是画图的逆过程,即运用投影规律,根据平面图形,想象出物体的空间形状。画图是读图的基础,而读图既能提高空间想象能力,又能提高投影的分析能力。

1. 读图时的注意事项

1)了解视图中的线和线框的含义

(1)视图上的线可以表示形体上面与面的交线,也可以是回转体轮廓素线或形体上某面的积聚性投影。如图1-3-36中所示线1′表示三棱锥台侧面相交线;线2′表示圆锥台正面轮廓素线;线3′、4′表示形体上的平面的积聚投影。

(2)视图上的线框。视图上每个封闭线框可以表示形体上的平面、曲面、平曲组合面的投影。如图1-3-36中所示线框h'、m'、p'、q'表示形体上的平面,线框n'、i'表示形体上的曲面。

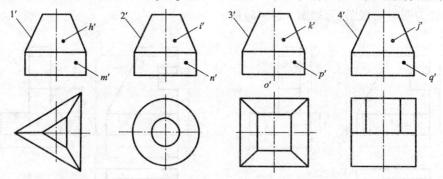

图1-3-36 视图中线、线框的空间含义

(3)视图上的相邻线框。视图上任何相邻的两个封闭线框,应是形体上两个相交面的投影,或是同向错位的两个面的投影。如图1-3-36中所示的相邻线框k'、p'表示形体上两个平面相交;j'、q'表示形体上两个平面前后错位。

对于处在线框中的线框,一般表示形体的凹凸关系或通孔。如图1-3-37中所示的线框r、h

表示在拱形体上凸起的圆柱和六棱柱;线框 k、p 表示在拱形体上凹入的六棱柱及穿通圆柱孔。

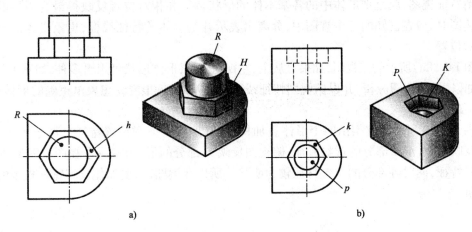

图 1-3-37 视图上处于线框包围中线框的空间含义

2)将几个视图联系分析

一般情况下,一个视图不能反映形体的形状,有时两个视图也不能确定形体的形状。如图 1-3-38b)所示的一组形体,它们的主视图都相同,但实际上它们都是不同形状的形体。

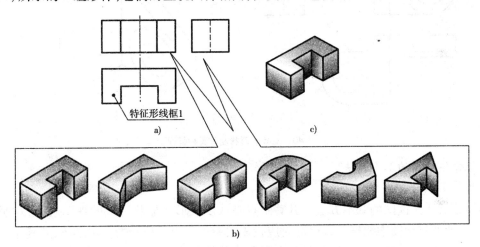

图 1-3-38 一个视图不能确定形体的形状

图 1-3-39 所示的两组视图,它们的主、俯视图都相同,但表示的是两种不同的形体。因此,读图时,一般要将几个视图联系起来阅读、分析和构思,才能想象出形体的确切形状。

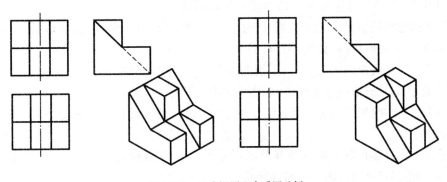

图 1-3-39 几个视图配合看图示例

3)分析特征视图

所谓特征视图,就是把形体中的各基本体的形状特征和相对位置反映得最为明显的那个视图。读图时,应在已知的三个视图中,分离出表示各基本体的特征线框,想象出各部分的形状和相对位置。

如图 1-3-38a)所示的三视图,如果只从主、左视图分析,形体形状可想出多种,如图 1-3-38b)所示。如以主、俯视图分析,并以俯视图特征线框 1 为基础,就很容易想象出正确的形体形状,如图 1-3-38c)所示。

如图 1-3-40 所示的支架由四个形体叠加构成,其形状特征和位置特征分散于各视图上。主视图反映形体 A、B 部分的形状特征;俯视图反映 D 部分的形状特征;左视图反映形体 C 部分的形状特征,同时各部分的位置特征较为明显。所以在读图时,要抓住反映特征较多的视图进行分析。

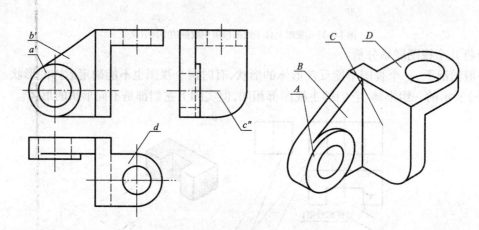

图 1-3-40　支架的形状及位置特征视图

2. 组合体读图的基本方法

1)形体分析法

形体分析法是读图的基本方法。其着眼点是从反映形体形状特征的视图入手,对照其他视图,逐个地通过视图中线框与线框的对应投影关系想象出其所示的基本形体,并确定其相对位置、组合形式和表面连接关系,最后综合想象出整体形状。

操作练习 1-3-7:如图 1-3-41a)所示,已知轴承座的三视图,想象其立体形状。

(1)按投影关系分离出各个基本形体的线框。通过三视图的投影关系,将视图中的线框分为四个线框 $1'$、$2'$、$3'$(对称两部分),如图 1-3-41a)所示。

(2)逐个构思各线框的形状。线框 $1'$ 的主、俯两视图均为矩形,左视图是 L 形,可以想象出该基本体是一个 L 形柱体,如图 1-3-41b)所示。

线框 $2'$ 的俯、左两视图均为矩形,主视图为一挖去一半圆的矩形,可以想象出该基本体是一个长方体在其中间挖了一个半圆槽,如图 1-3-41c)所示。

线框 $3'$ 的俯、左两视图均为矩形,因此它们是两块三角形板且对称地分布在左右两侧,如图 1-3-41d)所示。

(3)综合想象整体形状。根据各部分的形状和它们的相对位置关系,综合想象出轴承座的整体形状,如图 1-3-41e)、图 1-3-41f)所示。

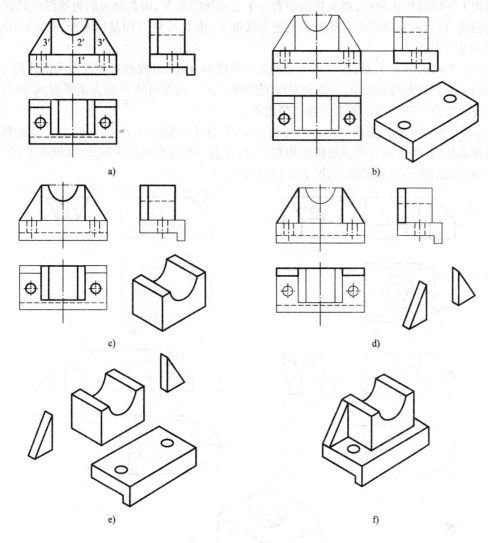

图 1-3-41 轴承座的读图分析

2）线面分析法

当形体被多个平面切割,形体的形状在某个视图中形体结构的投影重叠、应用形体分析法难以解决时,则需要运用线、面投影理论来分析形体的表面形状、线与线、面与面的相对位置,并借助立体的概念,想象出形体的形状。这种方法称为线面分析法。

操作练习 1-3-8：根据图 1-3-42a) 所示压块的三视图,想象形体形状。

分析：

（1）确定形体的整体形状。根据图 1-3-42a) 所示,得知压块三视图的外形是由矩形切挖出一些缺角和缺口,由此可初步认定该形体由长方体切割而成且中部有一个阶梯圆柱孔。

（2）确定切平面的位置和表面的形状。根据图 1-3-42a) 所示的三视图,得到压块被切割后的一些特征面,在俯视图中有梯形线框 a,而在对应的主视图中只有与它对应的斜线 a',对应的左视图有类似的梯形线框 a'',由此可见 A 面是垂直于 V 面的梯形平面。长方体的左上角由 A 面切割而成,如图 1-3-42b) 所示。

由图1-3-42c)所示分析,在主视图中有一个七边形线框b′,而在对应的俯视图中只有与它对应的斜线,对应的左视图中有类似的七边形线框b″,由此可知B面是铅垂面,长方体的左边由B面对称切割而成。

由图1-3-42d)所示分析,在主视图上的长方形线框d′中,可找到对应视图中的线段d、d″;在俯视图上的四边形线框c中,可找到对应的线段c′、c″。由此可知D面为正平面,C面为水平面。长方体的前后两边由这两个平面切割而成。

(3)综合想象其整体形状。由上述分析得知,长方体分别由A、B、C、D四个平面切割。根据基本体形状、各截平面与基本形体的相对位置,并进一步分析视图中的线、线框的空间含义,可以想象出该形体的整体形状,如图1-3-42e)所示。

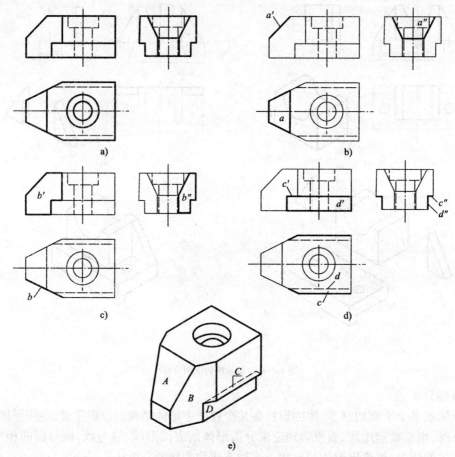

图1-3-42　压块的读图分析

任务实施

一、准备工作

(1)教学设备:制图教室、绘图工具。
(2)教学资料:PPT课件、模型。
(3)材料与工具:铅笔、小刀、圆规、三角板、胶水、橡皮、绘图纸(A4)等。

操作任务:已知如图1-3-43a)所示的主、俯视图,想象形体形状,求作左视图。

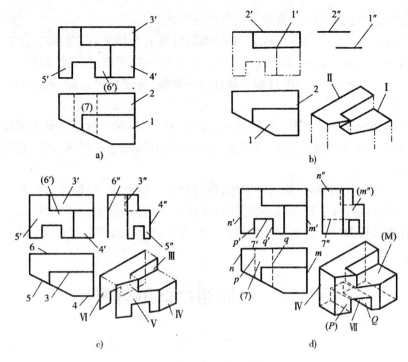

图 1-3-43 形体线面分析法,求作左视图

二、操作流程

步骤1:确定形体的基本形状。根据图1-3-43a)所示的主、俯视图,得知该形体由四棱柱矩形切去左前角且由前向后挖通一矩形槽而形成。

步骤2:分离线框,逐个找正各线框对应关系。由图1-3-43a)所示,将视图中线框分为若干封闭线框1、2、(7)和3′、4′、5′、(6′)。线框1、2分别对应主视图中横向线1′、2′,得知面Ⅰ低,面Ⅱ高,均为水平面,如图1-3-43b)所示;线框3′、4′、(6′)分别对应俯视图中横向线3、4、6,得知面Ⅵ后,面Ⅲ中,面Ⅳ前,均为正平面;线框5′对齐斜线5,得知面Ⅴ为铅垂面,如图1-3-43c)所示;线框(7)对应主视图线最低横向线,得知面Ⅷ是槽底水平面,如图1-3-43d)所示。

步骤3:综合想象整体形状,完成左视图。将各线框所表示平面形状和相对位置进行组装并想象,借助立体概念,可综合想象出该形状的整体形状,并补画出左视图,如图1-3-43所示。

根据以上分析,获得识读组合体三视图的一般步骤是:

分线框、对投影;想形体、辨位置;线面分析攻难关;综合起来想整体。

常见问题解析

【问题】形体分析的目的是什么?

【答】形体分析就是分析组合体由哪些基本几何体组成,并确定它们的组合方式、相对位置以及各形体邻接表面的关系。

任务小结

形体分析法是解决组合体问题的基本方法。所谓形体分析就是将组合体按照其组成方式分解为若干基本形体,以便弄清楚各基本形体的形状、相对位置和表面间的相互关系。在画图、读图和标注尺寸的过程中,常常要运用形体分析法。

常见的组合形式大体上分为:叠加、切割和综合(既有叠加又有切割的综合形式)。

基本体组合在一起,其表面之间连接方式有平齐、相错、相切、相交等关系。

绘制组合体的三视图时,一次只画一部分的三视图,先定位再定形,先画特征视图再画一般视图。

尺寸标注的基本要求是正确、完整、清晰、合理、不重、不漏。做到完整的前提是主动运用形体分析法,并先画定形尺寸再画定位尺寸,最后再画总体尺寸。特别注意,重要的尺寸应从主要基准引出。

看图时,调出存在于脑海中的已有形体,进行快速对应处理,往往可以很快得到所看视图对应的立体。识读组合体三视图时,要抓住特征部分,结合其他部分想形状,综合起来想组合体。识读组合体三视图的一般步骤是:分线框、对投影;想形体、辨位置;线面分析攻难关;综合起来想整体。

任务三 绘制组合体的轴测图

任务引入

在工程上,为了能弥补视图无立体感的不足,更为了便于与他人进行形象的交流、表达自己的设计构思、表示机器或零件的形状,经常勾画立体图。在识读三视图和零件图的时候,对于较难想象的结构形状,如果能一边看视图一边勾画立体图,问题往往能迎刃而解。

通常,人们所见的立体图采用的是透视原理,虽然它的立体感强,有远近之分,但绘制困难,而且从图上不易知道该立体的真实大小。轴测图采用的是平行投影,它的立体感较强且绘制简单,还能从图上确认该立体的真实大小。所以,工程上多采用轴测图的方式来绘制立体图。

【知识目标】
1. 轴测图的基本知识;
2. 正等轴测图的画法;
3. 斜二轴测图的画法。

【能力目标】
1. 能根据形体的三视图画出轴测图;
2. 具有较高的空间想象能力和空间思维能力。

理论知识

一、轴测投影的基本知识

生产中使用的图样是用正投影法绘制的多面正投影图,如图1-3-44a)所示。它能准确地反映物体各部分的形状和大小,且作图方便,但缺乏立体感。为了帮助看图,工程上常采用轴测投影图,如图1-3-44b)所示。轴测图是一种富有立体感的单面投影图,但由于不能确切地表达物体的形状及内部结构,且作图较为复杂,因而在工程上仅用来作为辅助图样。

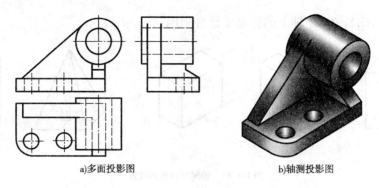

a)多面投影图   b)轴测投影图

图 1-3-44　多面投影图与轴测投影图

1. 轴测投影的形成

将物体连同其直角坐标体系,沿不平行于任一坐标平面的方向,用平行投影法将其投射在单一的投影面上所得到的图形,称为轴测投影(简称轴测图),如图 1-3-45 所示。

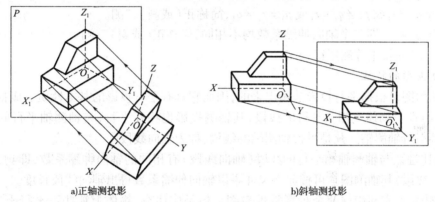

a)正轴测投影   b)斜轴测投影

图 1-3-45　轴测投影

轴测投影可以分为两类:

(1)设投影面 P 与物体上三根坐标轴 OX、OY、OZ 都倾斜,然后用正投影法(即投射方向 S 与投影面 P 垂直),如图 1-3-45a)所示,将物体投射到 P 面上,所得的图形称为正轴测投影(简称正轴测图)。

(2)设投影面 P 与物体上的 XOZ 坐标面平行,然后用斜投影法(即投射方向 S 与投影面倾斜),如图 1-3-45b)所示,将物体投射到 P 面上,所得的图形称为斜轴测投影(简称斜轴测图)。

显然,用上述两种方法形成的轴测图都是用一个投影,却同时反映了物体长、宽、高三个方向形状,因而投影图富有立体感。

2. 轴测投影的名词

(1)轴测轴。直角坐标系中的坐标轴(OX、OY、OZ)在轴测投影面上的投影(O_1X_1、O_1Y_1、O_1Z_1)称为轴测轴。

画物体的轴测图时,首先要确定轴测轴,然后再以这些轴测轴为基准来画轴测图。轴测图中的三根轴测轴应配置在便于作图的特殊位置上。

轴测轴一般设置在物体本身内,与主要棱线、对称中心线或轴线重合,如图 1-3-46 所示。绘图时,轴测轴可随轴测图同时画出,也可以省略不画。

(2)轴间角。轴测投影图中,两根轴测轴之间的夹角,称为轴间角。

(3)轴向伸缩系数。轴测轴上的单位长度与相应投影轴上的单位长度的比值,称为轴向伸缩系数。O_1X_1、O_1Y_1、O_1Z_1 轴上的伸缩系数分别用 p_1、q_1、r_1 表示。

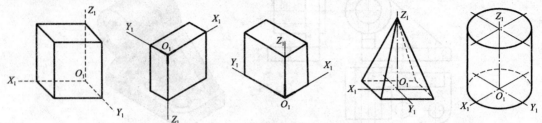

图 1-3-46 轴测轴位置的设置

3. 轴测投影的种类

根据投影方向和轴测投影面的相对关系,轴测投影可分为正轴测投影和斜轴测投影两类。这两类轴测投影再根据轴向伸缩系数的不同,又可分为三种:

(1) $p_1 = q_1 = r_1$,即三个轴向伸缩系数相同,简称正(或斜)等测。

(2) $p_1 = q_1 \neq r_1$ 或 $p_1 \neq q_1 = r_1$ 或 $p_1 = r_1 \neq q_1$,简称正(或斜)二测。

(3) $p_1 \neq q_1 \neq r_1$,即三个轴向伸缩系数均不相同,简称正(或斜)三测。

在实际作图时,正等测用得较多。

4. 轴测投影的特性

由于轴测图是根据平行投影法画出来的,因而它具有平行投影的基本性质。概括如下:

(1) 平行性。物体上相互平行的线段,其轴测投影也相互平行,与轴测轴平行的线段,其轴测投影必平行轴测轴。凡是平行轴测轴的线段,称为轴向线段。

(2) 定比性。与轴测轴相平行的线段(轴向线段)有相同的轴向伸缩系数,即物体上与坐标轴平行的线段,其轴测图上可按原来尺寸乘以轴向伸缩系数得出轴向线段长度。

画轴测图时,应利用这两个投影特性作图。但是应注意,物体上那些不平行坐标轴的线段,它们投影的变化与平行于轴线的那些线段不同,因此不能像轴向线段那样取长度,而要应用坐标法定出线段的两端点,然后连成直线。

二、绘制基本体的正等轴测图

1. 正等轴测图的形成

将物体放置成使它的三根坐标轴与轴测投影面具有相同的倾角,然后用正投影的方法向轴测投影面投射所得到的轴测投影称为正等轴测图,简称正等测。

如图 1-3-47a)所示的正方体,取其后面的三根棱线为直角坐标轴,将正方体绕 Z 轴旋转 $45°$,成图 1-3-47b)所示的位置。再绕 O 点向下倾斜到正方体的对角线垂直于投影面 P,成图 1-3-47c)所示的位置。最后向轴测投影面 P 投影,所得轴测图即为正方体的正等轴测图。

2. 轴测轴、轴间角和轴向伸缩系数

正等轴测图的轴间角均为 $120°$。一般将 OZ 轴画成垂直位置,使 O_1X_1 和 O_1Y_1 轴画成与水平线呈 $30°$ 夹角,如图 1-3-48 所示。

由于三个坐标轴与轴测投影面倾角相等。三个轴测轴的轴向伸缩系数也相等,即 $p_1 = q_1 = r_1 \approx 0.82$。为了作图方便起见,画正等测时,常取轴向伸缩系数为 1,称为简化系数($p = q = r = 1$),即凡与轴测轴平行的线段均按实长量取。这样图形被放大了 1.22 倍($1:0.82 \approx 1.22$),如图 1-3-49c)所示,但是不影响立体感,而且作图简便。

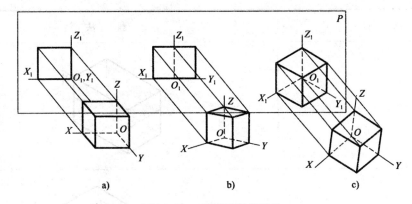

图 1-3-47 正等轴测图的形成

3. 平面体的正等轴测图画法

(1) 方箱法。将物体装在一个辅助长方体中,利用切割和叠加方式画出轴测图的方法,称为方箱法。作图时,先根据物体的总长、总宽、总高绘出辅助长方体的正等轴测图,再以此为基本轮廓,在其上进行轴测切割或叠加,从而完成平面体正等轴测图。

操作练习 1-3-9:根据垫块的三视图,用方箱法(切割)画出正等轴测图,如表 1-3-6 所示。

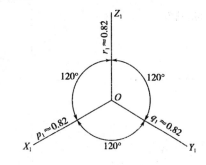

图 1-3-48 正等轴测图的轴测轴、轴间角、轴向伸缩系数

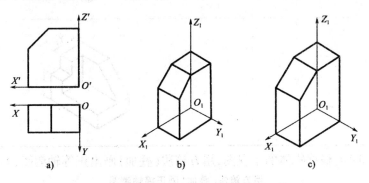

图 1-3-49 不同伸缩系数的正等轴测图的比较

用方箱法(切割)画正等轴测图 表 1-3-6

项 目	画 法
(1)画视图	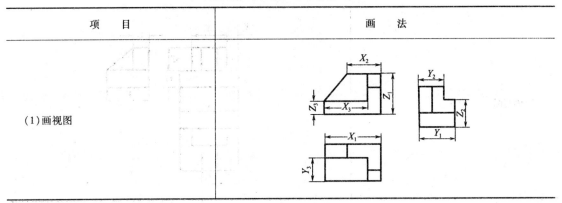

续上表

项 目	画 法
（2）画方箱	
（3）切左前角	
（4）切斜面	
（5）切右前角	

操作练习 1-3-10：根据物体的主视图，用方箱法（叠加）画出正等轴测图，如表 1-3-7 所示。

用方箱法（叠加）画正等轴测图　　　　　　　　　表 1-3-7

项 目	画 法
（1）画视图	

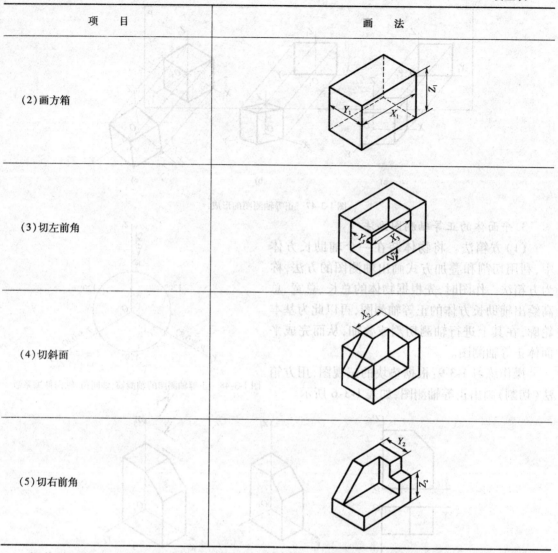

项目	画 法
(2)画底板	
(3)加立板	
(4)加三角板	
(5)完成作图	

（2）坐标法。利用物体表面各点的坐标,分别作出其轴测投影,然后依次连接,从而完成**物体轴测图**。坐标法是画轴测图的基本方法。

操作练习1-3-11：根据三棱锥的三视图,如图1-3-50a)所示,画出正等轴测图。

分析：

三棱锥由各种位置平面组成,作用时可先画出锥顶和底面,然后连接各棱线,即得三棱锥的正等轴测图。

作图步骤如图1-3-50所示。

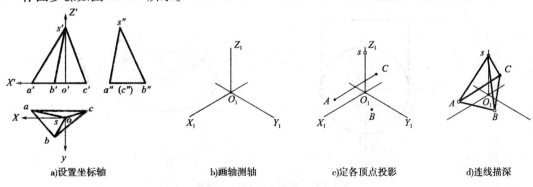

a)设置坐标轴　　　b)画轴测轴　　　c)定各顶点投影　　　d)连线描深

图1-3-50　三棱锥正等测图的作图步骤

操作练习1-3-12：根据正六棱柱的主、俯视图，画出正等轴测图。

分析：

因正六棱柱前后、左右对称，故可将坐标原点定在顶面六边形的中心。由于正六棱柱的顶面和底面均为平行于水平面的正六边形，在轴测图中，顶面可见，底面不可见。为了减少不必要的作图线，从顶面开始作图较方便。作图步骤如表1-3-8所示。

正六棱柱正等测图画法　　　　　　　　　表1-3-8

项 目	画 法
(1) 六棱柱的左右、前后均对称，选顶面中心为坐标原点，定出坐标轴	
(2) 画 O_1X_1、O_1Y_1 轴测轴。根据尺寸 S、D 沿 O_1X_1 和 O_1Y_1 定出点 Ⅰ、Ⅱ 和点 Ⅲ、Ⅳ	
(3) 过点 Ⅰ、Ⅱ 作直线平行 O_1X_1，并在所作两直线上分别量取 $a/2$，得各顶点，并按顺序连线	
(4) 过各顶点向下画侧棱，取尺寸 H；画底面各边；描深即完成全图（虚线省略不画）	

4. 回转体的正等轴测图的画法

（1）圆的正等轴测图画法。由于正等轴测图的三个坐标轴都与轴测投影面倾斜，所以平行于投影面的圆的正等轴测图均为椭圆。用坐标法画椭圆时，应先作出圆周上若干点在轴测图中的位置，然后用曲线板连接成椭圆，如图1-3-51b）所示，但这种画法较烦琐。

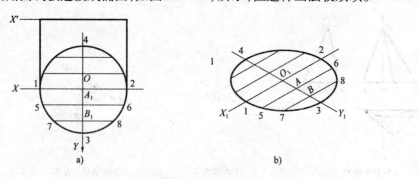

图1-3-51 坐标法画圆的正等测图

通常采用近似画法,虽然与坐标法绘制的椭圆相比,在所画椭圆长轴方向略微短些,短轴方向又略微长些,但对于一般用途也足够用了。水平面位置圆的正等轴测图的近似画法如表1-3-9所示。

四心近似法画平行 H 面的圆的正等轴测图　　　　　　　表1-3-9

项　　目	画　　法
(1)确定坐标轴并作圆外切正方形 abcd	
(2)作轴测轴 O_1X_1、O_1Y_1,并在 X_1、Y_1 截取 $O_1\text{I} = O_1\text{III} = O_1\text{II} = O_1\text{IV} = D/2$,得切点 I、II、III、IV,过这些点分别作 X、Y 平行线,得辅助菱形 ABCD	
(3)分别以 B、D 为圆心,BIII 为半径作弧 III IV 和 I II	
(4)连接 BIII 和 BIV 交 AC 于 E、F,分别以 E、F 为圆心,EIV 为半径作弧 I IV 和 II III。即得由四段圆弧组成的近似椭圆	

正平面和侧平面上圆的正等轴测图画法与水平面上的圆的正等轴测图相同,只是长、短轴的方向不同而已。

(2)圆柱的正等轴测图画法。画圆柱的正等轴测图,首先绘制圆柱两端面圆的正等轴测图,然后再作两椭圆的公切线,如表1-3-10所示。

圆柱正等轴测图的作图步骤　　　　　　　表1-3-10

项　　目	画　　法
(1)确定坐标轴,在投影为圆的视图上作圆的外切正方形	
(2)作轴测轴 X、Y、Z,在 Z 轴上截取圆柱高度 H,并作 X、Y 的平行线	

续上表

项 目	画 法
(3)作圆柱上下底圆的轴测投影的椭圆	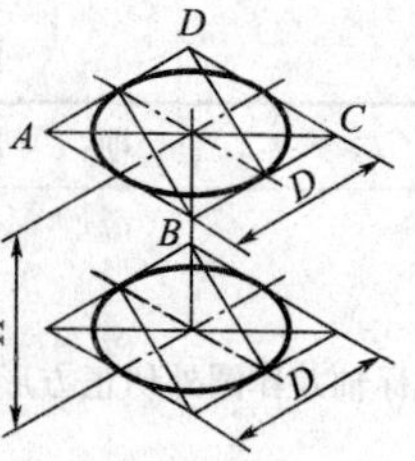
(4)作两椭圆的公切线,对可见轮廓线进行加深(虚线省略不画)	

(3)圆角(1/4圆)的正等轴测图画法。圆角的正等轴测图如表 1-3-11 所示。

圆角的正等轴测图画法　　表 1-3-11

项 目	画 法
(1)在视图上定出圆弧切点 a、b、c、d 及圆弧半径 R	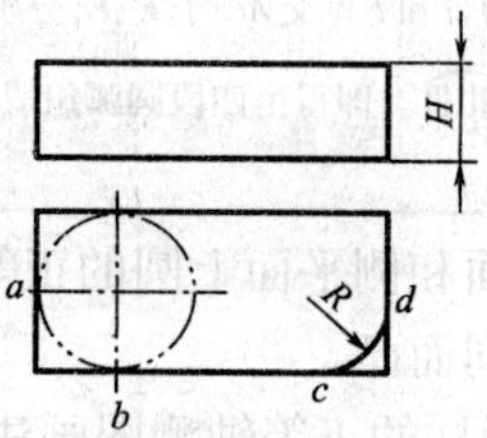
(2)先画长方形的正等测图。在对应角的两边上分别截取 R,得 A_1、B_1 及 C_1、D_1,过这四点分别作该边垂交于 O_1、O_2,分别以 O_1、O_2 为圆心,O_1A_1、O_2D_1 为半径画弧 $\stackrel{\frown}{A_1B_1}$、$\stackrel{\frown}{C_1D_1}$	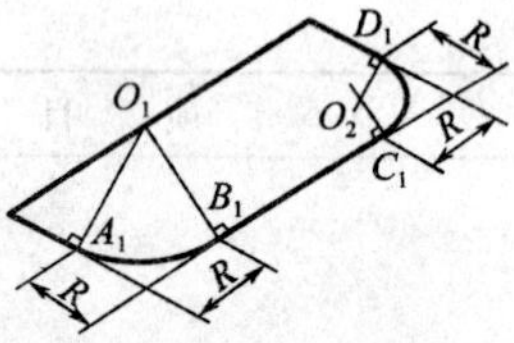
(3)按板的高度 H 移动圆心和切点,画圆弧 $\stackrel{\frown}{A_2B_2}$、$\stackrel{\frown}{C_2D_2}$,作 $\stackrel{\frown}{C_1D_1}$ 和 $\stackrel{\frown}{C_2D_2}$ 公切线及其他轮廓线	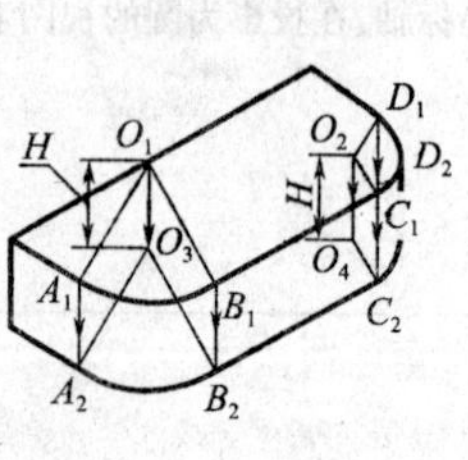

(4)圆锥台的正等轴测图。画圆锥台的正等轴测图,首先绘制两端圆的正等轴测图,然后再作两椭圆的公切线,如图 1-3-52 所示。

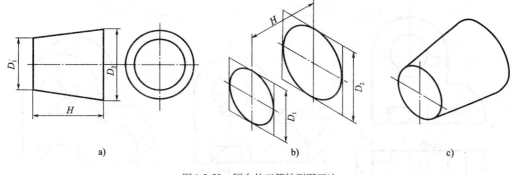

图 1-3-52 圆台的正等轴测图画法

三、绘制组合体的斜二轴测图

将物体放正,并使它的一个坐标面平行于轴测投影面,然后用斜投影方法向轴测投影面进行投影,用这种图示方法画出来的轴测图称为斜二等轴测图,简称斜二轴测图。

1. 斜二轴测图的轴测轴、轴间角和轴向伸缩系数

斜二轴测图的 O_1X_1 轴水平,O_1Z_1 轴垂直,O_1Y_1 轴与水平线呈 45°,即斜二轴测图的轴间角 $\angle X_1O_1Z_1 = 90°$,$\angle X_1O_1Y_1 = \angle Y_1O_1Z_1 = 135°$。$O_1X_1$ 轴和 O_1Z_1 轴的轴向伸缩系数 $p_1 = r_1 = 1$,O_1Y_1 轴的轴向伸缩系数 $q_1 = 0.5$,如图 1-3-53 所示。

斜二轴测图正面形状能反映物体正面的真实形状,特别是当物体正面有圆和圆弧时,画图既简单又方便。

斜二轴测图上的水平面椭圆和侧面椭圆,画法比较烦琐。故斜二轴测图一般用于物体上只有一个方向有圆或形状较复杂的场合。

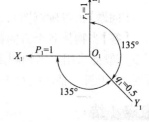

图 1-3-53 斜二轴测图的轴测轴、轴间角和轴向伸缩系数

2. 斜二轴测图的画法

斜二轴测图的画法与正等测图画法相似,仅是它们的轴间角和轴向系数不同。画斜二轴测图通常选择物体具有特征形状的平面平行于轴测投影面,使作图简化。

任务实施

一、准备工作

(1) 教学设备:制图教室、绘图工具。
(2) 教学资料:PPT 课件、模型。
(3) 材料与工具:小刀、铅笔、胶带、橡皮、圆规、三角板、绘图纸(A4)等。

二、操作流程

操作任务:画出图 1-3-54a)所示座体的斜二轴测图。

步骤 1:在已知主、俯视图上设置坐标轴,如图 1-3-54a)所示。

步骤 2:画轴测轴,画正面特征形,沿 O_1Y_1 方向画轮廓线,如图 1-3-54b)所示。

步骤 3:圆心后移 $0.5y$,作后面圆弧及其他可见轮廓线,擦去多余的作图线,完成作图,如图 1-3-54c)所示。

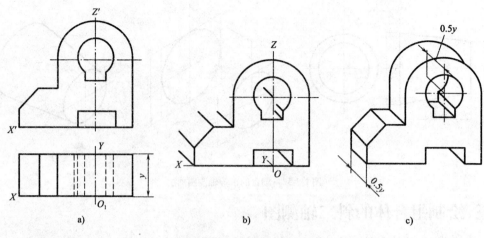

图1-3-54 斜二轴测图画法

常见问题解析

【问题】正等轴测图与斜二轴测图的各自适用范围是什么?

【答】当物体各个方向都有圆时,由于正等轴测图中各个方向的椭圆画法相对比较简单,所以一般都采用正等轴测图。当物体只有一个方向的形状比较复杂,特别是只有一个方向有圆时,由于斜二轴测图对于平行于投影面的平面在图上都反映实形,因此,常采用斜二轴测图。

任务小结

将物体连同其直角坐标体系,沿不平行于任一坐标平面的方向,用平行投影法将其投射在单一的投影面上所得到的图形,称为轴测投影,简称轴测图。

根据投影方向和轴测投影面的相对关系,轴测投影可分为正轴测投影和斜轴测投影两类。

将物体放置成使它的三根坐标轴与轴测投影面具有相同的倾角,然后用正投影的方法向轴测投影面投射所得到的轴测投影称为正等轴测图,简称正等测。

正等轴测图的轴间角均为120°。一般将 OZ 轴画成垂直位置,使 O_1X_1 和 O_1Y_1 轴画成与水平线呈30°夹角。三个轴测轴的轴向伸缩系数也相等,即 $p_1 = q_1 = r_1 \approx 0.82$。为了作图方便起见,画正等测时,常取轴向伸缩系数为1,称为简化系数($p = q = r = 1$)。即凡与轴测轴平行的线段均按实长量取。

将物体放正,并使它的一个坐标面平行于轴测投影面,然后用斜投影方法向轴测投影面进行投影,用这种图示方法画出来的轴测图称为斜二等轴测图,简称斜二轴测图。斜二轴测图的轴向伸缩系数 $p_1 = r_1 = 1, q_1 = 0.5$。

项目四

识读与绘制零件图

任务一　学习机件的基本结构及表达方法

任务引入

任何一台机器或部件都是由若干零件按照一定的装配关系和技术要求装配而成的,构成机器的不可分割的最小结构单元称为零件。零件是机器或部件的最小加工单元,只有加工过程而没有装配过程的机件。通过学习机械制图国家标准中的机件的表达方法,运用各种常用的表达方法,表达机件结构。

【知识目标】
1. 运用视图表达机件的外部形状;
2. 运用剖视图表达机件的内部结构;
3. 运用断面图表达机件的断面结构;
4. 运用局部放大图和简化画法表达机件的结构。

【能力目标】
1. 掌握机械制图国家标准规定的各种视图、剖视图、断面图的画法;
2. 掌握简化画法和规定画法。

理论知识

一、运用常用表达方法表达机件结构

在实际生产中,由于使用要求不同,机件的结构形状多种多样,有的用三个视图不能完全表达清楚,还需要采用其他表达方法,如图1-4-1所示。为此,技术制图和机械制图的国家标准中规定了视图、剖视图、断面图以及其他各种基本表示法,熟悉并掌握这些基本表示法,可根据机件不同的结构特点,从中选取适当的方法,以便完整、清晰、简便地表达各种机件的内外形状。

1. 运用视图表达机件的外部形状

根据国家标准《技术制图　图样画法　视图》(GB/T 17451—1998)和《机械制图　图样画

法　视图》(GB/T 4458.1—2002)的规定,视图主要用来表达机件的外部结构形状,一般只画机件的可见部分,必要时才用虚线画出其不可见部分,视图分为基本视图、向视图、局部视图和斜视图。

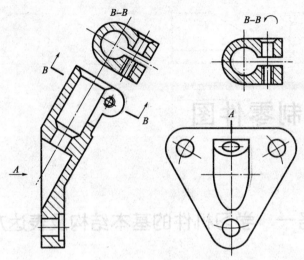

图 1-4-1　机件的表达方法

1)基本视图

为了清晰地表达出机件的上、下、左、右、前、后不同方向的形状,在原有三个投影面的基础上,再增加三个投影面,使六个投影面构成一个正六面体,该六面体的六个表面为基本投影面。将机件放在六个基本投影面体系内,分别向基本投影面投射所得到的视图,称为基本视图,如图 1-4-2 所示。

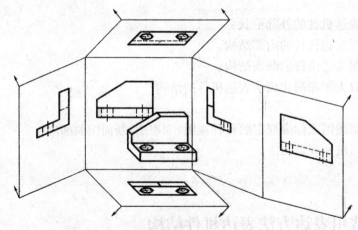

图 1-4-2　基本投影面及其展开

(1)主视图——自前向后投影所得到的视图。
(2)俯视图——自上向下投影所得到的视图,配置在主视图的下方。
(3)左视图——自左向右投影所得到的视图,配置在主视图的右方。
(4)右视图——自右向左投影所得到的视图,配置在主视图的左方。
(5)仰视图——自下向上投影所得到的视图,配置在主视图的上方。
(6)后视图——自后向前投影所得到的视图,配置在左视图的右方。

各视图的位置若按图 1-4-3 配置时,可不标注视图的名称。

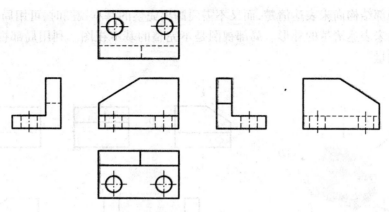

图 1-4-3　基本视图的配置

六个基本视图间仍遵循"长对正、高平齐、宽相等"的规律,即主、俯、仰、后视图长对正;主、左、右、后视图高平齐;俯、左、仰、右视图宽相等,如图 1-4-4 所示。

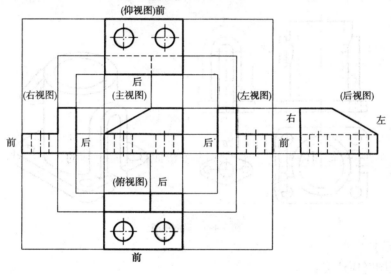

图 1-4-4　六个基本视图的配置关系

【特别提示】

画基本视图时,应注意:

(1)六个基本视图中,一般优先选用主、俯、左三个视图。

(2)以主视图为基准,除后视图外,靠近主视图的一侧是机件的后面,远离主视图的一侧是机件的前面。

(3)实际绘图时,应根据机件的结构特点和复杂程度选用一定数量的基本视图,并合理省略虚线。

2)向视图

在实际制图时,由于考虑到各视图在图纸中的合理布局问题,如不能按图 1-4-3 配置视图或各视图不能画在同一张图纸上时,应在视图的上方用大写拉丁字母标出视图的名称(如 A、B、C 等),并在相应的视图附近用箭头指明投射方向,并注上同样的字母,这种视图称为向视图,如图 1-4-5 所示。

3)局部视图

将机件的某一部分向基本投影面投射所得到的图形称为局部视图,如图 1-4-6 所示。当机件上仍有局部结构尚未表达清楚,而又不需要画出完整的基本视图时,可用局部视图补充表达基本视图尚未表达清楚的外形。局部视图是不完整的基本视图。利用局部视图,可以减少基本视图的数量。

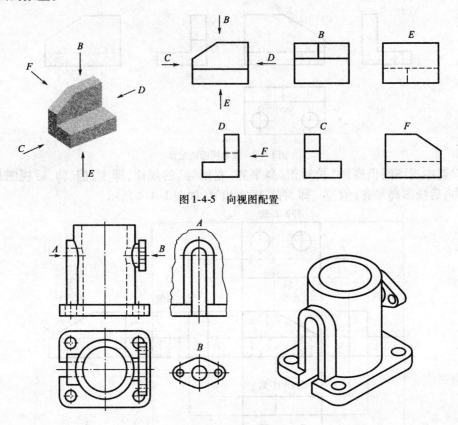

图 1-4-5 向视图配置

图 1-4-6 局部视图

【特别提示】

画局部视图时应注意:

(1)局部视图的断裂边界应以波浪线或双折线来表示。当所表示的局部结构是完整的且外轮廓又封闭时,断裂边界可省略不画,如图 1-4-6 所示的局部视图 B。用波浪线作为断裂边界线时,波浪线不应超过断裂机件的轮廓线,应画在机件的实体上,不可画在机件的中空处,如图 1-4-7 所示。

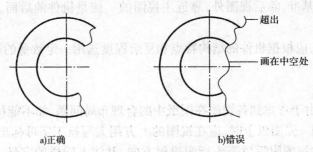

a)正确   b)错误

图 1-4-7 波浪线的画法

(2)画局部视图时,可按向视图的配置形式配置并标注。当局部视图按基本视图的配置形式配置,中间又没有其他图形隔开时,则不必标注,如图 1-4-6 所示的局部视图 A 标注可以省略。一般在局部视图上方标出视图的名称"×",在相应的视图附近用箭头指明投射方向,并注上同样的字母,如图 1-4-6 所示的局部视图 B。

4)斜视图

当机件上某部分的结构不平行于任何基本投影面时,用基本视图不能反映该部分的实形。这时,可增设一个新的辅助投影面,使其与机件的倾斜部分平行,且垂直于某一个基本投影面,如图 1-4-8 中的辅助平面 P。然后将机件上的倾斜部分向辅助投影面投射,再将辅助投影面按箭头所指方向旋转到与其垂直的基本投影面重合的位置,即可得到反映该部分实形的视图。这种将机件向不平行于任何基本投影面的平面投影所得到的视图,称为斜视图。

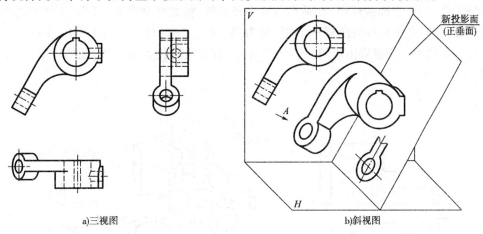

图 1-4-8　压紧杆的三面视图与斜视图

【特别提示】

画斜视图时应注意:

(1)斜视图一般按投影关系配置,必要时也可配置在其他适当的位置。

(2)斜视图通常按向视图的配置形式来配置并标注,必须在视图的上方标出视图的名称,在相应的视图附近用箭头指明投射方向,如图 1-4-9a)所示。

(3)在不致引起误解时,允许将斜视图旋转配置,旋转符号的箭头指向应与旋转方向一致,如图 1-4-9b)所示。

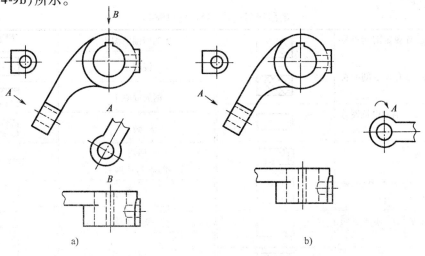

图 1-4-9　压紧杆的斜视图和局部视图的配置

(4)画出倾斜结构的斜视图后,通常用波浪线断开,不画其他视图中已表达清楚的部分。

2. 运用剖视图表达机件的内部结构

当机件内部结构比较复杂时,视图中的虚线较多,影响了图形的清晰度,既不便于画图、看图,也不便于尺寸标注。为了解决这些问题,国家标准《技术制图 图样画法 视图》(GB/T 17452—1998)和《机械制图 图样画法 视图》(GB/T 4458.6—2002)规定了采用剖视图来表达机件的内部结构形状。剖视图是根据已有的零件选用合适的剖切方法将零件剖开,表达零件内外结构形状的过程。

1)剖视图的形成与标注

假想用剖切面(平面或柱面)在适当位置剖开机件,将处在观察者与剖切面之间的部分移去,将剩余部分向投影面投射所得的图形,称为剖视图,简称剖视,如图1-4-10所示。剖切后内部的孔在主视图上的投影由不可见转化为可见,由虚线转化为粗实线,图形清晰,便于读图与画图。

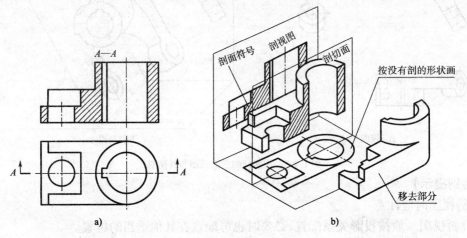

图1-4-10 剖视图的形成

剖切面与机件接触的部分,称为剖面区域。为区分机件的实心和空心部分,同时也为了区分材料的类别,国家标准规定剖视图要在剖面区域上画出规定的剖面符号,各种材料的剖面符号,参见表1-4-1。

剖面符号(GB 4457.5—1984) 表1-4-1

金属材料(已有规定剖面符号者除外)		基础周围的泥土	
非金属材料(已有规定剖面符号者除外)		混凝土	
转子、电枢、变压器和电抗器等的迭钢片		钢筋混凝土	
线圈绕组元件		砖	
型砂、填砂、粉末冶金、砂轮、陶瓷刀片、硬质合金、刀片等		格网 筛网、过滤网等	
玻璃及供观察用的其他透明材料		木材	纵剖面	
			横剖面	
木质胶合板(不分层数)		液体	

【特别提示】

画金属材料的剖面符号时,应遵守以下规定:

(1)同一机件的所有剖视图和断面图的剖面线,应用相同的方向、相同的间隔。

(2)金属材料的剖面线最好是与主要轮廓或剖面区域的对称线倾斜呈45°(向左、右均可)且间隔相等的平行细实线,如图1-4-11a)所示。其他材料不需表示类别时,也可用金属材料相同的剖面线,称为通用剖面线。通用剖面线的画法见图1-4-12。

(3)当图形的主要轮廓线与水平线呈45°或接近45°时,则该图形的剖面线应改画成与水平方向呈30°或60°的平行线,但同一机件各剖视图剖面线的倾斜方向和间隔均应一致,如图1-4-11b)所示。

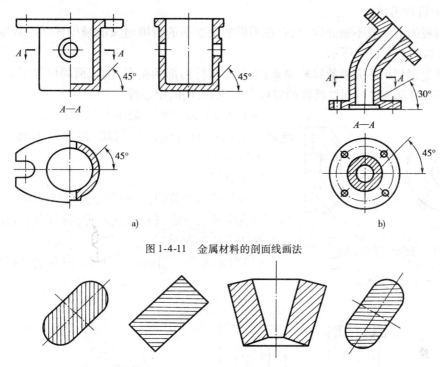

图1-4-11 金属材料的剖面线画法

图1-4-12 通用剖面线的画法

画剖视图的一般方法和步骤如下:

①画出机件必要的视图。基本视图、向视图或斜视图根据机件需要选择。

②确定剖切面及剖切位置。选用通过两孔轴线且与机件的前后对称面重合的正平面做剖切平面,如图1-4-13a)所示。

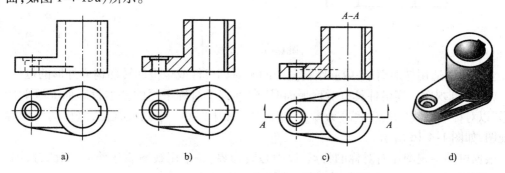

图1-4-13 画剖视图的方法和步骤

③用粗实线画出断面图形及机件内部的所有可见部分的投影,并在断面区域用细实线绘制剖面线,如图 1-4-13b)所示。

④标注出剖切位置、投射方向和剖视图的名称,如图 1-4-13c)所示。

剖切位置、投射方向和剖视图的名称称为标注的三要素。剖视图一般要指明剖切位置、指明视图间的投影关系,以免造成误读。剖切面位置的线,用细点画线表示,剖切符号用长约 5mm 的粗实线表示剖切面起讫、转折位置以及投射方向(用箭头表示),用大写拉丁字母标出剖视图的名称,注写在剖视图的上方,如图 1-4-13 所示。

【特别提示】

(1)剖视是一种假想画法,因此当机件的一个视图画成剖视图后,其他视图的表达方案仍应按完整的机件考虑。

(2)剖视图上一般不画虚线,只有在不影响剖视图的清晰而又能减少视图的数量时,可画少量虚线,如图 1-4-13c)所示。

(3)避免剖切出不完整的结构要素:为表达机件内部的实形,剖切面的位置要平行于某一基本投影面,尽量通过被剖切机件的对称平面或孔、槽的中心线。

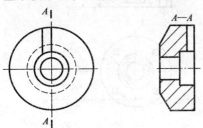

图 1-4-14 沿表面剖切的剖视图

(4)剖切平面位置一般不与轮廓线重合。必要时,也允许紧贴机件的表面进行剖切,该表面不画剖面线,如图 1-4-14 所示。

2)剖视图的种类

按机件的剖切范围,剖视图分为全剖视图、半剖视图和局部剖视图等。下面只介绍这三种剖视图的适用范围、画法及标注方法。

(1)全剖视图。用剖切面 A—A 完全剖开机件所得的剖视图,如图 1-4-15 所示。

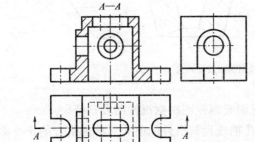
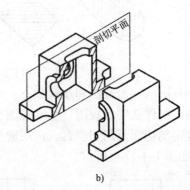

图 1-4-15 全剖视图

全剖视图适用外形简单,内腔结构复杂的不对称机件或全由回转面构成外形的机件。

(2)半剖视图。当机件具有对称平面时,向垂直于对称平面的基本投影面上投射所得的图形,以对称中心线(细点画线)为界,一半画成剖视图,另一半画成视图,这样的图形称为半剖视图,如图 1-4-16 所示。

根据机件主视图左右对称的特点,以中心线为界,一半用视图表达外形,如凸台、圆孔等;一半用剖视图表达内形,如圆柱孔、槽口等的半剖视表达。

半剖视图适用于内外形状都需要表达的对称机件。当机件的形状接近于对称,且不对称部分已另有其他视图表达清楚时,也可画成半剖视图,如图1-4-17所示。

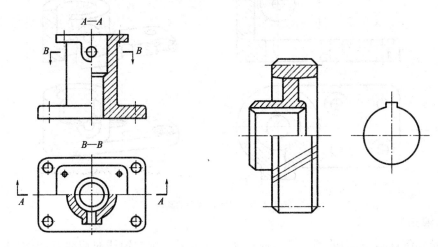

图1-4-16 对称零件的半剖视图　　　　图1-4-17 非对称零件的半剖视图

【特别提示】

①为使视图清晰,在剖视图中已表达清楚的内部结构在视图中的虚线应省去不画。

②视图与剖视图的分界线应是细点画线。

③半剖视图标注尺寸时,尺寸线上只能画出一端箭头,而另一端只需超过中心线,不画箭头。

④半剖视图中剖视的习惯位置是:图形前后对称时,剖前半部分;图形左右对称时,剖右半部分,如图1-4-16所示。

⑤机件的对称面上有轮廓线时,不宜做半剖视图,如图1-4-18所示。

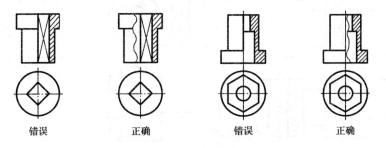

错误　　　　正确　　　　错误　　　　正确

图1-4-18 对称面上有轮廓线的半剖视图

(3)局部剖视图。假想用剖切面局部剖开机件,所得的剖视图称为局部剖视图。如图1-4-19所示,机件主视图外形简单,可剖开表示其内腔,但右侧空心圆筒上部的圆形凸台外形要表达,故不宜采用全剖视图;俯视图右侧圆筒和圆形凸台的内部相贯需要表达,底板上各种孔的外形及分布需要表达,因而在主、俯视图上均采用相应的局部剖表示。

局部剖视图主要适用于内外形状都需表达的不对称机件,对于不宜做半剖的对称机件(图1-4-18)和实心机件上的孔、槽(图1-4-19)等结构,常采用局部剖视。局部剖视图的表达方法比较灵活,运用恰当,可使视图简明清晰、重点突出,简化制图工作。但在同一个视图中,局部剖视的数量不宜过多,否则图形过于破碎。

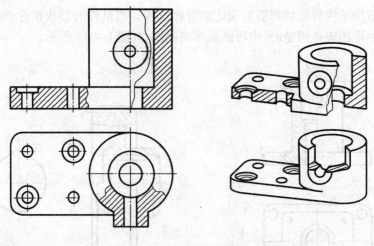

图1-4-19 局部剖视图的画法

【特别提示】

①在局部剖视图中,剖视图与视图应以波浪线为界。画波浪线时应注意:波浪线不能与其他图线重合或成为其他图线的延长线,也不能超出图形轮廓线;如遇到孔、槽等结构时,必须断开,如图1-4-20所示。

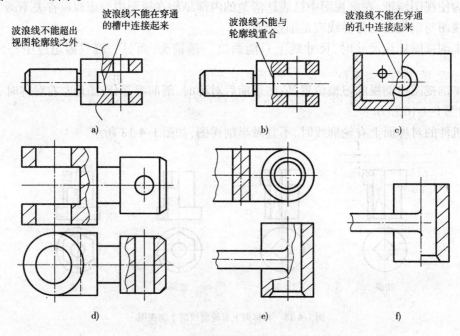

图1-4-20 局部剖面视图及其波浪线的画法

②当被剖切的局部结构为回转体时,允许将回转体的中心线作为局部剖视与视图的分界线,如图1-4-20a)所示。

③局部剖视图和全剖视图的标注方法相同。一般情况下,可省略标注,但当剖切位置不明显或局部剖视图未能按投影关系配置时,则必须标注。

3) 剖切平面的种类

剖视图用来表达机件的内部结构。由于机件的内部结构具有多样性和复杂性,画剖视图时应该根据机件的结构特点,选用不同数量和不同位置的剖切面来剖开机件。国标规定按剖切面数量的不同,剖切面有单一剖切面、几个平行的剖切面和几个相交的剖切平面三种形式。

(1) 单一剖切平面。实际应用中,三类剖切面均可剖得全剖视图、半剖视图和局部剖视图。单一剖切平面既可以平行于基本投影面,也可用不平行于任意基本投影面而垂直于基本投影面的剖切平面(这种剖切又称之为斜剖),用来表达机件倾斜部分的内部结构。如图 1-4-15、图 1-4-21 所示。

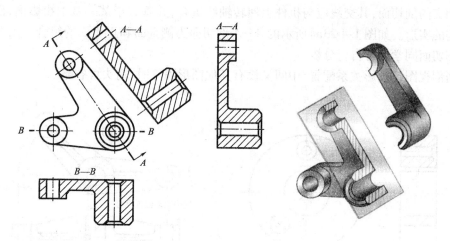

图 1-4-21　单一剖切平面

(2) 几个平行的剖切平面。用几个互相平行且平行于基本投影平面的剖切平面剖开机件的方法称为阶梯剖。这种剖切方法,常用于孔、槽处在不同一剖切平面上且层次较多的机件。图 1-4-22 就是采用两个互相平行的剖切平面进行剖切,得到"A—A"全剖视图。

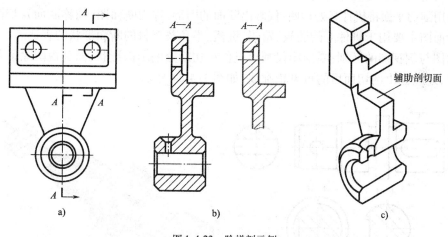

图 1-4-22　阶梯剖示例

【特别提示】

①因为剖切平面是假想的,因此应按单一剖切面进行画图,且在剖视图上不应画出转折处的分界线,如图 1-4-22 所示。

②选择剖切位置要恰当,避免在剖视图上出现不完整的结构要素。当机件上的两个要素具有公共对称中心线或轴线时,可以各画一半,中间以点画线分界,如图 1-4-22b)所示。

③两个剖切平面的转折处必须是直角,不应与视图中的轮廓线重合,如图 1-4-22a)所示。

在不致引起误解时,可不注写字母。

(3)几个相交的剖切平面。用几个相交的剖切面且交线垂直于某一基本投影面剖开机件,主要表达轮盘类机件的呈辐射状均匀分布的孔、槽和具有回转轴的机件的内部结构。

【特别提示】

①倾斜的剖切面应先"旋转"再"投影",使被剖开的结构投影为实形。其他结构一般应按原来位置的投影画出,如图1-4-23中的小油孔。

②相交的剖切面,其交线应与机件上回转轴线重合,并垂直于某一基本投影面,以反映被剖切结构的实形。如图1-4-23a)所示的A—A剖切面为侧垂面和正平面的组合。图1-4-23b)的轴的剖切面同学们可自行分析。

③当剖视图按投影关系配置,中间又没有其他图形隔开时,箭头可省略。

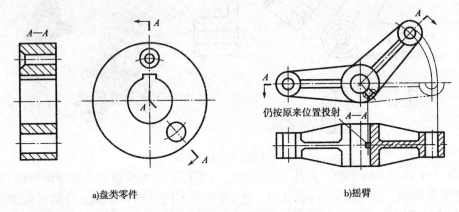

图1-4-23 几个相交的剖切平面

3. 运用断面图表达机件的局部断面结构

假想用剖切平面将机件某处切断,仅画出断面的图形,称为断面图(简称断面),如图1-4-24所示。断面图主要用于机件上的肋板、轮辐、键槽、小孔及型材的断面形状的表达。

断面图与剖视图的区别:断面图仅画出机件被切断处的断面形状,而剖视图除了要画出断面形状外,还应画出剖切面后的可见轮廓线,如图1-4-24所示。

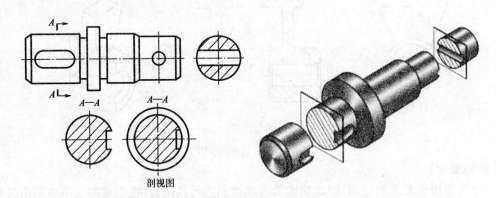

图1-4-24 断面图与剖视图

断面图的画法应遵循《技术制图 图样画法 剖视图和断面图》(GB/T 17452—1998)和《机械制图 图样画法 剖视图和断面图》(GB/T 4458.6—2002)的有关规定。

根据断面图配置位置的不同,断面图分为移出断面图和重合断面图两种。

1）移出断面

画在视图轮廓线之外的断面图,称为移出断面图,如图1-4-25所示。

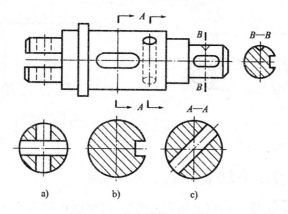

图1-4-25　移出断面画法和标注

【特别提示】

(1)移出断面尽量配置在剖切线或剖切符号的延长线上,省略标注字母,如图1-4-25b)所示。必要时也可画在其他位置,需要用剖切符号表示剖切位置,用箭头表示投射方向,并注上字母,在断面图上方用同样字母标出相应名称,如图1-4-25c)、图1-4-26所示。按投影关系配置移出断面,允许省略箭头,如图1-4-25中 $B—B$ 所示。

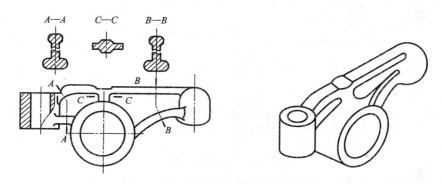

图1-4-26　发动机配气摇臂的移出断面图

(2)移出断面的轮廓线用粗实线绘制。为正确表达机件的断面形状,剖切平面要垂直于所需表达机件结构的主要轮廓线。

(3)当剖切平面通过回转面形成的孔或凹坑的轴线时,这些结构按剖视绘制。当剖切平面通过非圆孔或槽,导致出现完全分离的两个断面时,应按剖视绘制,如图1-4-25c)及图1-4-26发动机配气摇臂的断面图中 $B—B$ 所示。

(4)由两个或多个相交的剖切平面,剖切得出的移出断面,中间一般应用波浪线断开,如图1-4-26所示。

(5)当移出断面的图形对称时,也可画在视图的中断处,如图1-4-27所示。

2）重合断面

画在视图轮廓线之内的断面图,称为重合断面图,如图1-4-28所示。重合断面的轮廓线用细实线绘制。当重合断面轮廓线与视图中的轮廓线重合时,视图中的轮廓线仍应连续画出,不可间断。

重合断面对称时,不必标注。不对称时,标注剖切符号及箭头,在不致引起误解的情况下,可省略标注。

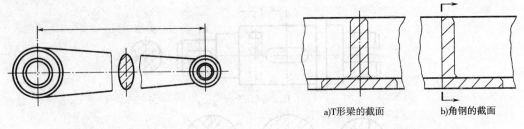

图 1-4-27　断面图配置　　　　　　　　　　　图 1-4-28　重合断面的画法

二、运用其他表示方法表达机件的结构

在表达机件的图样中,除了可以采用上述视图、剖视图和断面视图等表达方法之外,国家标准规定还可以采用其他表达方法,如局部放大图和简化画法等进行表达。

1. 局部放大图

将机件的部分结构,用大于原图的比例画出的图形,称为局部放大图。当机件上某些细小结构在原图形中表达不够清楚或不便标注尺寸时,常采用局部放大图,如图 1-4-29 所示。

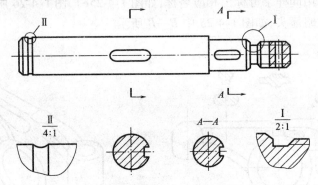

图 1-4-29　局部放大图的画法

局部放大图可画成视图、剖视图、断面图,与被放大部分的表达方式无关。局部放大图应尽量配置在被放大部位的附近。在画局部放大图时,应用细实线圈出被放大部位,如图 1-4-29 所示。

当同一机件上有几个被放大的部位时,需用罗马数字依次注明,并在局部放大图的上方用分数形式标注出相应的罗马数字和所采用的比例,如图 1-4-29 中的 Ⅰ、Ⅱ 处所示。局部放大图的比例应根据结构需要选定,与原图的作图比例无关。当机件上被放大的部位只有一处时,在局部放大图的上方只需标注出所采用的比例即可。

同一机件上对某个复杂部位可用几个图形来表达,见图 1-4-30 中的"A—A"及"B"。

2. 简化画法和其他表达方法

为了绘图和识图的方便,提高图样的清晰度,简化手绘图和计算机绘图,国家标准规定,在技术图样中可以采用简化画法、第三角画法。简化画法和第三角画法给人们的绘图带来了高效率,在不致引起误解的情况下,应优先采用。

(1)当零件回转体结构上均匀分布的肋、轮辐、孔等不在剖切平面上时,将这些肋、轮辐、孔等绕回转体轴线自动旋转到剖切平面上,按剖到对称画出,且不加任何标注,如图 1-4-31a)

中的主视图。为画图简便,可将其中任一孔仅画出轴线,如图 1-4-31b)中的主视图所示,均布的孔在俯视图中仍按真实位置画出。

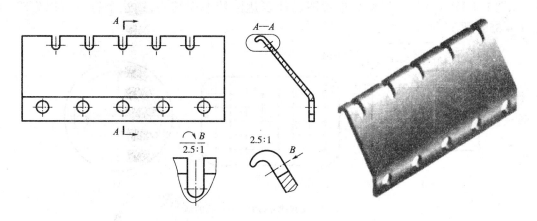

图 1-4-30 局部放大图的画法

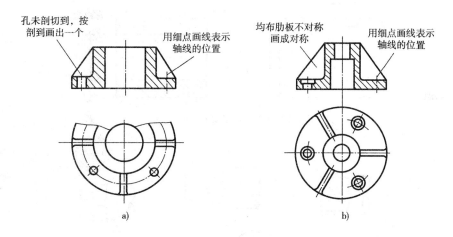

图 1-4-31 轮辐、肋的画法

（2）当机件有若干相同结构（如齿、槽等），并按一定规律分布时,只需画出几个完整的结构,其余用细实线连接,并注明该结构的总数,如图 1-4-32 所示。

（3）机件上按规律分布的等直径孔,可只画出一个或几个,其余只需用圆中心线或表示出孔的中心位置,并注明孔的总数即可,如图 1-4-33a)、图 1-4-33b)。当孔的数量较多时,可按图 1-4-33c)图画出。

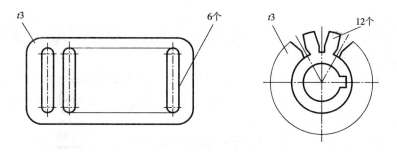

图 1-4-32 有规律分布的相同结构的画法

(4) 圆柱上的孔和槽等较小结构产生的表面交线允许简化成直线,如图 1-4-34 所示。

(5) 在图形中不能充分表达回转体零件表面上平面时,可用平面符号(相交的细实线)表示,如图 1-4-35b) 所示。如果其他视图已经表达清楚平面结构,则这个符号可以省略,如图 1-4-35a) 所示。

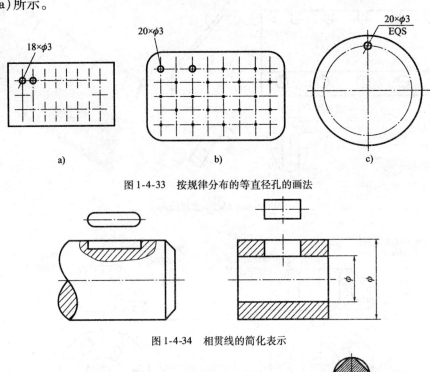

图 1-4-33　按规律分布的等直径孔的画法

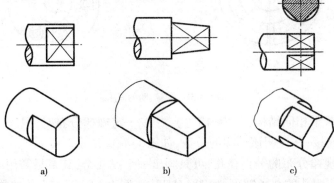

图 1-4-34　相贯线的简化表示

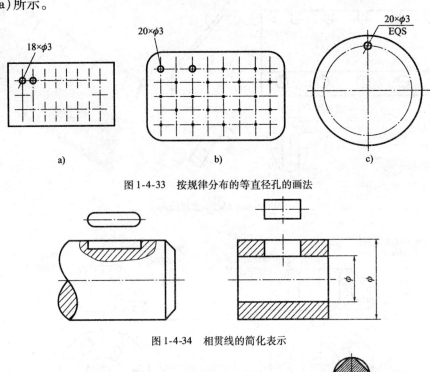

图 1-4-35　平面的简化表示

(6) 机件中与投影面倾斜角度≤30°的圆或圆弧的投影可用圆或圆弧画出,如图 1-4-36 所示。

(7) 圆柱形法兰和类似零件上均匀分布的孔,可按图 1-4-37 所示的方法表示(由机件外向该法兰端面方向投射)。

(8) 当较长的机件沿长度方向的形状一致或按一定规律变化时,例如轴、杆、型材、连杆等,可以断开后缩短表示。其折断处可用图 1-4-38 所示的方法表示,且尺寸要按机件真实长度注出,如图 1-4-38 所示。

(9) 在不致引起误解时,对于对称机件的视图,可以只画一半或四分之一,并在对称中心线的两端画出两条与其垂直的平行细实线,如图 1-4-39 所示。

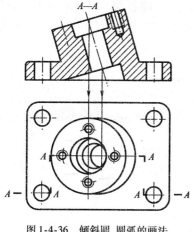
图1-4-36 倾斜圆、圆弧的画法

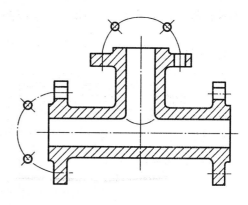
图1-4-37 法兰上均布孔的画法

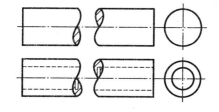
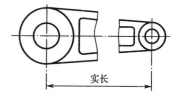
图1-4-38 长件折断画法

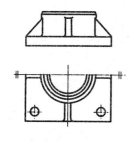
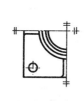
图1-4-39 均布肋的画法

(10)相贯线、过渡线在不引起误解时,可用圆弧或直线代替非圆曲线,如图1-4-40所示。

操作练习1-4-1:识读汽油机消声器零件图。

作法:读图就是根据已有的视图、剖视图、断面图,分析了解剖切关系及表达意图,应用形体分析法和线面分析法,从而想象出零件内外结构形状的过程。图1-4-41所示为汽油机消声器的综合表达方案。通过识读该图,学会分析、识读比较复杂零件的方法和步骤,并从中学习如何灵活运用各种表达方法,完整、清晰、简练地表达机件的形状。

(1)视图分析。该零件用四个图形表达,从俯视图上的剖切标注可知,主视图采用阶梯局部剖视图,重点表达消声器的内部形状及左中右三部分的上下和左右位置;俯视图用局部剖视图,进一步表达左端和中间部分的内外结构形状和左中右三部分的前后位置;B斜视图表达右端倾斜部分的外形;C—C剖视图表达左端方孔和凸缘的形状。

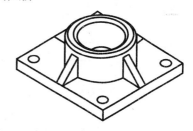
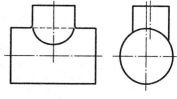
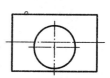
图1-4-40 相贯线的简化画法

(2)形体分析。从视图分析可知,消声器由三个不同轴的圆筒形体组成,左端为20×30的方孔;中间为$\phi62$的圆柱孔,其轴线在方孔的正后方;右端为向$\phi62$圆孔轴线后下方倾斜

101

$45°$ 角的 $\phi25$ 的弯曲圆柱孔。在方孔的上端和 $\phi62$ 圆柱孔的下端各与一个 $M12\times1.25$ 的螺孔相通；右连接板为一带圆角的菱形块，其上有两个 M6 的螺孔；右凸缘上有两个 $\phi7$ 的光孔。

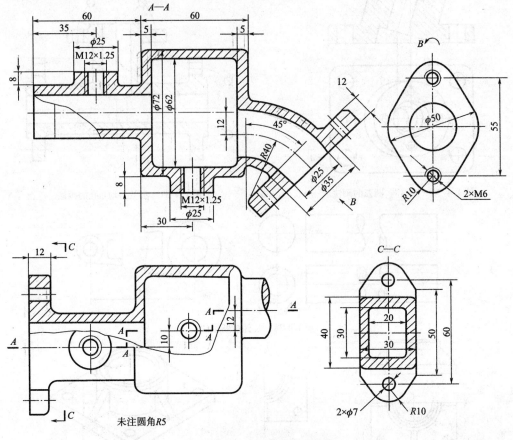

图 1-4-41　汽油机消声器零件图

（3）综合想象。经综合想象，消声器的整体形状用四个图形表达得十分清楚。图 1-4-42 为该零件剖切后的轴测图。

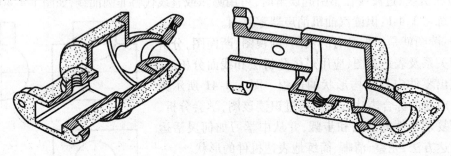

图 1-4-42　汽油机消声器的轴测图

三、利用第三角画法表达机件

国家标准《技术制图　投影法》(GB/T 14692—2008) 中规定，我国的机械图样应按第一角画法布置六个基本视图，我国均采用第一角画法。在《技术制图　图样画法　视图》(GB/T 17451—1998) 中规定：技术图样应采用正投影法绘制，并优先采用第一角画法。但在国际的技术交流中，常常会遇到第三角画法的图纸，有些国家（如美国、日本等）仍优先采用第三角画法，为了进行国际的技术交流和协作,应对第三角画法有所了解。

第一角画法与第三角画法的区别:

如图 1-4-43 所示,空间两个互相垂直的投影面,把空间分成了 Ⅰ、Ⅱ、Ⅲ、Ⅳ……八个分角。

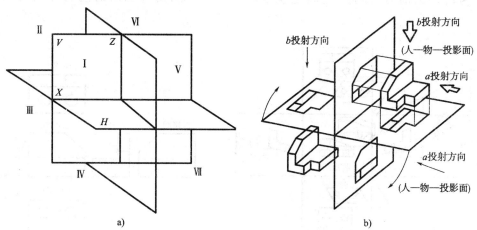

图 1-4-43　八个分角的形成与投影关系图

将机件置于第一分角内,并使其处于观察者与投影面之间而得到的多面正投影,称为第一角画法(简称 E 法)。而将机件置于第三分角内,并使投影面处于观察者与机件之间而得到的多面正投影,则称为第三角画法(简称 A 法),如图 1-4-44 所示。

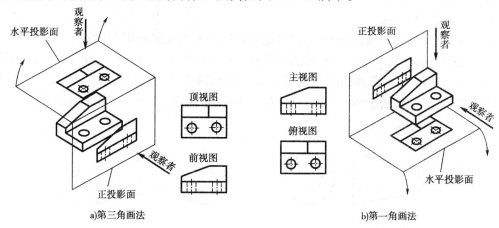

图 1-4-44　第三角画法投影法

第一角画法,从投射方向看是人→物→图的关系。而第三角画法,从投射方向看是人→图→物的关系,这就是第三角画法与第一角画法的区别。图 1-4-45 就是第三角画法六个视图的形成过程。从图可以看出,这种画法是把投影面假想成透明来处理的。顶视图是从机件的上方往下看所得的视图,把所得的视图画在机件上方的投影面(水平面)上。前视图是从机件的前方往后看所得的视图,把所得的视图画在机件前方的投影面(正平面)上。其余类推。

第一角画法或第三角画法的投影规律总结如下:

(1)两种画法都保持"长对正,高平齐,宽相等"的投影规律。

(2)两种画法的方位关系"上下、左右"的方位关系判断方法一样,比较简单,容易判断。

不同的是"前后"的方位关系判断,第一角画法,以"主视图"为准,除后视图以外的其他基本视图,远离主视图的一方为机件的前方,反之为机件的后方,简称"远离主视是前方";第三角画法,以"前视图"为准,除后视图以外的其他基本视图,远离前视图的一方为机件的后方,反之为机件的前方,简称"远离主视是后方"。可见,两种画法的前后方位关系刚好相反。

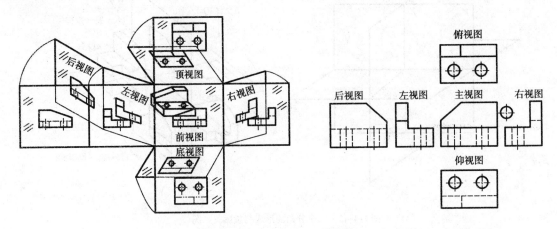

图 1-4-45　第三角画法六个视图的形成

（3）根据前面两条规律,可得出两种画法的相互转化规律：主视图（或前视图）不动,将主视图（或前视图）周围上和下、左和右的视图对调位置（包括后视图）,即可将一种画法转化成（或称翻译成）另一种画法。

另外,ISO 国际标准中规定,应在标题栏附近画出所采用画法的识别符号。第一角画法的识别符号如图 1-4-46a）所示,第三角画法的识别符号如图 1-4-46b）所示。由于我国采用第一角画法,因此,当采用第一角画法时无须标出画法的识别符号。当采用第三角画法时,《技术产品文件　词汇　投影法术语》（GB/T 16948—1997）中规定,必须在图样的标题栏附近画出第三角画法的识别符号。

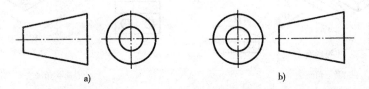

a)　　　　　　　b)

图 1-4-46　第一角画法、第三角画法识别符号

【特别提示】

第一角画法,从投射方向看是人→物→图的关系。而第三角画法,从投射方向看是人→图→物的关系,这就是第三角画法与第一角画法的区别。

第三角投影中,主视图、俯视图、右视图靠近主视图的一侧表示机件的前方,远离主视图的一侧为机件的后方,这与第一角恰好相反。

四、分析零件图的作用、识读零件图

1. 零件的类型

零件是组成机器和部件的不可拆分的最小单元。零件图是表达设计信息的主要载体,是制造和检验零件的主要技术文件。

零件按其在部件或机器中的作用和功能不同,一般分为三类:

(1)一般零件。这类零件的结构、形状及大小主要由它在部件或机器中的作用而定。

(2)传动零件。这类零件在机器或部件中主要起传递动力的作用,如传动带轮、链轮、齿轮、蜗轮蜗杆等零件。

(3)标准件。这类零件的结构尺寸均已标准化,如螺栓、螺柱、螺母、键、销和滚动轴承等标准零部件。传动零件与标准件又称为常用零件。

上述三类零件中,除标准件外,在设计、制造及检验中均要求画出零件图。

零件按其在部件或机器中的作用和结构特点、视图表达、尺寸标注、制造方法等的不同,可将其分为轴套类、盘盖类、叉架类和箱体类四种。

2. 零件图的识读步骤

零件图是表达设计思想和加工制造、检验零件的依据。识读零件图的目的就是要根据零件图,了解零件的名称、用途、材料,通过分析视图、阅读技术,了解零件各部分的大小及相对位置,制定零件的加工方法和加工工艺,提供合理的检测方法和检测工具,指导零件生产。

(1)看标题栏。通过标题栏概括了解零件的名称、材料、类型和功用等。如图1-4-47所示的零件图,它是一个起支承、保护作用的零件,零件名称为柱塞套,所用材料为15Cr。

(2)分析视图。找主视图,再找其他视图,然后看各视图采用的表达方法,弄清其表达重点。如图1-4-47所示的柱塞套零件图,主视图和左视图采用全剖视(左视图采用阶梯剖),局部放大图表达标示部位的圆角。

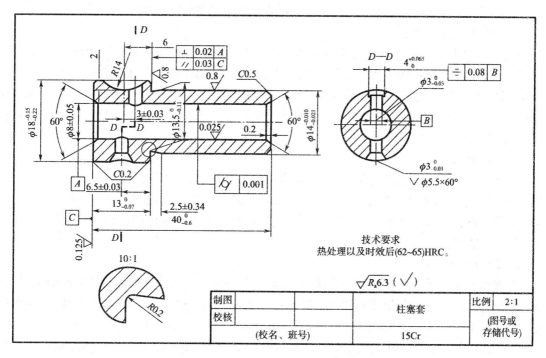

图1-4-47 柱塞套零件图

(3)分析形体。用形体分析法,分析零件的结构、形状。由组成的基本体入手,由大到小,从整体到局部,逐步想象出物体的结构形状。从图1-4-47所示柱塞套件图可以看出零件的基本结构形状。柱塞套的基本结构是圆柱体,外圆柱面与气门座配合,内圆柱面与气门柱配合。

想象出基本形体之后,再深入到细部。对于柱塞套零件图,圆柱体的内部由光滑圆柱孔组成,为使柱塞套与座孔定位与固定,柱塞套一段有定位的台阶(2.5mm)和定位尺寸为 $\phi3 \sim \phi5.5$ 的沉孔。

(4)识读零件尺寸。综合分析视图和形体,找出视图长、宽、高三个方向的尺寸基准。然后从基准出发,以结构分析为线索,了解各尺寸的作用,从而确定尺寸的大小。

柱塞套零件长度方向的尺寸基准是左端面,右端面为辅助基准,直径方向的尺寸基准是柱塞套的轴线。零件的总长为40mm,柱塞套的外形为阶梯轴,直径14mm 的弧形槽的定位尺寸为6mm,槽深2mm,沉孔的定位尺寸为6.5mm 等。

(5)了解技术要求。主要分析零件的表面粗糙度、尺寸公差和几何公差等,先弄清配合面或主要加工面的加工精度要求,了解其代号含义;再分析其余加工面和非加工面的相应要求,了解零件加工工艺特点和功能要求;然后了解其他技术要求,以便根据现有加工条件,确定合理的加工工艺方法,保证这些技术要求。

如图1-4-47 所示的柱塞套零件图中,尺寸精度最高的是 $\phi14$ 的外圆柱面。表面粗糙度最高为 $R_a=0.0125\mu m$,定位的端面和槽有形位公差要求。

【特别提示】

(1)轴套类零件是四大类机械零件之一,其主体部分往往是圆筒,也有可能是组合体。

(2)轴套上通常有光孔或阶梯孔,是轴类零件的支撑零件,因此零件上通常有一些精度较高的孔或槽,用以安装定位轴或轴上的零件。

(3)全剖视图、局部剖视图、局部放大图、移出断面图等是轴套类零件的主要视图表达方法。

3. 零件视图表达方案

零件的视图选择,应首先考虑看图方便。由于零件的结构形状是多种多样的,所以在画图前,应对零件进行结构形状分析,结合零件的工作位置和加工位置,选择最能反映零件形状特征的视图作为主视图,并选好其他视图,以确定一组最佳的表达方案。这一组视图主要以主视图为主,然后根据零件的结构特点和复杂程度,选用适当的表示方法。选择表达方案的原则是:在完整、清晰地表示零件形状的前提下,力求制图简便。

1)零件分析

零件分析是认识零件的过程,是确定零件表达方案的前提。零件的结构形状及其工作位置或加工位置不同,视图选择也往往不同。因此,在选择视图之前,应首先对零件进行形体分析和结构分析,并了解零件的工作和加工情况,以便确切地表达零件的结构形状,反映零件的设计和工艺要求。

2)主视图的选择

主视图是表达零件形状最重要的视图,选择是否合理直接影响其他视图的选择情况、识读是否方便,甚至影响到画图时图幅的合理利用。一般来说,零件主视图的选择应满足"合理位置"和"形状特征"两个基本原则。

(1)加工位置原则。加工位置是零件在机床上加工时的装夹位置。主视图与零件主要加工工序中的加工位置一样,这样在加工时可以直接进行图物对照,既便于看图和测量尺寸,又可减少差错。如轴套类零件的加工,大部分工序是在车床或磨床上进行,因此通常要按加工位置(即轴线水平放置)画其主视图,如图1-4-48 所示。

(2)工作位置原则。工作位置是零件在装配体中所处的位置。零件主视图的放置,应尽量与零件在机器或部件中的工作位置一致。这样便于根据装配关系来考虑零件的形状及有关尺寸,便于校对。如图 1-4-49 所示的轴承座主视图就是按工作位置选择的。

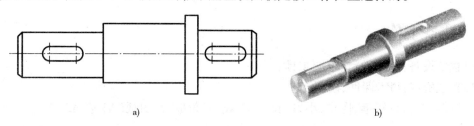

图 1-4-48　按零件的加工位置选择主视图

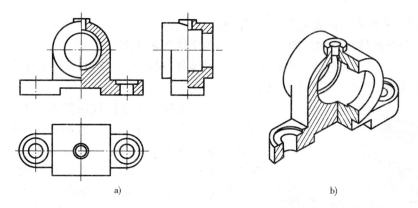

图 1-4-49　按工作位置确定主视图

(3)形状特征原则。形状特征原则就是将最能反映零件形状特征的方向作为主视图的投影方向,即主视图要较多地反映零件各部分的形状及它们之间的相对位置,以满足表达零件清晰的要求,图 1-4-50b)的表达效果显然比图 1-4-50a)的表达效果要合理。

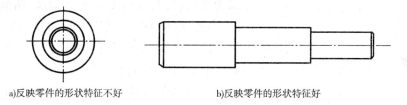

a)反映零件的形状特征不好　　　　b)反映零件的形状特征好

图 1-4-50　按零件的形状特征选择主视图

3)选择其他视图

一般来讲,仅用一个主视图是不能完全反映零件的结构形状的。主视图确定后,分析主视图的表达是否完整、清晰,再选择其他视图。可以使用剖视图、断面图、局部放大图和简化画法等各种表达方法,予以完善表达。具体选用时,应注意以下几点:

(1)在清楚表达零件的前提下,使视图数量最少。根据零件的复杂程度及内外结构形状,全面地考虑还需要的其他视图,使每个所选视图都有明确的表达重点,避免不必要的细节重复。

(2)优先考虑采用基本视图,当有内部结构时,应尽量在基本视图上作剖视;对尚未表达清楚的局部结构、细小结构和倾斜部分结构,可增加必要的局部(剖)视图和局部放大图表示。按照视图表达零件形状要正确、完整、清晰、简便的要求,进一步综合、比较、调整、完善,选出最佳的表达方案。

任务实施

一、准备工作

(1)教学设备:制图教室、绘图工具。
(2)教学资料:PPT 课件、模型。
(3)材料与工具:铅笔、橡皮、小刀、胶带、圆规、三角板、绘图纸(A3 或 A2)等。

二、操作流程

操作任务:分析座体的表达方法,绘制座体的零件图。

步骤1:分析座体的结构。图 1-4-51 所示为座体的轴测图。

从座体零件图得知,它是一个起支承作用的零件,材料为HT200,零件毛坯为铸件,具有铸造工艺结构,如铸造圆角、拔模斜度等。

图 1-4-51　座体的轴测图

步骤2:选择座体零件视图的表达方案。座体的主视图按工作位置放置,采用全剖视来表达座体的形体特征和空腔的内部结构。左视图采用局部剖视,表示底板和肋板的厚度,以及底板上沉孔和通槽的形状。上半部分还表示了端面上的螺孔分布情况。由于座体前后对称,作为仰视图可只画其对称的一半或局部,而本例采用了 A 向局部视图,以表达底板圆角和安装孔的位置。

步骤3:分析组成座体的基本体。座体是支承零件。上部为圆筒状,两端的轴孔支承轴承,两侧外端面制有(与端盖连接的)螺孔,圆筒中间部分不加工;下部是带圆角的方形底板,有四个安装孔,将铣刀头安装在铣床上,为了安装平稳和减少加工面,底板下面的中间部分做成通槽。座体的上下两部分用支承板和肋板连接。

步骤4:识读零件尺寸基准。选择座体底面为高度方向的主要尺寸基准,圆柱的任一端面为长度方向主要尺寸基准,前后对称面为宽度方向主要尺寸基准。

有设计要求的结构尺寸和有配合要求的尺寸应直接注出。如主视图中的"115"是确定圆柱轴线的定位尺寸,"φ80K7"是与轴承配合的尺寸,"40"是两端轴孔长度方向的定形尺寸。左视图和 A 向局部视图中的"150""155"是四个安装孔的定位尺寸。

考虑工艺要求,注出工艺结构尺寸,如倒角、圆角等,左视图中符号"▽"表示深度、"⊔"表示沉孔,缩写词"EQS"表示"均布"。

其余尺寸读者可自行分析。

步骤5:了解技术要求。座体零件图中精度要求最高的是"φ80K7"轴承孔,表面粗糙度 $R_a=1.6\mu m$,并且与底面的平行度公差为 0.03mm,两轴承孔的同轴度公差也为 0.03mm。

通过上述看图分析,对座体的作用、结构形状、尺寸大小、主要加工方法及加工中的主要技术指标要求,就有了较清楚的认识。综合起来,即可得出座体的总体印象。

步骤6:绘制座体零件图,如图 1-4-52 所示。

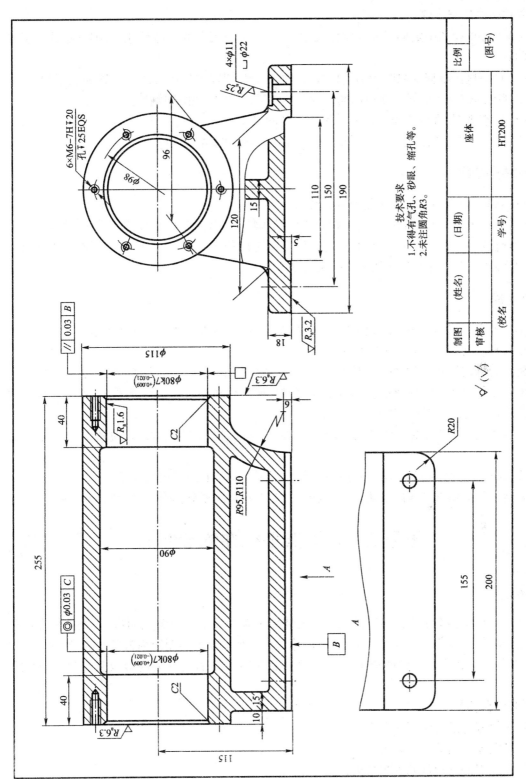

图 1-4-52 座体的表达方案

【操作提示】

零件图的绘制步骤：

(1) 先分析视图中定形尺寸与定位尺寸，计算获得主视图的总体尺寸，根据选定的图纸确定绘图比例。

(2) 打底稿。根据主视图中的定位尺寸，画出组合圆柱体的中心线的位置和底板的位置，确定主视图的位置。根据三面视图的尺寸对应关系，绘出俯视图和侧视图。

(3) 检查视图，准确无误后加粗。标注零件的尺寸。

注意：为使零件的尺寸不至遗漏，先标注定形尺寸，再标注定位尺寸。

常见问题分析

【问题】各种表达方法的选用原则是什么？

【答】首先应考虑看图方便，并根据机件的结构特点，用较少的图形，把机件的结构形状完整、清晰地表达出来。在这一原则下，还要注意所选用的每个图形，它们既要明确地表达自身内容，又要注意自身图形与其他图形的相互联系。

任务小结

本章着重介绍国家标准的相关内容，熟悉基本视图、剖视图、断面图及其他表达方法。了解第一角画法与第三角画法的主要区别。

机件的结构形状多种多样。对于结构复杂的零件，仅用前面学过的三视图表示其内外形状是不够用的。要把零件形状表示得正确、完整，使图样清晰、简练、便于看图，就必须根据零件的结构形状，采取多种表达方法。

这些表达方法为：基本视图、向视图、斜视图、局部视图、剖视图、断面图以及其他表达方法。

表达机件外部结构的方法有：基本视图、向视图、斜视图、局部视图。

表达机件的内部结构的方法是：剖视图，根据剖切范围划分为全剖、半剖、局部剖。

任务二 识读典型机件的零件图

任务引入

任何一台机器都是由许多零件按一定的装配关系和技术要求装配而成的，制造机器必须首先制造零件。表达单个零件结构形状、尺寸大小和技术要求的图样称为零件图，如图 1-4-53 所示，它是制造和检验零件的依据。本项目主要介绍零件图的有关内容及其绘制与识读的方法。

【知识目标】

1. 了解零件图的作用和内容；
2. 掌握零件图的表达方法；
3. 掌握零件图的常见工艺结构；
4. 掌握如何阅读零件图；
5. 熟悉国家标准的有关规定。

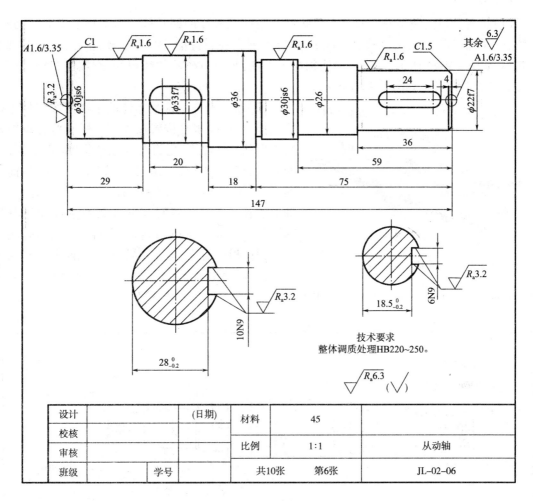

图 1-4-53 一级圆柱齿轮减速器的从动轴

【能力目标】
1. 能运用机件表达方法识读与绘制零件图;
2. 能熟练标注零件的几何技术规范、尺寸和其他技术要求,提高作图与识图技能;
3. 具有识读典型零件图的能力。

理论知识

一、识读减速器的从动轴

识读零件图的目的主要是根据零件图了解零件的名称、材料和用途,构思零件的结构形状;分析尺寸,了解零件各部分的大小及相对位置;阅读零件图的技术要求,帮助了解零件的功能或用于指导生产。

减速器的输出轴是减速器的主要零件之一,用于支撑传动零件和传递动力。在轴上要安装轴承、齿轮、键、联轴器等零件。工作过程中,轴要承受一定的力的作用,经过一段时间后,轴还会出现磨损和损坏等现象。为了轴上零件的安装和拆卸方便,轴通常加工成阶梯轴。如图 1-4-53 所示就是一级圆柱齿轮减速器的从动轴。

1. 识读内容

(1) 结构分析。轴类零件的基本形状是几段同轴异径的回转体。为使轴上安装的轴承、齿轮、键、联轴器等零件能够定位与固定,在轴上通常还有键槽、轴肩、轴环、销孔等,轴各部分的名称,如图1-4-54所示。另外,为使轴加工方便,轴上有砂轮的越程槽、螺纹退刀槽、倒角、中心孔、螺纹等结构,如图1-4-55所示。

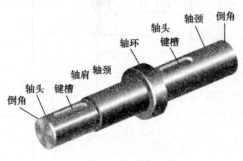

图1-4-54 阶梯轴各部分的名称

(2) 视图选择。这类零件的主视图按其加工位置选择,一般按水平位置放置。这样既符合投射方向的形状特性原则,也符合其工作位置(安装位置)原则。通常,轴的大端朝左、小端朝右;键槽朝前或朝上,结构表达清晰,形状特性明显。尺寸标注时,轴上的各段形体的直径尺寸在其数字前加注符号"ϕ"表示,因此不必画出其左(或右)视图,而是围绕主视图。根据需要,画一些局部视图、断面图和局部放大图,反映出轴上轴肩、键槽、退刀槽等结构,同时可把各段形体的相对位置表示清楚,如图1-4-53所示。

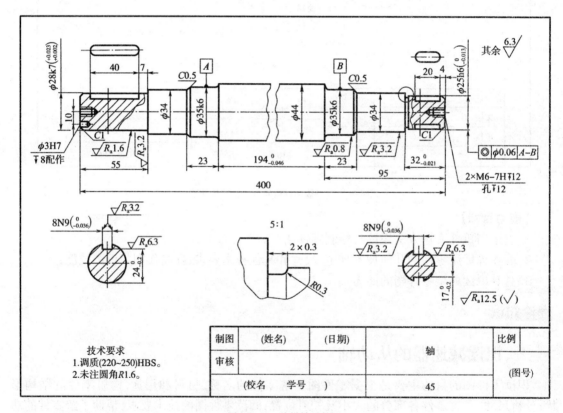

图1-4-55 阶梯轴零件图

形状简单、轴向尺寸较大的轴类零件,可采用折断法表达,如图1-4-54所示;空心轴套可用剖视图(全剖、半剖、局部剖等)表达。对于轴端的中心孔,因其是轴加工时顶尖的工艺孔,起定位作用,是一个标准孔,一般不做剖视,用规定标准代号来表示,如图1-4-53中的A1.6/3.35。中心孔的形式及尺寸如表1-4-2所示。

中心孔的形式及尺寸(摘自 GB/T 145—2001)　　　表 1-4-2

中心孔的形式	标记示例	标注说明
R (弧形) 根据 GB/T 145 选择中心钻	GB/T 4459.5—R3.15/6.7	$D=3.15$ mm $D_1=6.7$ mm
A (不带护锥) 根据 GB/T 145 选择中心钻	GB/T 4459.5—A4/8.5	$D=4$ mm $D_1=8.5$ mm
B (带护锥) 根据 GB/T 145 选择中心钻	GB/T 4459.5—B2.5/8	$D=2.5$ mm $D_1=8$ mm
C (带螺纹) 根据 GB/T 145 选择中心钻	GB/T 4459.5—CM10L30/16.3	$D=M10$ $L=30$ mm $D_2=16.3$ mm

(3)识读从动轴零件图。零件图是表达设计思想、加工制造和零件检验的重要依据。读零件图的目的主要是根据零件图了解零件的名称、材料和用途,构思零件的结构形状;分析尺寸、了解零件各部分的大小及相对位置;阅读零件图的技术要求,帮助了解零件的功能或用于指导生产。

2. 减速器的从动轴零件图的识读步骤

(1) 概括了解。如图 1-4-53 所示,首先从零件的标题栏了解零件的名称为从动轴,并了解轴的材料是 45 号钢,画图比例为 1:1,零件的主要作用是支撑齿轮等传动零件,有公差要求的部分是轴头和轴颈,与其他零件有连接关系。

(2) 分析视图弄懂结构。分析视图及其表达方法,以便能迅速想象零件的结构形状。结合从动轴零件图中主视图与标注的尺寸以及移出断面图,就可以想象出零件的空间立体形状。

(3) 分析尺寸及基准。分析零件图中的尺寸及基准,了解零件各部分的大小与相对位置关系。

首先应分析找到零件三个方向的尺寸基准。从动轴因为属于回转体零件,所以只有长度方向的尺寸基准,高度和宽度方向的尺寸基准是回转体的对称轴线。

从三个基准出发,以结构形状为线索,找到各部分的定形和定位尺寸,从而掌握各部分的结构、大小以及相邻部分的相对位置等。图 1-4-54 中主要的定形尺寸有 7mm、4mm、10mm,分别为定位键槽、螺纹孔的相对位置。尺寸 55mm、23mm、32mm,分别说明轴头、轴颈处的轴向定形尺寸,径向定形尺寸主要有 $\phi 25mm$、$\phi 28mm$、$\phi 34mm$、$\phi 35mm$、$\phi 44mm$,为确定轴头与轴颈、轴身的径向定形尺寸。零件的总长尺寸为 400mm。

(4) 了解技术要求。从零件图(图 1-4-53)可知,该零件具有表面粗糙度要求。由于轴头和轴颈处安装传动零件和轴承,因此具有较高的表面粗糙度。轴头部分的轴肩有轴向固定传动零件的需要,表面粗糙度要求也高。零件图中分别要求为 $R_a 1.6 \mu m$、$R_a 3.2 \mu m$,其余部分为 $R_a 6.3 \mu m$。同时,该零件加工后的硬度应达到 220~250HBS,采用调质处理。

(5) 综合归纳。归纳以上几方面的分析,将获得的全部信息与资料进行综合,就可以对从动轴零件有全面的认识与了解。

常见的轴类零件有发动机曲轴、凸轮轴、变速器输入轴、输出轴等。

二、识读齿轮泵泵体的零件图

齿轮泵是机器润滑油和燃油的动力元件,几乎应用于所有利用润滑油工作的机器中。泵体是齿轮泵的外壳,起着支承、包容齿轮的作用。如图 1-4-56 所示为齿轮泵泵体的零件图。

1. 识读齿轮泵体的零件图

(1) 概括了解。这个零件为扁平状,有两个接合面,周围有连接装置,上面有连接孔、定位销孔等。有时零件中间有孔,以利于其他零件伸出。齿轮油泵体中间的出油口和吸油口就分别是高压油和低压油的出入口。此零件采用 TH200 灰口铸铁经铸造方法获得毛坯,再经机械加工获得要求的尺寸与精度。

(2) 分析视图弄懂结构。轮、盘、盖类零件一般采用 2~3 个基本视图来表达,采用剖视图以表达内部结构;另一个视图则表达外形轮廓和各组成部分,如孔、肋、轮辐等的相对位置,如图 1-4-56 所示泵体零件图,主视图反映其外部结构形状;左视图为旋转剖视图,表达泵体的内部结构形状、销孔和螺纹孔的结构。

由于泵座的内外结构都比较复杂,应选用主、左、仰三个基本视图。泵体的主视图应按其工作位置及形状结构特征选定,为表达进、出油口的结构与泵腔的关系,应对其中一个孔道进行局部剖视。为表达安装孔的形状,也应对其中一个安装孔进行局部剖视。为表达泵体与底板、出油口的相对位置,左视图应选用 A—A 旋转剖视图,将泵腔及孔的结构表示清楚。然后再选用一俯视图表示底板的形状及安装孔的数量、位置。俯视图取 B 向局部视图。最后选定表达方案如图1-4-56所示。

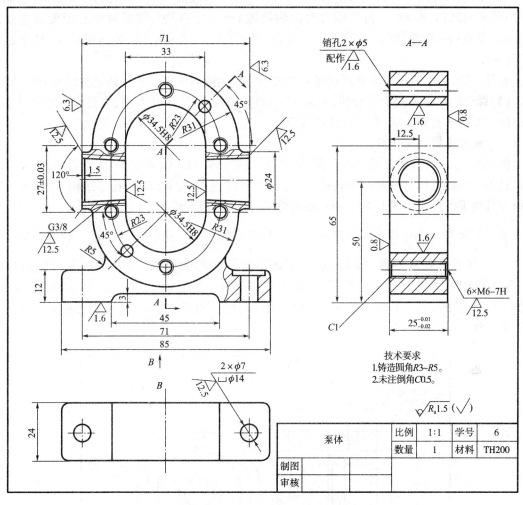

图1-4-56 齿轮泵泵体的零件图

（3）分析尺寸及基准。此零件由底座和泵体组成，为左右对称零件，泵体零件的尺寸基准有长、宽、高三向，长度方向的尺寸基准是泵体的左右对称平面，高度方向的尺寸基准是泵体底板的底面，也是安装时的配合面，宽度方向的基准是左端面，右端面为辅助基准。泵体上有6个直径为6mm的螺纹孔，起连接作用，定位尺寸为R23、(27±0.03)mm和65mm；有两个直径为5mm的销孔，定位尺寸为R23、45°；左右各有一规格尺寸为G3/8的螺纹孔，是齿轮油泵的进油孔和出油口，定位尺寸为33mm、50mm；泵体的内腔安装一对齿轮，作为泵的传动元件。为防止油料内泄，内腔的尺寸有较高的尺寸公差要求，定形尺寸为φ34.5H8，定位尺寸为(27±0.03)mm，泵装配完毕后，利用底座上的两个沉孔安装，定位尺寸为71mm。齿轮油泵的零件图中，三面视图与标注的尺寸结合，就可以想象出零件的空间立体形状，如图1-4-57所示。

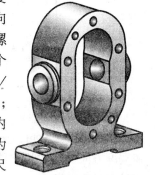

图1-4-57 齿轮油泵立体图

（4）了解技术要求。该零件结构复杂，采用铸造的方法获得，采用的材料为HT200，外壳不进行机械加工，配合面为保证配合精度进行精加工，有较高的尺寸精度和表面粗糙度要求。

齿轮油泵泵体内腔与齿轮有配合要求,尺寸精度要求较高(H8),内孔的表面结构(表面粗糙度)要求也高(1.6μm)。齿轮啮合时齿侧间隙有严格的要求,因此对中心距要求也较高(27mm±0.03mm),泵体的前、后端面与泵盖有配合要求,表面结构(表面粗糙度)要求也高(0.8μm)。

另外,此零件需要采用热处理或时效处理的方法消除内应力。要求铸造圆角为 $R3 \sim R5$。

(5)综合归纳。通过上述分析,对泵体的作用、结构形状、尺寸大小、主要加工方法以及加工中的主要技术指标要求,有了清楚的认识。

2.识读盘盖零件工作图

轮、盘、盖类零件(如齿轮、轮毂、风扇、带轮、飞轮、转向盘、轴承端盖、离合器压盖、法兰盘等),这类零件的主体部分常由回转体组成,其上常有键槽、轮辐、均布孔等结构,往往有一个端面与其他零件接触。图1-4-56所示的泵体零件图中的C1面为零件的配合面。

图1-4-58所示的电机盖零件图的凸缘上有三个均布的沉孔($\frac{\phi 5.5 EQS}{\vee \phi 11 \times 90°}$)和四个直径为 $\phi 3$ 均布的螺栓孔。从零件图的标题栏了解零件的名称为电机盖,并了解零件的材料是HT150,画图比例为1:1,是盘盖类零件,有公差要求的部分是 $\phi 62h7\binom{0}{-0.03}$ 和 $\phi 40\binom{+0.09}{0}$,与其他零件有连接关系。电机盖的零件图中主视图与标注的尺寸结合,就可以想象出零件的空间立体形状。

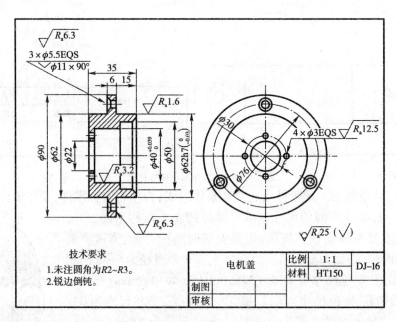

图1-4-58 电机盖零件图

从标注的尺寸可以分析出,电机盖属于回转体零件,所以只有长度方向的尺寸基准,高度和宽度方向的尺寸基准是回转体的对称轴线。此零件外部由三段不同直径的回转体组成,内孔是直径为 $\phi 22mm$、$\phi 40mm$、$\phi 60mm$ 的阶梯孔。直径为 $\phi 90mm$ 的回转体长6mm,沿直径为 $\phi 76mm$ 的圆均布有三个直径为 $\phi 5.5mm \times 90°$ 的沉孔,在直径 $\phi 62mm$ 的回转体上均布有四个直径 $\phi 3mm$ 的通孔,定位尺寸为 $\phi 30mm$。总长尺寸35mm,最大直径为 $\phi 90mm$,属于较小的零件。

电机盖右端直径 φ62mm 的外圆柱体、直径 φ40mm 的内圆柱体有配合要求,尺寸精度要求较高,表面结构要求也高。另外,此零件为铸铁材料,采用铸造方法获得,无需采用热处理和时效处理的方法达到足够的硬度,但需将锐边倒钝。

识读盘盖零件图的步骤与识读轴套类零件的步骤相同,这里不再叙述。

【特别提示】

盘类零件布置视图时,根据图形的轮廓尺寸,画出确定视图位置的中心线或基准线,包括对称中心线、轴线、某一基面的投影线。各视图之间留足标注尺寸的位置。

三、识读支架零件图

支架属叉架类零件。常见的叉架类零件有拨叉、支架、连杆和支座等。叉架类零件主要由工作部分、支承部分和连接部分组成。工作部分指该零件与其他零件配合或连接的套筒、叉口支撑板、底板等部分;连接部分指将该零件各工作部分连接起来的薄板、肋板、杆体等。

(1)概括了解。支架零件形状较复杂且不太规则,常用倾斜或弯曲的结构连接零件的工作部分与安装部分。叉架类零件多为铸件或锻件,因而具有铸造圆角、凸台、凹坑等常见结构,如图 1-4-59 所示的支架零件图。

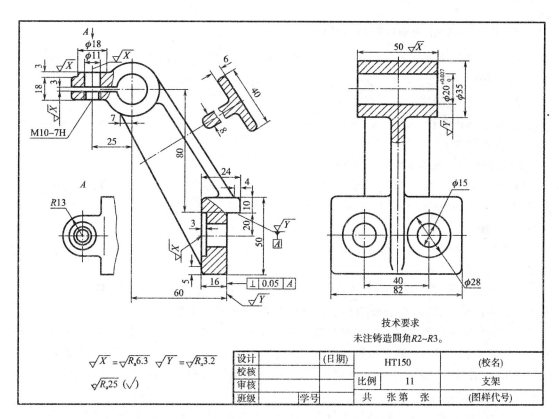

图 1-4-59 支架零件图

(2)分析视图弄懂结构。叉架类零件的形状结构一般比较复杂,加工位置多变,有的零件工作位置也不固定,所以这类零件的主视图一般按工作位置原则和形状特征原则确定,再根据需要配置一些局部视图、斜视图或断面图。其他视图对于某些不平行于投影面的结构形状,采用斜视图、斜剖视图和剖面图表达,对于一些内部结构形状,可采用局部剖视图,也可采用局部放大图表达其较小结构。

除主视图外,叉架类常常需要一个或两个以上的基本视图,并且还要用适当的局部视图、断面图等表达方法来表达零件的局部结构,使表达方案精练、清晰。如图1-4-59所示,主视图为局部剖视图,左视图为局部剖视图,此外采用了局部视图A表示凸台的形状,表达T字形肋,采用移出断面比较合适,侧视图采用局部剖视图表达工作部分的形状与尺寸。

(3)分析尺寸及基准。叉架类零件在长、宽、高三个方向的主要基准一般为孔的中心线(或轴线)、对称平面和较大的加工面。定位尺寸较多,如图1-4-59所示,孔的中心线(或轴线)之间(60mm、25mm)、孔的中心线(或轴线)到平面(80mm、20mm)或平面到平面的距离(16mm)一般都要标注出。

(4)了解技术要求。叉架类零件图中重要的尺寸都标注了偏差数值,相对应的表面几何要求(表面粗糙度)要求也高,一般为6.3μm。有安装要求的表面,还有形位公差要求,要求连接部分右侧面的垂直度相对于基准面的垂直度公差为0.05mm,不太重要的未加工表面的表面粗糙度为25μm。

(5)综合归纳。通过以上分析,把零件的结构形状、尺寸、技术要求等综合起来考虑,就能形成对该零件的较全面的认识。

四、识读减速器箱体的零件图

减速器的箱体是减速器的外壳,它是机器或部件的骨架,起着支撑、包容其他零件的作用。各种减速器的壳、泵体、阀座、机座、机体、转向器壳体等属于箱体类零件。

箱体类零件是最复杂的一类零件,一般为机器、部件的主体,体积较大,常由薄壁围成不同形状的内腔,起容纳和支撑运动零件、油、气等介质的作用,也起定位、密封和保护等作用,常为铸件,也有焊接件。

识读减速箱的箱体零件图的步骤如下:

(1)概括了解。减速器箱体零件的作用是承托轴承、轴瓦、轴套等,容纳轴、齿轮、蜗轮、弹簧、润滑油等,保护内部其他零件。常见结构有轴孔、通孔、螺纹孔、凸台、圆角、肋板、凹槽等。

箱体类零件的主视图一般按工作位置和反映形状特征来考虑摆放位置并绘制,需采用多个视图、剖视图及其他表达方法。

减速器箱体的零件图如图1-4-60所示,主、俯、左视图都采用局部剖视图,主要表达箱体的内外部结构形状,用局部剖视图和重合断面图表达肋板的形状。

(2)分析视图弄懂结构。箱体类零件主要是在车床上加工,加工位置多变,应按形状特征和加工位置选择主视图,轴线横放。由于结构复杂,一般需要两个主要视图,其他结构形状(如轮辐)可用断面图表示。因箱体是中空的,各个视图具有对称平面时,可作半剖视;无对称平面时,可作全剖视。

(3)分析尺寸及基准。箱体类零件结构复杂,常采用铸造的方法获得毛坯后再进行机械加工,所以零件材料采用铸铁。该箱体上有两个轴承座孔,对减速器的输入轴和输出轴起支撑作用,同时包容齿轮等零件。为使齿轮与轴承有润滑,保证足够的使用寿命,箱体中有适量的润滑油,若润滑油老化,应该及时更换润滑油,因此在箱体下方设计有放油螺栓孔。为保证上下箱体的安装,箱体上设计有凸沿,凸沿上有回油槽,并有6个螺栓孔。为保证箱体轴承座的刚度,设计有肋板。为保证加工、安装的精度,设计有定位销孔。

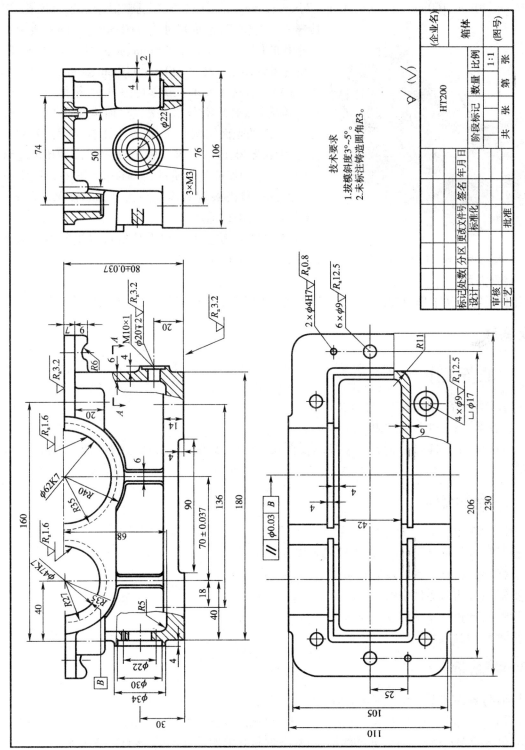

图 1-4-60 减速器箱体零件图

箱体零件图中的高度方向尺寸基准是箱体的下底面,宽度方向的尺寸基准是前后的对称平面,长度方向的尺寸基准是连接凸沿的右侧面。在箱盖的零件图中,视图中的主要定位尺寸有136mm、70mm、160mm、206mm、76mm、74mm、25mm等,分别确定地脚螺栓孔,轴承座孔、连接螺栓孔的位置;定形尺寸有φ62mm,φ47mm,表示轴承座孔的尺寸,肋板的厚度6mm、底板的厚度14mm,箱体壁厚6mm;总体尺寸230mm、110mm、80mm。

(4)了解技术要求。从零件图可知,箱体的上凸沿与箱盖配合,下凸沿与机架配合,轴承座孔与轴承配合,有较高的表面结构要求;轴承座孔有尺寸公差和形位公差要求,保证输入轴与输出轴的平行度和齿轮啮合的精度。为保证装配质量,各轴孔的定形尺寸、定位尺寸均标注有极限偏差或偏差代号,如φ62K7、(70±0.037)mm、φ4H7等。

(5)综合归纳。通过以上分析可以想象出减速器箱体的形状,如图1-4-61所示。

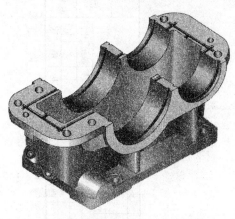

图1-4-61 减速器箱体轴测图

【特别提示】
箱体类零件按工作位置摆放,需要三个或三个以上的视图表达,表达方法较为复杂。

任务实施

一、准备工作

(1)教学设备:制图教室、绘图仪器。
(2)教学资料:PPT课件、模型。
(3)材料与工具:材料与工具:铅笔、橡皮、小刀、胶带、三角板、圆规、绘图纸(A3或A2)等。

二、操作流程

操作任务:识读法兰盘零件图(图1-4-62)。
步骤1:分析零件图,识读该零件的名称、结构特点。
步骤2:分析该零件的表达方案。
步骤3:分析该零件中的尺寸。
步骤4:分析该零件的技术要求。
步骤5:抄画典型零件图。

常见问题解析

【问题】零件图上的技术要求有哪些?
【答】零件图上的技术要求一般有以下几个方面的内容:零件的极限与配合要求;零件的形状和位置公差;零件上各表面的粗糙度;对零件材料的要求和说明;零件的热处理、表面处理和表面修饰的说明;零件的特殊加工、检查、试验及其他必要的说明;零件上某些结构的统一要求,如圆角、倒角尺寸等。

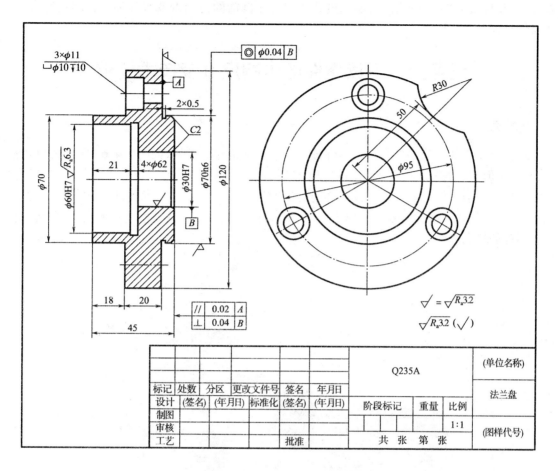

图 1-4-62　法兰盘零件图

任务小结

零件图是加工和检验零件的依据,因此识读零件图是学习机械制图的核心任务,本任务主要介绍零件图的相关知识,通过学习应该达到如下要求:

(1)掌握零件图视图选择的方法及步骤。要做到完整、清晰、合理、看图方便、绘图方便。在此前提下,力求表达简洁。

(2)掌握零件图上尺寸标注方法。零件图的尺寸标注,除了符合组合体尺寸标注的要求外,更重要的是要切合生产实际,因此必须正确地选择尺寸基准。基准的选择既要满足设计要求,也要符合工艺要求。基准一般选择接触面、对称平面、轴线、中心线等。零件图上,设计所要求的重要尺寸必须直接注出,其他尺寸可按加工顺序、测量方便或形体分析进行标注;此外,尺寸标注时不要注成封闭尺寸链;掌握常见零件的工艺结构及其尺寸标注的方法;掌握零件图技术要求的标注方法。

(3)零件间配合部分的尺寸数值必须相同。零件是机器的组成单元,部件是机器的装配单元,配合的性质与精度影响机器的使用性能和使用寿命。

(4)零件图中标注技术要求。图样上的图形和尺寸表达零件形状、尺寸等方面的要求,不能反映在加工精度、配合要求等方面的要求,因此还需有技术要求。技术要求主要包括尺寸公差、形状和位置公差、表面结构、零件热处理和表面修饰的说明以及零件加工、检验、配合、调试、材料等各项要求。

任务三　识读零件图中的尺寸及技术要求

任务引入

任何机器或部件都是由若干个零件按一定的要求装配而成的,如图1-4-63所示的齿轮油泵,它是由形状、结构、大小各不相同的若干种零件装配而成的。机器制造或部件加工必须先依照零件图制造零件。零件图是设计部门提供给生产部门的重要技术文件,反映了设计者的意图,表达了机器或部件对零件的要求,是单个零件结构、大小以及技术要求的图样,是制造和检验零件的依据。

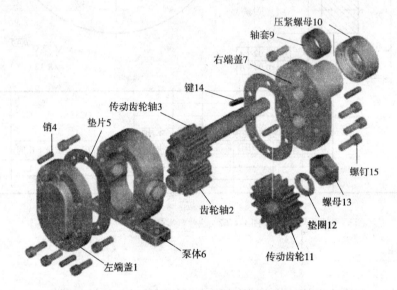

图1-4-63　齿轮油泵结构

零件图不仅仅是把零件的内外结构形状和大小表达清楚,还需要对零件的材料、加工、检验、测量提出必要的技术要求,如图1-4-64所示的转子泵泵体零件图。零件图必须包含制造和检验零件的全部技术资料。

【知识目标】
1. 掌握零件图的常见工艺结构;
2. 掌握零件图中尺寸标注要求及基准选择;
3. 熟悉技术制图的国家标准中有关表面结构、极限与配合、几何公差等内容;
4. 了解表面粗糙度、极限与配合、几何公差的基本概念,掌握标注方法。

【能力目标】
1. 根据国标要求,对零件图中的尺寸选择合理的标注形式;
2. 能识读零件图上几何要素,能在图样中标注几何要素;
3. 掌握其他技术要求在图样中的标注方法;
4. 能计算配合中的间隙与过盈,学会标注其他技术要求,提高作图与识图技能。

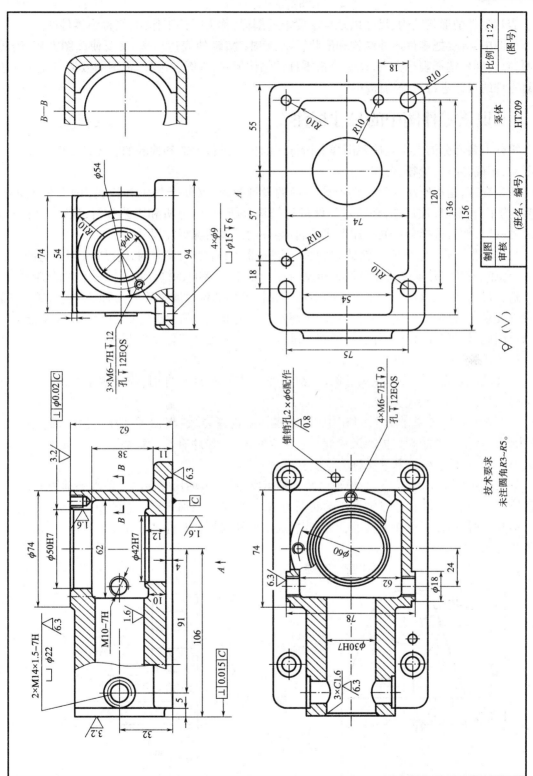

图 1-4-64 泵体零件图

理论知识

表达零件的形状结构、尺寸以及技术要求的图样,称为零件工作图,简称为零件图。

作图中,既要把零件内外结构和形状正确、完整、清晰地表达出来,又要使读图方便、绘图简便,除合理地选择表达方案,认真分析零件的结构形状、视图的选择、视图的数量、画法外,还应对零件的尺寸进行正确的标注。

一、识读零件图中的尺寸标注

零件上各部分的大小是按照图样上所标注的尺寸进行制造和检验的。零件图中的尺寸标注要求:正确、完整、清晰、合理。

所谓合理,是指所注的尺寸既符合零件的设计要求,又便于加工和检验(即满足工艺要求)。为了合理地标注尺寸,必须对零件进行结构分析、形体分析和工艺分析,根据分析先确定尺寸基准,然后选择合理的标注形式,结合零件的具体情况标注尺寸。

尺寸基准。所谓尺寸基准,就是指零件装配到机器上或在加工测量时,用以确定其位置的一些点、线或面。它可以是零件上对称平面、机座的底平面、端面、零件的接合面、主要孔和轴的轴线等。

选择尺寸基准的目的,一是为了确定零件在机器中的位置或零件上几何元素的位置,以符合设计要求;二是为了在制作零件时,确定测量尺寸的起点位置,便于加工和测量,以符合工艺要求。因此,根据基准作用不同,一般将基准分为设计基准和工艺基准两类。

1. 选择、确定尺寸基准

尺寸基准是指图样中标注尺寸的起点(或参考点),标注尺寸时,应先确定基准。一般将基准分为设计基准和工艺基准。

(1)设计基准,是指在设计过程中,根据零件结构特点,或根据零件在机械中的位置、作用,为保证其使用性能而选择的尺寸起点(或参考点)。零件有长、宽、高三个方向,每个方向都要有一个设计基准,该基准又称为主要基准。

如图1-4-65所示轴承座,一根轴由两个轴承座支承,两轴孔应在同一条水平轴线上,所以标注高度方向的尺寸时,应以轴承座的底面为基准,以保证两轴孔到底面的距离相等。标注长度方向尺寸时,应以对称面为基准,以保证底面上两孔与轴孔对称。该底面和长度方向的对称面为设计基准。

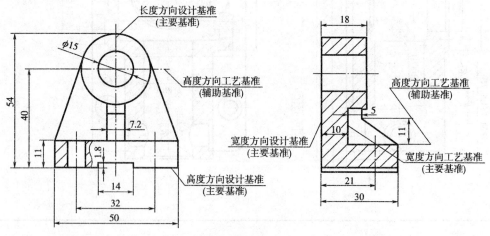

图1-4-65 轴承座的尺寸标注

(2)工艺基准,是根据零件在加工时确定零件装夹位置和刀具位置,并满足测量、安装时的要求而选择的尺寸起点。工艺基准有时可能与设计基准重合,该基准不与设计基准重合时又称为辅助基准。零件同一方向有多个尺寸基准时,主要基准只有一个,其余均为辅助基准,辅助基准必有一个尺寸与主要基准相联系,该尺寸称为联系尺寸。如图1-4-66所示的轴套,在车床上加工时,以左端面为定位面,所以把左端面确定为工艺基准,轴向尺寸以此为基准标注。

选择基准的原则是:尽可能使设计基准与工艺基准一致,以减少两个基准不重合而引起的尺寸误差。当设计基准与工艺基准不一致时,应以保证设计要求为主,将重要尺寸从设计基准注出,次要尺寸从工艺基准注出,以便加工和测量。

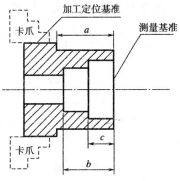

图1-4-66 轴套工艺基准与尺寸标注

如图1-4-67所示阶梯轴,选择轴线为设计基准;选择轴右端面为设计基准,其轴向尺寸112mm、24mm以此端面为基准注出。

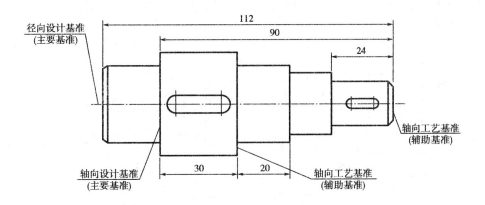

图1-4-67 阶梯轴的设计基准和加工基准

【特别提示】

(1)零件上的重要尺寸应从设计基准直接注出,如图1-4-68所示。

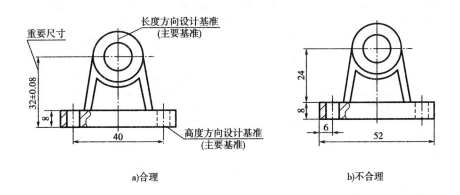

图1-4-68 重要尺寸直接标出

(2)设计基准应尽量与工艺基准一致,可避免尺寸换算,以免给加工带来困难。

如图1-4-69所示衬套,设计基准为右端面,如果选用加工基准为左端面,为保证尺寸(24±0.1)mm的精度,必须换成如图1-4-70所示的数值,由于基准不重合,换算后的尺寸精度就提高了,给加工带来了困难。

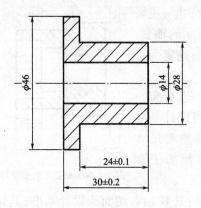
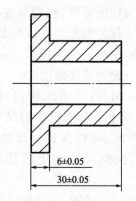

图1-4-69 衬套右端面选作设计基准　　　　图1-4-70 衬套工艺基准与设计基准不重合

(3)标注尺寸时,不允许出现封闭的尺寸链。因为其中一环的尺寸误差都与其他各环的误差有关,如图1-4-71所示。

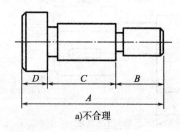
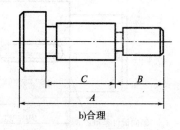

图1-4-71 尺寸链封闭与开口

(4)尺寸标注要便于测量,如图1-4-72所示。

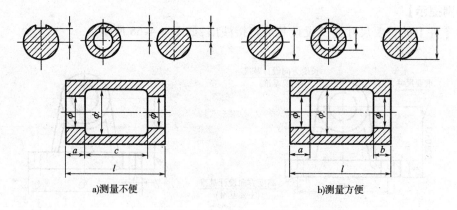

图1-4-72 标注尺寸应考虑测量方便

2.零件图上常见孔的尺寸注法

零件图上常见的螺孔、销孔、沉孔等结构的尺寸注法,要按《机械制图　尺寸注法》(GB/T 4458.4—2003)的具体规定进行标注。见表1-4-3。

表1-4-3　零件图上常见孔的尺寸标注

零件结构类型		标注方法	说　明
螺孔	通孔	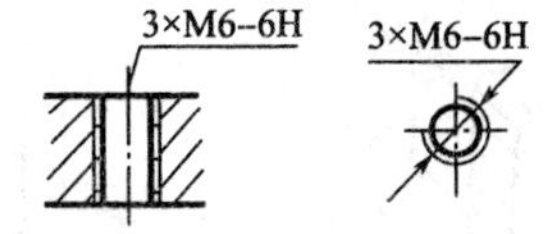 3×M6-6H	3×M6-6H 表示公称直径为6mm，中径和顶径的公差带代号为6H，均匀分布的3个螺孔
螺孔	不通孔	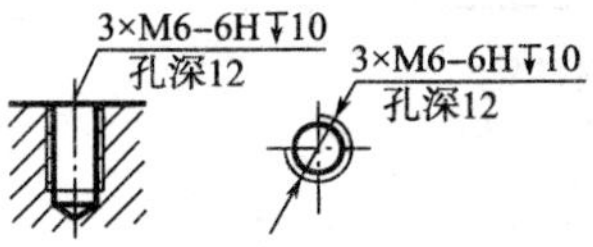 3×M6-6H▼10 孔深12	螺孔深度可与螺孔直径连注；需要注出孔深时，应明确标注孔深尺寸
光孔	一般孔	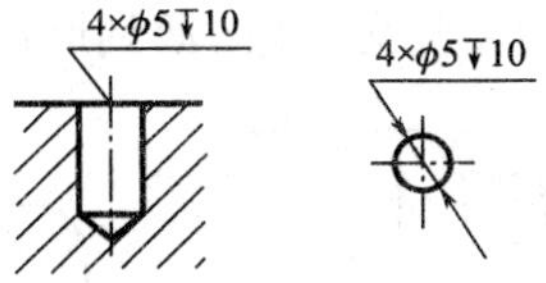 4×φ5▼10	4×φ5▼10 表示直径为5mm，孔深10mm均布的4个光孔；孔深可与孔的直径连注
光孔	锥销孔	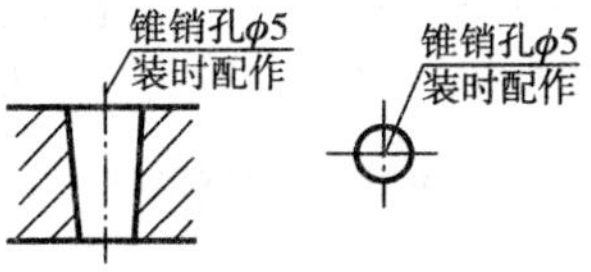 锥销孔φ5 装时配作	φ5 表示与锥形销孔相配的圆锥销小头直径为5mm。锥销孔通常是相邻两零件装配在一起时加工的
沉孔	锪平面	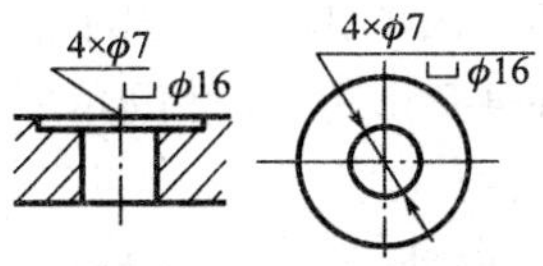 4×φ7 ⌴φ16	锪平面是直径为φ16的浅坑，深度不需标注，一般锪平到不出现毛面为止
沉孔	锥形沉孔	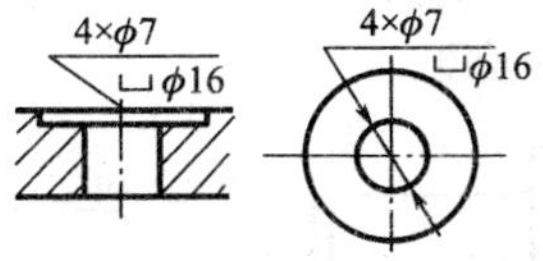 4×φ7 ⌴φ16	4×φ7 表示直径为7mm，均匀分布的4个孔
沉孔	柱形沉孔	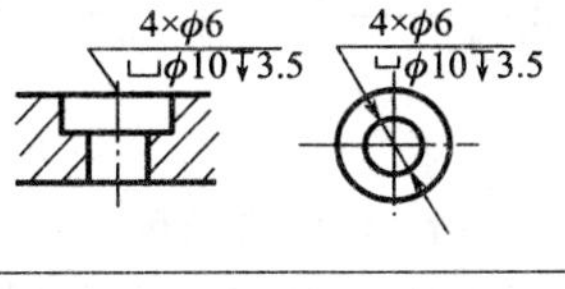 4×φ6 ⌴φ10▼3.5	表示柱形沉孔的小直径φ6，大直径φ10，深度为3.5mm，均需标出
倒角		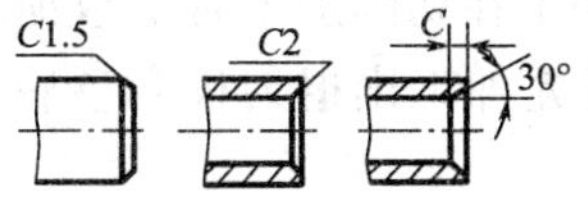 C1.5　C2　C1 30°	倒角 1.5×45°时可注成C1.5；倒角不是45°时，要分开标注

二、识读零件图中的工艺结构

零件的结构不但要满足使用要求，还要考虑加工、制造的要求以及结构的合理性，这样才能提高零件的质量，降低零件的成本。

1. 铸造零件对结构的要求

（1）起模斜度。铸造时，为了能顺利地从砂型中取出模型，在铸件的内壁或外壁上，沿起模方向设计成一定的斜度（一般为1°~3°），称为起模斜度。

如图1-4-73所示为零件无起模斜度与有起模斜度的比较。

(2)铸造圆角。为避免铸件在尖角处产生应力集中而开裂,在铸件表面的转角处作成圆角过渡,称为铸造圆角,如图1-4-74所示。

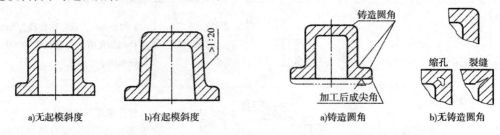

图1-4-73 起模斜度　　　　　　　　　　图1-4-74 铸造圆角

(3)铸件壁厚应均匀。为了保证铸件的质量,以免由于壁厚不均匀致使金属冷却速度不同而造成裂纹或缩孔,铸件壁厚应尽量均匀,或由薄到厚逐渐过渡,如图1-4-75所示。

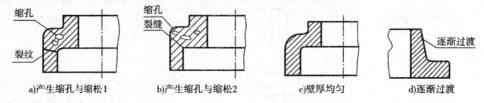

图1-4-75 铸件壁厚应均匀

2. 机械加工对结构的要求

(1)倒角、圆角。轴端或孔口加工出的锥面称为倒角,如图1-4-76a)所示,C表示45°倒角的符号,倒角也可为30°或60°(图1-4-76b)。零件倒角后,可以去除锋利边缘和便于装配时定位和对中。

在阶梯轴或孔中,直径不等的交接处,常加工成环面过渡,称为圆角,如图1-4-76a)所示。采用圆角后,可减少应力集中、增加强度。

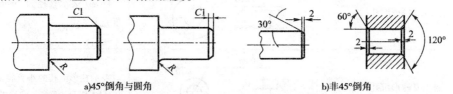

图1-4-76 倒角和圆角

(2)退刀槽和砂轮越程槽。为了在切削加工时不致损坏刀具,使其容易进入和退出,以及装配时相邻零件贴紧,常在台肩处先加工出退刀槽和砂轮越程槽,尺寸按"槽宽×槽深"形式标注,如图1-4-77所示。

(3)工艺凸面和凹坑。为了使零件表面接触良好和减少加工面,常在零件的接触部位设置凸面和凹坑,如图1-4-78所示。

(4)钻孔结构。钻孔时,钻头的轴向应垂直于孔的端面,以保证钻孔准确和避免钻头折断。如孔的端面为斜面或曲面时,可设置凹坑或凸台,同时还要保证钻孔的方便与可能,如图1-4-79所示。

(5)过渡线。铸件及锻件两表面相交时,表面交线因圆角而使其模糊不清,为了方便读图,画图时两表面交线仍按原位置画出,但交线的两端空出不与轮廓线的圆角相交,此交线称为过渡线,如图1-4-80所示。

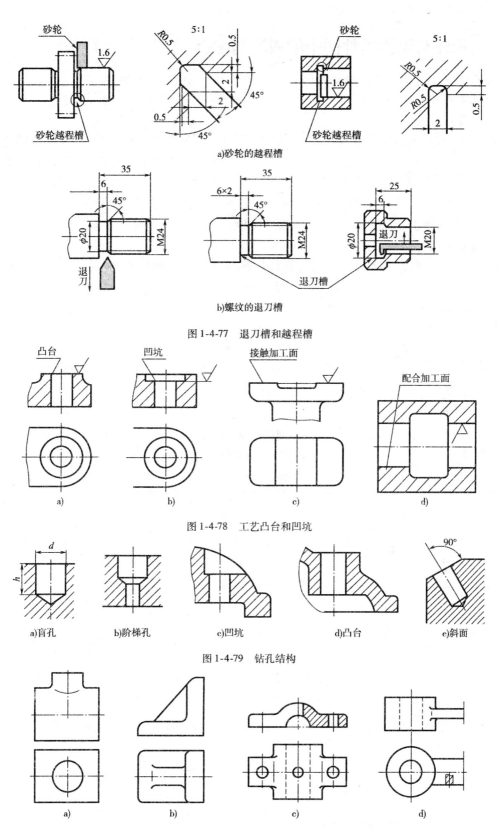

图1-4-77 退刀槽和越程槽

图1-4-78 工艺凸台和凹坑

图1-4-79 钻孔结构

图1-4-80 零件表面的过渡线

三、标注与识读零件图中的极限与配合

零件图除了有一组图形和完整的尺寸外,还应有一定的质量要求,称为技术要求。

技术要求包括:极限与配合、几何公差、表面粗糙度、材料的热处理方法等。

1. 零件的互换性

同一批零件,不经挑选和辅助加工,任取一个就可顺利地装到机器上,并满足机器的性能要求,零件的这种性能称为互换性。零件具有互换性,不仅能组织大批量生产,而且可提高产品的质量、降低成本和便于维修。

保证零件具有互换性的措施:在满足设计要求的条件下,允许零件实际尺寸有一个变动量,这个允许尺寸的变动量称为公差。公差的大小由设计者根据配合要求合理确定。

2. 基本术语

零件在加工过程中,不可能加工得绝对准确,在不影响零件正常工作并具有互换性的前提下,对零件的尺寸规定了一个允许变动的范围,因此形成了极限尺寸。

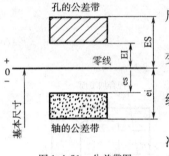

图 1-4-81 公差带图

(1)公差。设计时,根据零件的使用要求所制定的允许尺寸的变动量,称为尺寸公差,简称公差。有关公差的术语见表1-4-4。

(2)公差带。在公差带图中,由代表上、下极限偏差的两条直线所限定的区域称为公差带。如图1-4-81所示就是公差带图。

(3)零线。表示公称尺寸的一条直线,用以确定偏差的一条基准线,以其为基准确定偏差和公差,通常零线沿水平方向绘制,正偏差位于其上,负偏差位于其下(表1-4-4)。

公差的术语解释　　　　　　　　　表1-4-4

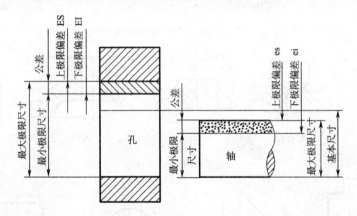

名　称	解　释	计算示例及说明	
		孔	轴
公称尺寸 $D(d)$	由图样规范确定的理想形状要素的尺寸	设 $D = 60$ 的尺寸为 $\phi 60H6\left(^{+0.019}_{0}\right)$	$d = 60$ 的尺寸为 $\phi 60k6\left(^{+0.021}_{+0.002}\right)$
实际尺寸	通过测量所得的尺寸		
极限尺寸	允许的尺寸的两个极端		

续上表

名　称	解　释	计算示例及说明	
		孔	轴
上极限尺寸 $D(d)_{max}$	两个极限尺寸中较大的一个尺寸	$D_{max} = 60.019$	$d_{max} = 60.021$
下极限尺寸 $D(d)_{min}$	两个极限尺寸中较小的一个尺寸	$D_{min} = 60$	$d_{min} = 60.002$
尺寸偏差（简称偏差）	某一实际尺寸减其公称尺寸所得的代数差		
上极限偏差 ES(es)	上极限尺寸减去其公称尺寸所得的代数差	ES = 60.019 - 60 = +0.019	es = 60.021 - 60 = +0.021
下极限偏差 EI(ei)	下极限尺寸减其公称尺寸所得的代数差	EI = 60 - 60 = 0	ei = 60.002 - 60 = +0.002
尺寸公差（简称公差）T	允许零件尺寸的变动量；公差等于上极限尺寸与下极限尺寸代数差的绝对值，或等于上极限偏差与下极限偏差的代数差的绝对值	$T = 60.019 - 60 = 0.019$	$T = 60.021 - 60.002 = 0.019$

(4) 标准公差。公差带由"公差带大小"和"公差带位置"这两个要素组成。"公差带大小"由标准公差确定，"公差带位置"由基本偏差确定。

标准公差是标准所规定的，用以确定公差带大小的任一公差。标准公差分为20个等级，即：IT01、IT0、IT1～IT18。IT表示公差，数字表示公差等级，从IT01～IT18依次降低。

(5) 基本偏差。基本偏差是标准所规定的，用以确定公差带相对零线位置的上极限偏差或下极限偏差，一般指靠近零线的那个偏差，如图1-4-82所示。当公差带在零线的上方时，基本偏差为下极限偏差；反之，则为上极限偏差。

国家标准分别对孔和轴各规定了28种公差带位置，其位置由基本偏差确定。轴与孔的基本偏差代号用拉丁字母表示，大写为孔、小写为轴，各有28个。其中，H(h)的基本偏差为零，常作为基准孔或基准轴的偏差代号，如图1-4-83所示。

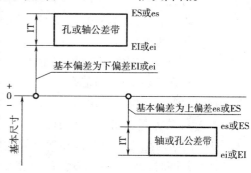

图1-4-82　基本偏差示意图

由图1-4-83可看出，轴基本偏差从a～h为上极限偏差，从j～zc为下极限偏差。js没有基本偏差，它的公差带对称地分布在零线的两侧，表明上、下极限偏差各为标准公差的一半，即 es = $+\frac{IT}{2}$，ei = $-\frac{IT}{2}$，在基本偏差表中写成 $\pm\frac{IT}{2}$。

孔的基本偏差从A～H为下极限偏差，从J～ZC为上极限偏差。JS没有基本偏差，它的公差带对称地分布在零线两侧，表明上、下极限偏差各为标准公差的一半，即 ES = $+\frac{IT}{2}$，EI = $-\frac{IT}{2}$，在基本偏差表中写成 $\pm\frac{IT}{2}$。

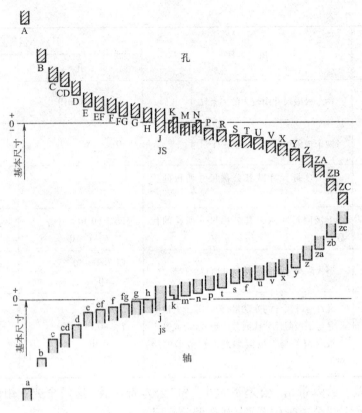

图 1-4-83　基本偏差系列示意图

(6) 孔、轴公差带代号。孔、轴公差带代号，由基本偏差代号与公差等级代号组成。例如，$\phi30H8$，表示基本尺寸为 $\phi30$，基本偏差为 H，公差等级为 8 级的孔的公差带。又如 $\phi30g7$，表示基本尺寸为 $\phi30$，基本偏差为 g，公差等级为 7 级的轴的公差带。

3. 配合的基本概念

极限与配合是零件图和装配图中一项重要的技术要求，也是检验产品质量的技术指标。国家质量监督检验检疫总局颁布了《产品几何技术规范(GPS)　极限与配合　第 1 部分：公差、偏差和配合的基础》(GB/T 1800.1—2009)、《产品几何技术规范(GPS)　极限与配合　第 2 部分：标准公差等级和孔、轴极限偏差表》(GB/T 1800.2—2009)以及《产品几何技术规范(GPS)　极限与配合　公差带和配合的选择》(GB/T 1801—2009)。

制造零件时，为了使零件具有互换性，要求零件的尺寸在一个合理范围之内，由此就规定了极限尺寸。制成后的实际尺寸，应在规定的上极限尺寸和下极限尺寸范围内。允许尺寸的变动量称为尺寸公差，简称公差。有关公差的术语，以圆柱孔尺寸 $\phi(30\pm0.010)$ mm 为例，如图 1-4-84 所示。

基本尺寸相同，相互结合的孔和轴的公差带之间的关系，称为配合。根据使用要求的不同，孔与轴之间的配合有松有紧，"松"则出现间隙，"紧"则出现过盈。国家标准规定配合分三类：间隙配合、过盈配合和过渡配合。

(1) 间隙配合。具有间隙(包括最小间隙等于 0)的配合，孔的公差带在轴的公差带之上，如图 1-4-85 所示。孔和轴配合时，孔的尺寸减去相配合轴的尺寸，其代数差为正值为间隙。具有间隙的配合称为间隙配合。

(2) 过盈配合。具有过盈(包括最小过盈等于 0)的配合，孔的公差带在轴的公差带之下，如图 1-4-86 所示。孔和轴配合时,孔的尺寸减去相配合轴的尺寸,其代数差为负值为过盈。具有过盈的配合称为过盈配合。

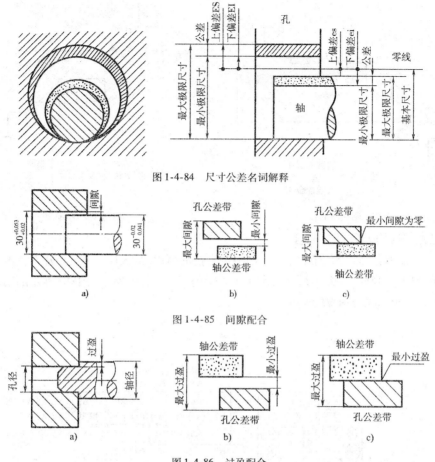

图 1-4-84　尺寸公差名词解释

图 1-4-85　间隙配合

图 1-4-86　过盈配合

(3)过渡配合。可能具有间隙或过盈的配合。孔和轴的公差带相互交叠,如图 1-4-87 所示。

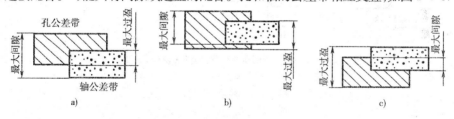

图 1-4-87　过渡配合公差带图解

4.配合的基准制

当基本尺寸确定后,为了得到孔与轴之间各种不同性质的配合,又便于设计和制造,降低成本,国家标准规定了两种不同的基准制,即基孔制和基轴制。在一般情况下优先选用基孔制。如有特殊需求,允许将任一孔、轴公差带组成配合。

(1)基孔制。基本偏差为一定的孔的公差带,与不同基本偏差的轴的公差带形成各种配合的一种制度,称为基孔制。基孔制的孔称为基准孔,基本偏差为 H,其下极限偏差为零,如图 1-4-88 所示。

(2)基轴制。基本偏差为一定的轴的公差带,与不同基本偏差孔的公差带形成的各种配合的一种制度,称为基轴制。基轴制的轴,称为基准轴,基本代号为 h,其上极限偏差为零,如图 1-4-89 所示。

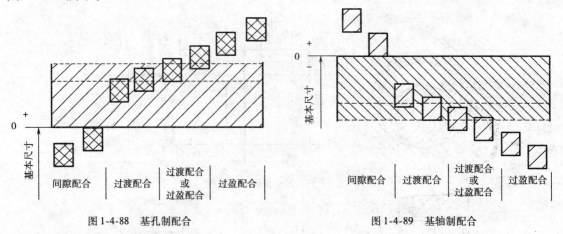

图 1-4-88　基孔制配合　　　　　　　　图 1-4-89　基轴制配合

(3) 优先与常用公差带及配合。

①优先与常用孔、轴公差带:《产品几何技术规范(GPS) 极限与配合 公差带和配合的选择》(GB/T 1801—2009)对工程尺寸≤50mm 范围内,规定了优先、常用和一般用途的孔、轴公差带,如图 1-4-90 和图 1-4-91 所示。

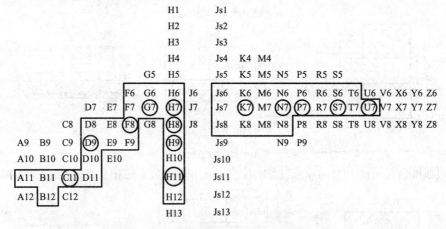

图 1-4-90　优先、常用和一般用途的孔的公差带(摘自 GB/T 1801—2009)

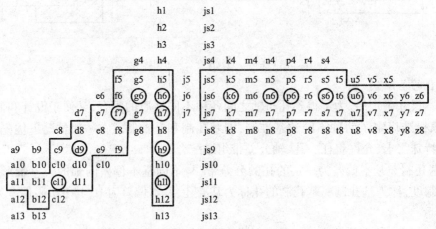

图 1-4-91　优先、常用和一般用途的轴的公差带(摘自 GB/T 1801—2009)

选择时,应优先选择圆圈内的公差带,其次选择方框中的公差带,最后选用其他的公差带。对于这些公差带,GB/T 1801—2009 制定了孔、轴极限偏差表,使用时可直接查附录。

②优先与常用配合:国标还规定了优先与常用配合。基孔制和基轴制的优先与常用配合见表 1-4-5 和表 1-4-6。

基孔制优先、常用配合(摘自 GB/T 1801—2009) 表 1-4-5

基准孔	轴																			
	a	b	c	d	e	f	g	h	js	k	m	n	p	r	s	t	u	v	x	y	z
	间隙配合								过渡配合			过盈配合								
H6						$\frac{H6}{f5}$	$\frac{H6}{g5}$	$\frac{H6}{h5}$	$\frac{H6}{js5}$	$\frac{H6}{k5}$	$\frac{H6}{m5}$	$\frac{H6}{n5}$	$\frac{H6}{p5}$	$\frac{H6}{r5}$	$\frac{H6}{s5}$	$\frac{H6}{t5}$					
H7						$\frac{H7}{f6}$▼	$\frac{H7}{g6}$▼	$\frac{H7}{h6}$▼	$\frac{H7}{js6}$	$\frac{H7}{k6}$▼	$\frac{H7}{m6}$	$\frac{H7}{n6}$▼	$\frac{H7}{p6}$▼	$\frac{H7}{r6}$	$\frac{H7}{s6}$▼	$\frac{H7}{t6}$	$\frac{H7}{u6}$▼	$\frac{H7}{v6}$	$\frac{H7}{x6}$	$\frac{H7}{y6}$	$\frac{H7}{z6}$
H8					$\frac{H8}{e7}$	$\frac{H8}{f7}$	$\frac{H8}{g7}$	$\frac{H8}{h7}$▼	$\frac{H8}{js7}$	$\frac{H8}{k7}$	$\frac{H8}{m7}$	$\frac{H8}{n7}$	$\frac{H8}{p7}$	$\frac{H8}{r7}$	$\frac{H8}{s7}$	$\frac{H8}{t7}$	$\frac{H8}{u7}$				
				$\frac{H8}{d8}$	$\frac{H8}{e8}$	$\frac{H8}{f8}$		$\frac{H8}{h8}$													
H9			$\frac{H9}{c9}$	$\frac{H9}{d9}$▼	$\frac{H9}{e9}$	$\frac{H9}{f9}$		$\frac{H9}{h9}$▼													
H10			$\frac{H10}{c10}$	$\frac{H10}{d10}$				$\frac{H10}{h10}$													
H11	$\frac{H11}{a11}$	$\frac{H11}{b11}$	$\frac{H11}{c11}$▼	$\frac{H11}{d11}$				$\frac{H11}{h11}$▼													
H12		$\frac{H12}{b12}$						$\frac{H12}{h12}$													

注:1. $\frac{H6}{n5}$、$\frac{H7}{p6}$ 在基本尺寸≤3mm 和 $\frac{H7}{r7}$ 的基本尺寸≤100mm 时,为过渡配合;

2. 标注▼符号者为优先配合。

基轴制优先、常用配合(摘自 GB/T 1801—2009) 表 1-4-6

基准孔	孔																			
	A	B	C	D	E	F	G	H	Js	K	M	N	P	R	S	T	U	V	X	Y	Z
	间隙配合								过渡配合			过盈配合								
h5						$\frac{F6}{h5}$	$\frac{G6}{h5}$	$\frac{H6}{h5}$	$\frac{Js6}{h5}$	$\frac{K6}{h5}$	$\frac{M6}{h5}$	$\frac{N6}{h5}$	$\frac{P6}{h5}$	$\frac{R6}{h5}$	$\frac{S6}{h5}$	$\frac{T6}{h5}$					
h6						$\frac{F7}{h6}$	$\frac{G7}{h6}$▼	$\frac{H7}{h6}$▼	$\frac{Js7}{h6}$	$\frac{K7}{h6}$▼	$\frac{M7}{h6}$	$\frac{N7}{h6}$▼	$\frac{P7}{h6}$▼	$\frac{R7}{h6}$	$\frac{S7}{h6}$▼	$\frac{T7}{h6}$	$\frac{U7}{h6}$▼				
h7					$\frac{E8}{h7}$	$\frac{F8}{h7}$▼		$\frac{H8}{h7}$	$\frac{Js8}{h7}$	$\frac{K7}{h7}$	$\frac{M7}{h7}$	$\frac{N7}{h7}$									
h8				$\frac{D8}{h8}$	$\frac{E8}{h8}$	$\frac{F8}{h8}$		$\frac{H8}{h8}$													
h9				$\frac{D9}{h9}$▼	$\frac{E9}{h9}$	$\frac{F9}{h9}$		$\frac{H9}{h9}$▼													
h10				$\frac{D10}{h10}$				$\frac{H10}{h10}$													
h11	$\frac{A11}{h11}$	$\frac{B11}{h11}$	$\frac{C11}{h11}$▼	$\frac{D11}{h11}$				$\frac{H11}{h11}$▼													
h12		$\frac{B12}{h12}$						$\frac{H12}{h12}$													

注:标注▼符号者为优先配合。

5. 配合的选择

（1）优先选择基孔制。采用基孔制可以减少刀、量具的规格数目，有利于刀、量具的标准化、系列化，经济合理、使用方便。

（2）有明显经济效益时选用基轴制。如用冷拉钢做轴时，由于其精度（可达IT8）已能满足设计要求，故不再加工；又如，滚动轴承的外圈与孔相配合，往往采用基轴制。

（3）一轴多孔配合选用基轴制。如图1-4-92所示，活塞连杆机构中，活塞销与活塞孔的配合要求紧些（$\frac{N6}{h5}$），而活塞销与连杆孔的配合要求松些（$\frac{H6}{h5}$）。若采用基孔制，则活塞孔与连杆孔的公差带相同，而活塞销只能按两种公差带来加工制成阶梯形。这种活塞销不但加工不方便，且装配时易刮伤连杆孔。反之，采用基轴制，则活塞按一种公差带加工，而活塞孔和连杆孔按不同的公差带加工，来获得两种不同的配合，加工方便，并能顺利装配。

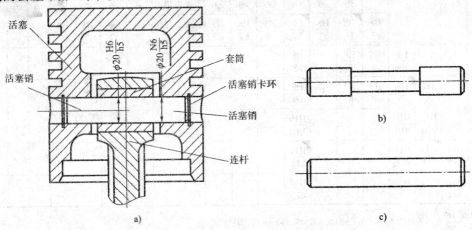

图1-4-92 活塞连杆机构中配合代号

6. 极限与配合的标注

（1）在装配图中的标注方法。配合的代号由两个相互结合的孔和轴的公差带的代号组成，必须在基本尺寸的右边，用分数形式注出，分子为孔的公差带代号，分母为轴的公差带代号，如图1-4-93所示。

根据配合代号可将装配图拆分成零件图，以进行零件的加工和检验。基孔制与基轴制配合代号及零件的拆分如图1-4-94所示。

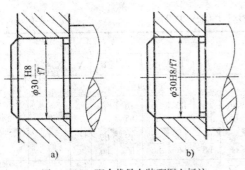

图1-4-93 配合代号在装配图上标注

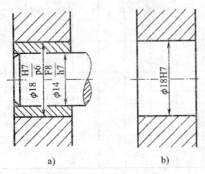 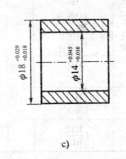 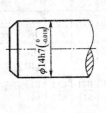

图1-4-94 配合代号在装配图中的标注与拆分

(2) 尺寸公差在零件图上标注。在零件图中的标注形式有三种：标注基本尺寸及上、下极限偏差值（常用方法）或既注公差带代号又标注上、下极限偏差，或只注公差带代号，如图 1-4-95 所示。

用于大批量生产的零件图，只注公差带代号，如图 1-4-95a) 所示。

用于单件、中小批量生产的零件图，只注极限偏差，如图 1-4-95b) 所示。标注时应注意，上、下极限偏差绝对值不同时，偏差数字用比基本尺寸数字小一号的字体书写。下极限偏差应与基本尺寸注写在同一底线上。若某一偏差为零时，数字"0"不能省略，必须标出，并与另一偏差的整数个位对齐。若上、下极限偏差绝对值相同符号相反时，则偏差数字只写一个，并与基本尺寸数字字号相同。

产量不定时，公差带代号和偏差数值同时标注，如图 1-4-95c) 所示。此时，其极限偏差应加上圆括号。

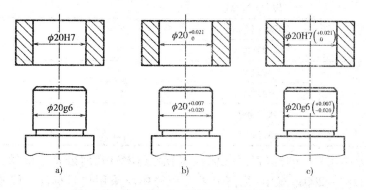

图 1-4-95　公差带代号、极限偏差在零件图上标注

四、识读零件图中的几何公差

1. 几何公差

加工后的零件不仅存在尺寸误差，而且几何形状和相对位置也存在误差。为了满足零件的使用要求和保证互换性，零件的几何形状和相对位置由形状公差和位置公差来保证。

(1) 形状误差和公差：形状误差是指单一实际要素的形状对其理想要素形状的变动量。单一实际要素的形状所允许的变动全量称为几何公差。

(2) 位置误差和公差：位置误差是指关联实际要素的位置对其理想要素位置的变动量。理想位置由基准确定。关联实际要素的位置对其基准所允许的变动全量称为位置公差。

形状公差和位置公差简称几何公差。

(3) 几何公差项目及符号：国家标准规定了 14 个几何公差项目。

(4) 公差带及其形状：公差带是由公差值确定的限制实际要素（形状和位置）变动的区域。公差带的形状有：两平行直线、两平行平面、两等距曲面、圆、两同心圆、球、圆柱、四棱柱及两同轴圆柱。

零件加工过程，不仅尺寸公差要得到保证，而且对零件要素（点、线、面）的形状和位置的准确度提出要求。为此，国家标准规定了几何公差。

2. 几何公差的符号

(1) 几何公差特征项目符号。国家标准规定几何公差共有 14 个项目，各项目的名称及对应符号见表 1-4-7。

几何公差特征项目的符号　　　　　　　　　　　表1-4-7

公差类型	几何特征	符号	有无基准
形状公差	直线度	—	无
	平面度	▱	无
	圆度	○	无
	圆柱度	⌭	无
方向公差	平行度	∥	有
	垂直度	⊥	有
	倾斜度	∠	有
位置公差	位置度	⊕	有
	同轴度（用于中心点）	◎	有
	同轴(同心)度	◎	有
	对称度	≡	有
跳动公差	圆跳动	↗	有
	全跳动	⌮	有
轮廓(形状、方向或位置)公差	线轮廓度	⌒	有或无
	面轮廓度	⌒	有

（2）几何公差的代号。国标《产品几何技术规范（GPS）几何公差　形状、方向、位置和跳动公差》（GB/T 1182—2008）规定，几何公差在图样中应采用代号标注。代号由公差项目符号、框格、指引线、公差数值和其他有关符号组成。几何公差应采用代号标注在图样上，当无法采用代号标注时，允许在技术要求中用文字说明。

几何公差框格用细实线绘制，可画两格或多格，可水平或垂直置放，框格的高度是图样中尺寸数字高度的二倍，框格的长度根据需要而定。框格中的数字、字母和符号与图样中的数字同高，框格内从左到右（或从上到下）填写的内容为：第一格为几何公差项目符号，第二格为几何公差数值及其有关符号，后边的各格为基准代号的字母及有关符号，如图1-4-96所示。

（3）基准代号与基准要素的注法。对有位置公差要求的零件，在图样上要注明基准代号，基准代号如图1-4-97所示。

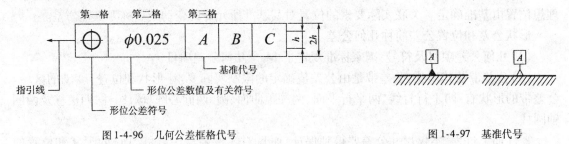

图1-4-96　几何公差框格代号　　　　　　　　　图1-4-97　基准代号

标注位置公差的基准，要用基准代号。基准用大写字母表示，字母标注在基准方格内，与一个涂黑的或空白的三角形相连表示基准。基准代号是细实线方格，无论基准代号在图样上的方向如何，方格内的字母均应水平填写，如图1-4-98b）所示。表示基准的字母也应注在公差框格内，如图1-4-98所示。

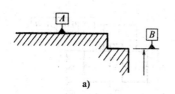 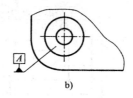

图 1-4-98　基准要素为轮廓要素的注法

【特别提示】

①当基准要素为轮廓要素(素线或表面)时,基准代号应靠近该要素的轮廓线或其引出线标注,并与尺寸线错开,如图 1-4-98a)所示。

②基准符号可置于用圆点指向实际表面的参考线上,如图 1-4-98b)所示。

③当基准是轴线或中心平面或由带尺寸的要素确定的点时,基准符号、箭头应与相应要素尺寸线对齐,如图 1-4-99 所示。

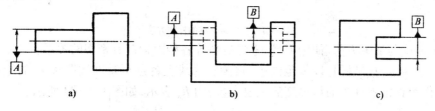

图 1-4-99　基准要素为中心要素的注法

(4)被测要素的注法。用带箭头的指引线将被测要素与公差框格的一端相连。指引线箭头应指向公差带的宽度方向或直径方向。指引线用细实线绘制,可以不转折或转折一次(通常为垂直转折)。

指引线箭头按下列方法与被测要素相连:

①当被测要素为线或表面时,指引线箭头应指在该要素的轮廓线或其延长线上,并应明显地与该要素的尺寸线错开,如图 1-4-100a)所示。

②当被测要素为轴线、球心或中心平面时,指引线箭头应与该要素的尺寸线对齐,如图 1-4-100b)所示。

③当被测要素为整体轴线或公共对称平面时,指引线箭头可直接指在轴线或对称线上,如图 1-4-100c)所示。

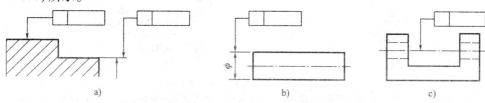

图 1-4-100　几何公差框格代号(一)

④同一要素有多项几何公差要求时,可采用框格并列标注,如图 1-4-101a)所示。多处要素有相同的几何公差要求时,可在框格指引线上绘制多个箭头,如图 1-4-101b)所示。

⑤任选基准时的标注方法如图 1-4-102 所示。

3. 表面粗糙度(GB/T 3505—2009、GB/T 131—2006)

(1)表面粗糙度的基本概念。零件表面无论加工得多么光滑,将其放在放大镜或显微镜下观察,总可以看到不同程度的峰、谷凸凹不平的情况。零件表面由较小的间距和峰谷组成的微量高低不平的痕迹,称为表面粗糙度,如图 1-4-103 所示。

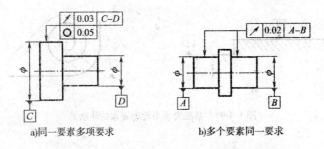

a) 同一要素多项要求　　　　b) 多个要素同一要求

图 1-4-101　几何公差框格代号（二）

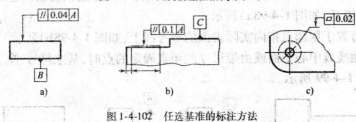

图 1-4-102　任选基准的标注方法

表面粗糙度与加工方法、使用刀具、零件材料等各种因素都有密切的关系。

国家标准规定：在试样长度 L 范围内，被测轮廓线上各点至基准线距离 y_i 的绝对值的算术平均值，作为评定零件表面粗糙度的主要参数，用 R_a 表示，如图 1-4-104 所示。

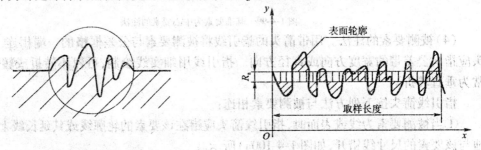

图 1-4-103　表面粗糙度概念（零件表面微观不平的情况图）　　　图 1-4-104　轮廓算术平均偏差 R_a

表面粗糙度常用轮廓算术平均值 R_a（单位：μm）来作为评定参数，它是在取样长度 L 内，轮廓偏距 Y 的绝对值的算术平均值，在位置 a、b 处注写表面粗糙度，示例如图 1-4-105 所示。

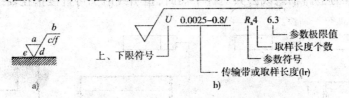

图 1-4-105　表面粗糙度参数的注写

a-粗糙度高度参数代号及其数值；b-加工要求、镀覆、涂覆、表面处理或其他说明；c-取样长度或波纹度（单位为 mm）；d-加工纹理方向符号；e-加工余量（单位为 mm）；f-粗糙度间距参数值（单位为 mm）或轮廓支承长度率

零件表面有配合要求或有相对运动要求的表面，R_a 值要求小。R_a 值越小，表面质量就越高，加工成本也高。在满足使用要求的情况下，应尽量选用较大的 R_a 值，以降低加工成本。

此外，国家标准规定还可以采用轮廓最大高度 R_z 作为评定参数。

表面粗糙度是评定零件表面质量的一项重要的技术指标，对于零件的配合性、耐磨性、抗腐蚀性、密封性都有影响。

（2）表面粗糙度的选用。表 1-4-8 列举了表面粗糙度参数值，常用的 R_a 值与加工方法见表 1-4-8。供选用参考。

表面粗糙度的表面特征、加工方法和应用举例　　　　　　表1-4-8

表面微观特性	R_a (μm)	R_z (μm)	加工方法	应用举例
可见加工痕迹	>5~10	>20~40	车、刨、铣、镗、钻、粗铰	轴上非配合表面,紧固件的自由装配表面,轴和孔的退刀槽
微见加工痕迹	>2.5~5	>10~20	车、刨、铣、镗、磨、拉、粗刮、滚压	箱体、支架、套筒无配合要求的表面,需要发蓝的表面
看不清加工痕迹	>1.25~2.5	>6.3~10	车、刨、铣、镗、磨、拉、刮、滚压、铣齿	箱体上安装轴承的镗孔表面,齿轮的工作面
可辨加工痕迹方向	>0.63~1.25	>3.2~6.3	车、镗、磨、拉、刮、精铰、磨齿、滚压	圆柱销、圆锥销、与滚动轴承配合的表面,内、外花键定心表面
微辨加工痕迹方向	>0.32~0.63	>1.6~3.2	磨、刮、精铰、精镗、滚压	要求配合稳定的配合表面,较高精度的车床导轨表面
不可辨加工痕迹方向	>0.16~0.32	>0.8~1.6	精磨、珩磨、研磨、超精加工	发动机曲轴,凸轮轴工作表面,高精度齿轮表面
暗光泽面	>0.08~0.16	>0.4~0.8	精磨、研磨、普通抛光	汽缸套内表面,活塞销表面
亮光泽面	>0.04~0.08	>0.2~0.4	超精磨、精抛光、镜面磨削	高压液压泵中柱塞和柱塞配合的表面

(3)表面粗糙度的标注。

①表面粗糙度的符号与注写。《产品几何技术规范(GPS) 技术产品文件中表面结构的表示方法》(GB/T 131—2006)规定了五种表面粗糙度的符号,见表1-4-9。由于R_a是目前生产上使用最广泛的粗糙度参数,标注时将R_a字样省略不注。在符号上可同时填写R_a上限值与下限值,如果只注写一个数值,则表示为上限值。

表面粗糙度参数的注写时,应注写在符号所规定的位置上,如图1-4-105a)所示。

表面粗糙度的符号和意义　　　　　　表1-4-9

符　号	意　义	符号画法
 ∨	基本符号,表示表面可用任何方法获得。当不加注表面结构或有关说明时,仅用于简化代号标注	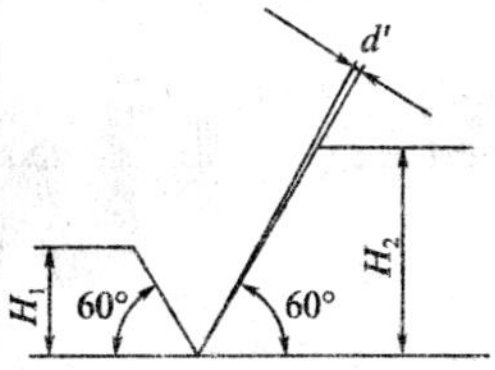 $H_1 = 1.4h$ $H_2 = 2.8h$ $d' = 0.1h$ h-字高
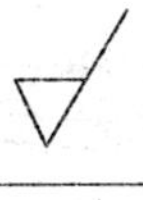 ∀	基本符号上加一短划,表示是用去除材料的方法获得表面结构。例如,车、铣、钻、磨、剪切、抛光腐蚀、电火花加工等	
 ∀ (with circle)	基本符号上加一小圆,表示表面结构是用不去除材料的方法获得。例如,锻、铸、冲压、变形、热轧、冷轧、粉末冶金等或是用于保持原供应状态的表面	
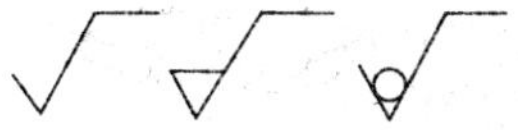 (三个符号加横线)	在上述三个符号的长边均可加一横线,用于标注表面结构特征补充信息	
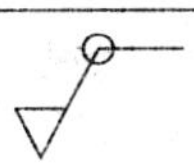 (带圆圈)	表示在图样某个视图上构成封闭轮廓的各表面有相同的表面结构要求	
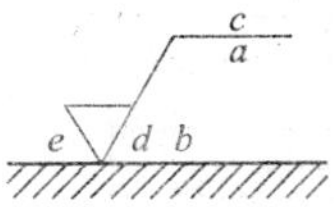 (带a,b,c,d,e标注示意)	a—注写表面结构的单一要求; b—注写两个或多个表面结构要求; c—注写加工方法; d—注写纹理和方向; e—注写加工余量(mm)	

②表面粗糙度代号(R_a)的读解。在表面粗糙度符号上注写所要求的表面特征参数后,即构成表面粗糙度代号。表面粗糙度代号(R_a)的含义见表1-4-10。

表面粗糙度代号(R_a)的读解　　　　　　　表1-4-10

符号	意义/解释
$\sqrt{R_z 0.4}$	表示不允许去除材料,单向上限值,默认传输带,R 轮廓,粗糙度图形最大深度 0.4μm,评定长度为 5 个取样长度(默认),"16% 规则"(默认)
$\sqrt{R_z \max 0.2}$	表示去除材料,单向上限值,R 轮廓,粗糙度最大高度的最大值 0.2μm,评定长度为 5 个取样长度(默认),"16% 规则"(默认)
$\sqrt{0.008 - 0.8/R_a 3.2}$	表示去除材料,单向上限值,传输带 $\lambda_s = 0.008 - 0.8$ mm,R 轮廓,算术平均偏差 3.2μm,评定长度为 5 个取样长度(默认),"16% 规则"(默认)
$\sqrt{-0.8/R_a 3\ 3.2}$	表示去除材料,单向上限值,根据 GB/T 6062—2009,取样长度 0.8μm,λ_s 默认 0.0025mm,R 轮廓,算术平均偏差 3.2μm,评定长度包括 3 个取样长度,"16% 规则"(默认)
$\sqrt{0.008 - /P_{t\max} 25}$	表示去除材料,单向上限值,传输带 $\lambda_s = 0.008$ mm,无长波滤波器,P 轮廓,轮廓总高 25μm,评定长度等于工件长度(默认),"最大规则"
$\sqrt{0.0025 - 0.1/R_x 0.2}$	表示任意加工方法,单向上限值,传输带 $\lambda_s = 0.0025$ mm,$A = 0.1$ mm,评定长度 3.2μm(默认),粗糙度图形参数,粗糙度图形最大深度 0.2μm,"16% 规则"(默认)
$\sqrt{10/R10}$	表示不允许去除材料,单向上限值,传输带 $\lambda_s = 0.008$ mm,$A = 0.5$ mm(默认)评定长度 10mm,粗糙度图形参数,粗糙度图形最大深度 10μm,"16% 规则"(默认)
$\sqrt{w1}$	表示去除材料,单向上限值,传输带 $A = 0.5$ mm(默认),$B = 2.5$ mm(默认),评定长度 10mm,波纹度图形参数,波纹度图形平均深度 1mm,"16% 规则"(默认)

③表面纹理的标注。表面纹理的标注如表1-4-11所示。

表面纹理的标注　　　　　　　表1-4-11

符号	解释和示例	
=	纹理平行于视图所在的投影面	
⊥	纹理垂直于视图所在的投影面	
×	纹理呈两斜向交叉,且与视图所在的投影面相交	
M	纹理呈多方向	

续上表

符 号	解释和示例	
C	纹理呈近似同心圆,且圆心与表面中心有关	
R	纹理呈近似放射状,且圆心与表面中心有关	
P	纹理呈微粒、突起、无方向	

④**有关检验规范的基本术语**。检验评定表面结构参数值必须在特定条件下进行。国家标准规定,图样中注写参数代号及其数值要求的同时,还应明确其检验规范。有关检验规范方面的基本术语有取样长度、评定长度、滤波器和传输带以及极限值判断规则。

A. 传输带即是评定时的滤波器的波长范围。默认传输带的截止波长值 $\lambda_c = 0.8$mm(长波滤波器)和 $\lambda_s = 0.0025$mm(短波滤波器)。

B. 取样长度和评定长度。以粗糙度高度参数的测量为例,由于表面轮廓的不规则性,测量结果与测量段的长度密切相关,当测量段过短,各处的测量结果会产生很大差异,但当测量段过长,则测得的高度值中将不可避免地包含了波纹度的幅值。因此,在 X 轴上选取一段适当长度进行测量,这段长度称为取样长度 lr。但是,在每一取样长度内的测得值通常是不等的,为取得表面粗糙度最可靠的值,一般取几个连续的取样长度进行测量,并以各取样长度内测量值的平均值作为测得的参数值。这段在 X 轴方向上用于评定轮廓并包含着一个或几个取样长度的测量段称为评定长度。当参数代号后未注明时,评定长度默认为 5 个取样长度,否则应注明个数。例如,$R_z0.4$、$R_a3\ 0.8$、$R_z1\ 3.2$ 分别表示评定长度为 5 个(默认)、3 个、1 个取样长度。

C. 极限值判断规则。完工零件的表面按检验规范测得轮廓参数值后,需与图样上给定的极限比较,以判定其是否合格。极限值判断规则有两种:

a. 16% 规则。运用本规则时,当被检表面测得的全部参数值中,超过极限值的个数不多于总个数的 16% 时,该表面是合格的。

b. 最大规则。运用本规则时,被检的整个表面上测得的参数值一个也不应超过给定的极限值。16% 规则是所有表面结构要求标注的默认规则。即当参数代号后未注写"max"字样时,均默认为应用 16% 规则(例如 $R_a0.8$)。反之,则应用最大规则(例如 $R_{amax}0.8$)。

4. 表面粗糙度在图样上的标注

表面结构要求对每一表面一般只标注一次,并尽可能标注在相应尺寸及其公差的同一视图上。除非另有说明,所标注的表面结构要求是对完工零件表面的要求。

(1)表面结构的注写与读取方向同尺寸的注写与读取方向一致,如图 1-4-106 所示。

(2)表面结构要求可标注在轮廓线上,其符号应从材料外指向并接触表面。必要时,表面结构符号也可用带箭头或黑点的指引线引出标注,如图 1-4-107、图 1-4-108a)、图 1-4-108b)所示。

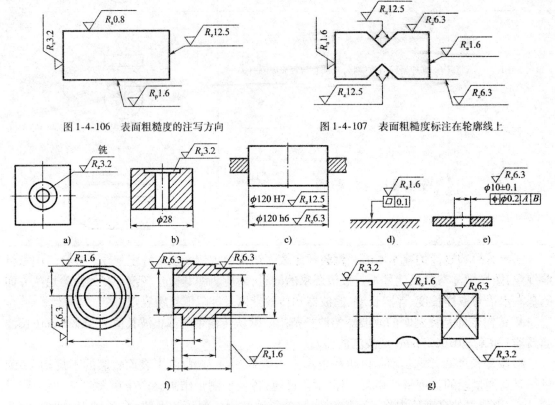

图 1-4-108 表面粗糙度标注方法

(3)在不致引起误解时,表面结构要求可以标注在给定的尺寸线上,如图 1-4-108c)所示。

(4)表面结构要求可标注在几何公差框格的上方,如图 1-4-108d)、图 1-4-108e)所示。

(5)表面结构要求可以直接标注在延长线上,或用带箭头的指引线引出标注,如图 1-4-108f)所示。

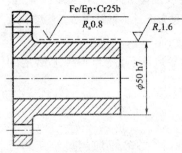

图 1-4-109 同时给出镀覆前后的表面结构要求的注法

(6)圆柱和棱柱表面的表面结构要求只标注一次,如果每个棱柱表面有不同的表面结构要求,则应分别单独标注,如图 1-4-108g)所示。

(7)由几种不同的工艺方法获得的同一表面,当需要明确每种工艺方法的表面结构要求时,可按图 1-4-109 进行标注。

Fe/Ep.Cr25 表示在铁表面镀铬,厚 25μm。Ep 为 electroplate 的缩写,表示电镀。

(8)表面结构要求的简化标注。如果工件多数(包括全部)表面有相同的表面粗糙度,则其表面粗糙度可统一标注在图样的标题栏附近,如图 1-4-110 所示。此时(除全部表面有相同要求的情况外),粗糙度符号后面用圆括号给出无任何其他标注的基本符号,如图 1-4-110a)所示,若表面有不同的表面粗糙度要求,应标注在图形中,或在圆括号内给出不同的表面粗糙度,如图 1-4-110b)所示。

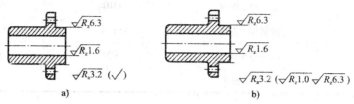

图 1-4-110　表面有相同粗糙度的简化注法

多个表面有共同要求时,可用代字母的完整符号,以等式的形式,在图形或标题栏附近,对有相同表面结构要求的表面进行简化标注,以带字母符号的简化标注,如图 1-4-111 所示。

可用表面结构基本符号,以等式的形式给出多个表面共同的表面结构要求,如图 1-4-112 所示。

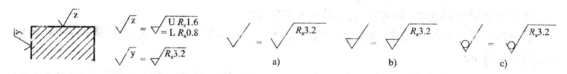

图 1-4-111　多个表面有共同要求的注法　　　图 1-4-112　用基本符号的简化标注

5. 表面处理及热处理

表面处理是为改善零件表面材料性能的一种处理方式,如表面淬火、表面涂层、渗碳、"表面发蓝"、"表面发黑"、"表面抛光"、"不加工面涂深灰色皱纹漆"等,以提高零件表面的硬度、耐磨性、抗腐蚀性等。

热处理是改变整个零件材料的内部组织,以提高材料力学性能的一种方法,如淬火、退火、回火、正火、时效处理等。零件对力学性能的要求不同,处理方法也不同。

表面处理和热处理要求可在图样上标注,如图 1-4-113a)、图 1-4-113b)所示,也可以用文字注写在技术要求项目内,如"热处理 42~48HRC"、"调质处理 220~250HB"、"淬火硬度 40~45HRC"、"φ30h5 处 S0.5-C59"等。

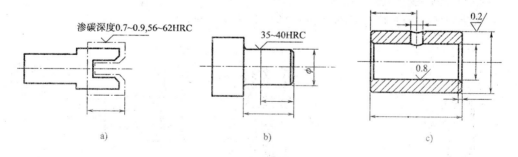

图 1-4-113　表面处理和热处理在图上的标注

热处理缩略语详见《技术产品文件　钢铁零件热处理表示法》(GB/T 24743—2009)。常用缩略语见表 1-4-12。

热处理缩略语含义　　　　　表1-4-12

缩略语	含义	缩略语	含义
CHD	表面硬化深度	CD	渗碳深度
CLT	化合物层厚度	FHD	熔合硬化深度
NHD	渗氮硬化深度	SHD	淬火硬化深度
FTS	溶合处理规范	HTO	热处理顺序
HTS	热处理规范		

【特别提示】

注写 R_a 时,只注数字,不注数值,通常尺寸单位为 μm;表面结构粗糙度代号中数字的书写与尺寸数字的书写规则应一致,且粗糙度代号(符号)的尖端必须从材料外指向零件表面。

6. 零件图中的其他技术要求

(1)零件材料的要求。如铸件不得有气孔、夹砂、缩松、裂纹等铸造缺陷。

(2)毛坯尺寸的统一要求。

①拔模斜度的要求,如铸件的拔模斜度为 1:20。

②对铸造圆角的要求,如未注铸造圆角为 $R2 \sim R3$。

③对加工尺寸的统一要求,如全部倒角 $1 \times 45°$、未注倒角 $2 \times 45°$、未注倒圆角为 $R3$、各轴肩过渡圆角为 $R3$。

④未注尺寸公差及几何公差要求,如未注尺寸公差按 IT14 级、未注几何公差的公差等级按 D 级。

⑤对零件成品的要求,如机体不准漏油。

操作练习 1-4-1:如图 1-4-114 所示,识读气门座几何公差。

(1)以 $\phi 45P7$ 圆孔的轴线为基准,$\phi 100h6$ 外圆对 $\phi 45P7$ 圆孔的轴线的圆跳动公差为 0.025mm。

(2)$\phi 100h6$ 外圆的圆度公差为 0.004mm。

(3)以零件的左端面为基准,右端面对左端面的平行度公差为 0.01mm。

操作练习 1-4-2:识读图 1-4-115 中发动机气门挺柱所注几何公差。

(1)螺纹孔 $M8 \times 1$ 的轴心线对 $\phi 16f7$ 轴心线的同轴度公差为 $\phi 0.01$mm。

(2)$\phi 16f7$ 圆柱面的圆柱度公差为 0.005。

(3)$SR75$ 球面对 $\phi 16f7$ 轴心线的圆跳动公差为 0.03mm。

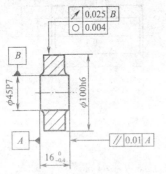

图 1-4-114　气门座几何公差

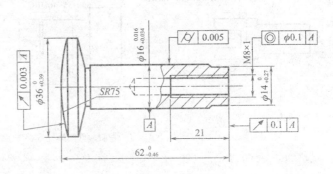

图 1-4-115　发动机气门挺柱的几何公差

操作练习1-4-3:识读图1-4-116所注齿轮的几何公差的含义。

(1)ϕ102h8 齿顶圆对ϕ40H7 孔的轴线的径向圆跳动公差为0.018mm。

(2)ϕ102h8 齿顶圆的圆柱度公差为0.006mm。

(3)齿轮两端面对ϕ40H7 的轴线的端面跳动公差为0.018mm。

操作练习1-4-4:识读图1-4-117所示万向节十字轴的所注几何公差。

(1)十字轴四个轴径的圆柱度公差为0.007mm。

(2)铅垂放置的两轴颈的上下两端面的中心平面对水平两轴颈的公共轴心线的对称度公差为0.05mm。

(3)水平放置的两轴颈的左右两端面的中心平面对铅垂两轴径的公共轴心线的对称度公差度为0.05mm。

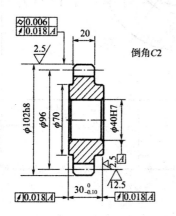

图1-4-116　齿轮几何公差

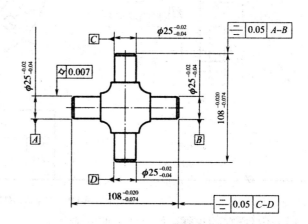

图1-4-117　万向节十字轴的几何公差

操作练习1-4-5:标注图1-4-118零件的表面粗糙度。

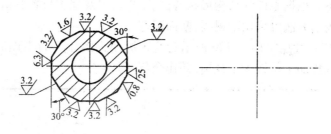

图1-4-118　标注零件的表面结构要求

操作练习1-4-6:识读图1-4-119中的几何技术规范。

(1)形位公差代号的含义。

(2)表面粗糙度代号与含义。

(3)基准代号与要素。

(4)尺寸公差代号与含义。

7.测绘套筒零件的工作图

零件测绘是依据实际零件,徒手或部分徒手绘制零件图,称为零件测绘。这种方法可以用较快的速度,徒手目测画出零件的视图,测量并标注尺寸及书写技术要求,在仿制、维修或对机器进行技术改造时,要进行零件测绘,是工程技术人员必须掌握的制图技能。

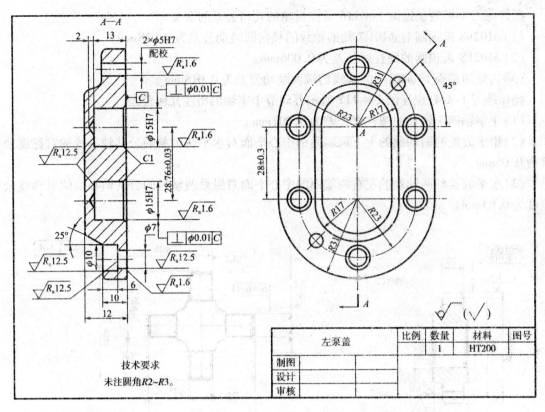

图 1-4-119 左泵盖零件图

(1) 零件测绘的步骤。

①了解和分析测绘对象。首先应了解零件的名称、用途、材料以及在机器或部件中的位置，与其他零件的关系、作用，然后分析其机构形状和特点。

②确定表达方案。根据零件的结构形状特征、工作位置及加工位置等情况选择主视图；然后选择其他视图。表达方法可采用剖视图、断面图等。

(2) 绘制零件草图。现以图 1-4-120 所示套筒为例，说明绘制零件草图的步骤。

①选择视图。选择加工位置为主视图，并作全剖图。

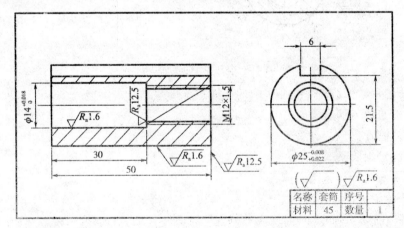

图 1-4-120 套筒零件图

②布置视图。绘制主视图、左视图的定位线，并且要考虑标注尺寸的位置，如图 1-4-121a)

所示。

③目测比例。绘出零件的内外结构形状,如图1-4-121b)所示。

④选定尺寸基准,依次注出所有尺寸界线、尺寸线、箭头及表面粗糙度符号等,如图1-4-121c)所示。

⑤逐个测量尺寸,并注写技术要求和标题栏,完成草图。如图1-4-121d)所示。

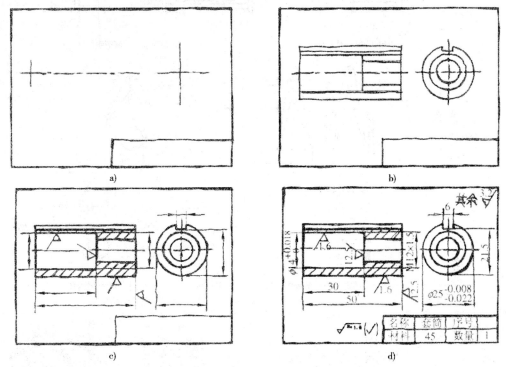

图1-4-121 套筒零件草图的绘制步骤

在此要注意的是:绘制草图决无潦草之意,要清晰、正确、完整地绘制。另一方面,现场绘制的草图,由于条件限制,表达方案、尺寸标注、技术要求等方面可能存在欠缺。因此,对所绘制的零件草图必须进行校核,再绘制零件工作图。

(3)零件尺寸的测量工具与方法。在零件测绘中,测量尺寸是零件测绘过程中一个很重要的环节,尺寸测量得准确与否,将直接影响机器的装配和工作性能。因此,测量尺寸要谨慎。测量时,应根据对尺寸精度要求的不同选用不同的测量工具。常用的量具有钢直尺、内卡钳、外卡钳、游标卡尺、千分尺等;此外,还有专用量具,如螺纹规、圆角规等。

零件全部尺寸的测量应集中进行,这样可提高工作效率,又可避免遗漏和错误。常用的测量工具及测量方法见表1-4-13。

零件尺寸常用的测量工具　　　　　　　　　　　　　　表1-4-13

零件尺寸常用的测量工具
a)内、外卡钳　　b)千分尺　　c)钢板尺　　d)游标卡尺

零件尺寸常用的测量工具

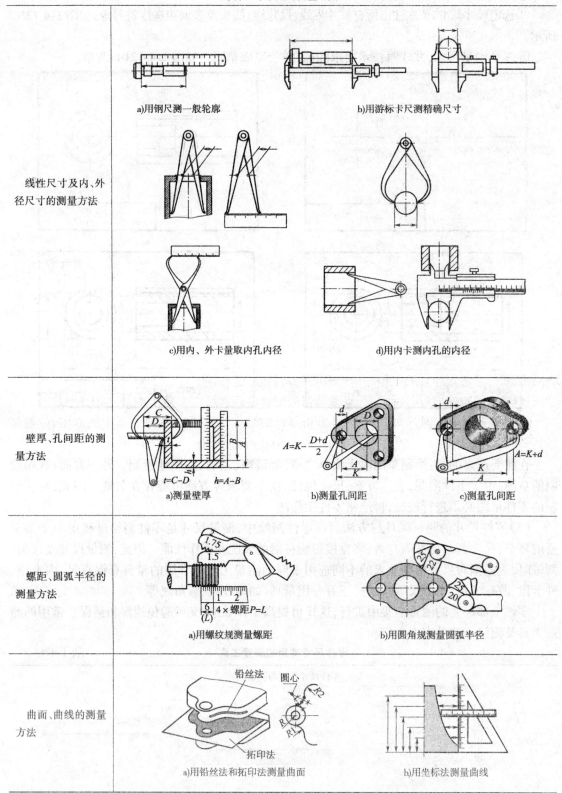

(4)测绘注意事项。

①零件在制造、安装时要求的工艺结构,如铸造圆角、倒角、圆角、退刀槽、凸台、凹坑等,都要查阅有关标准绘出。

②相配合的孔、轴基本尺寸应一致,一般只要测出基本尺寸,其配合性质和相应的公差值,可在结构分析的基础上查阅有关资料或参阅同类型产品的图样确定。

③螺纹、键槽、沉头孔、螺栓深度、齿轮等已标准化的结构,在测得主要尺寸后,应查阅有关资料选用标准尺寸。

④对于材料,可采用取样分析、测量硬度、火花鉴别等方法确定。

任务实施

一、准备工作

(1)教学设备:制图教室、各种类型的减速器、齿轮油泵等。
(2)教学资料:PPT课件、模型、量具(游标卡尺、钢板尺)等。
(3)材料与工具:图纸、铅笔、改锥、扳手、钳子、内外规、螺纹规、圆角规等。

二、操作流程

以一级圆柱齿轮减速器为例进行拆装与测量。

减速器的工作原理:通过箱体内齿轮的啮合传动,将动力由输入端轴传递到输出端轴,达到减速目的。

步骤1:了解减速器的工作原理、用途、结构特点、运转情况。

步骤2:对减速器进行拆装,了解减速器的变速原理和结构情况。

步骤3:按正确的顺序拆卸零件,并分析零件的结构,了解零件在减速器中的作用、位置与形状结构。

步骤4:绘制减速器的装配示意图,了解零件的装配关系,装配示意图和装配图的表达方法和技巧。

步骤5:通过测绘零件草图,了解常见结构的表达、尺寸标注和零件与部件技术要求。

步骤6:按拆卸的顺序组装减速器,保证减速器能够正常运转。

【操作提示】

(1)减速器的拆卸顺序与安装顺序相反。

(2)任务实施前,请同学们复习相关内容,特别是典型零件的视图表达、测量工具的正确使用等。

(3)具体测绘可根据授课内容来定。

常见问题解析

【问题】在读零件图时,如何确定尺寸基准?

【答】(1)对称图形,一般中心线是尺寸基准。

(2)不对称图形,可以看图纸某个方向上多个尺寸线汇集的基准线。

任务小结

主视图的选择是作图核心,是确定表达方案的关键;掌握零件图上尺寸标注方法,标注时除了组合体尺寸注法中已提出的要求外,更重要的是要切合生产实际。

零件图是加工和检验零件的依据,因此识读零件图是学习机械制图的核心任务,本项目主要介绍了零件图的相关知识,通过学习应该达到如下要求:

掌握零件图视图选择的方法及步骤,要做到完整、清晰、合理、看图方便。在上述前提下,力求表达简洁。主视图是核心,是确定表达方案的关键;掌握零件图上尺寸标注方法,零件图的尺寸标注,除了组合体尺寸注法中已提出的要求外,更重要的是要切合生产实际。必须正确地选择尺寸基准,基准的选择要满足设计和工艺要求。基准一般选择接触面、对称平面、轴线、中心线等。零件图上,设计所要求的重要尺寸必须直接注出,其他尺寸可按加工顺序、测量方便或形体分析进行标注;零件间配合部分的尺寸数值必须相同。此外,还要注意不要注成封闭尺寸链;掌握常见零件的工艺结构及其尺寸标注的方法;掌握零件图技术要求的标注方法。图样上的图形和尺寸尚不能完全反映对零件各方面的要求,因此还需有技术要求。技术要求主要包括表面粗糙度、尺寸公差、几何公差、零件热处理和表面修饰的说明以及零件加工、检验、试验、材料等各项要求。掌握读零件图的方法和步骤,达到能够识读零件图的目的。

项目五

识读与绘制装配图

任务一　识读齿轮油泵的装配图

任务引入

一台机器或一个部件,都是由若干零件按一定的装配关系和技术要求装配起来的,如图1-5-1所示为轴承座的组成零件。表示装配体(机器或部件)的图样称为装配图,如图1-5-2所示,即为轴承座的装配图。在产品制造过程中,先根据零件图生产出合格的零件,再根据装配图进行装配、检验。此外,在安装、维修机器时,也要通过装配图了解装配体的结构和性能。由此可见,装配图是生产中重要的技术文件。

图1-5-1　轴承座的组成图

【知识目标】
1. 了解装配图的作用和内容;
2. 掌握装配图的表达方法;
3. 掌握装配图的尺寸标注;
4. 了解装配结构的合理性;
5. 掌握如何阅读装配图。

【能力目标】
1. 掌握装配图的各类画法;
2. 正确识读装配图;
3. 了解装配体的工作原理、零件间的相对位置、技术要求和装配体中零件的装配关系、连接关系和零件的主要结构形状,注明装配、检验、安装时所需要的尺寸数据等;
4. 由装配图拆画零件图。

理论知识

装配图是用来表达机器或部件的图样。表示一台完整机器的图样,称为总装配图;表示一个部件或组件的装配图,称为部件装配图或组件装配图。通常,总装配图只表示各部件间的相

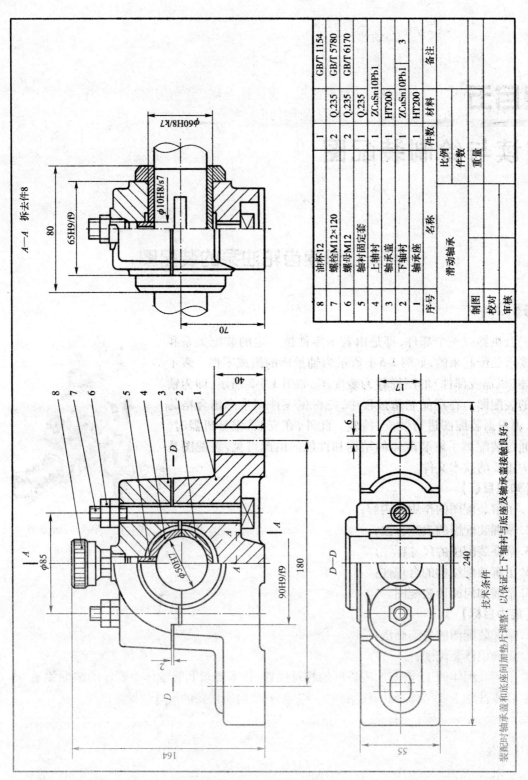

图 1-5-2 轴承座的装配图

对位置和机器的整体情况,而把整台机器按各部件分别画出装配图。

装配图是制定装配工艺规程,进行装配调试、检验、使用维护和拆画零件工作图的主要技术依据。

一、装配图的表达方法

装配体是由若干零件组成的。装配体重点表达若干个零件间的装配关系、装配体的工作原理、装配体的内外结构形状和零件的主要结构形状,不要求把每个零件的形状完全表达清楚,如图1-5-2所示。

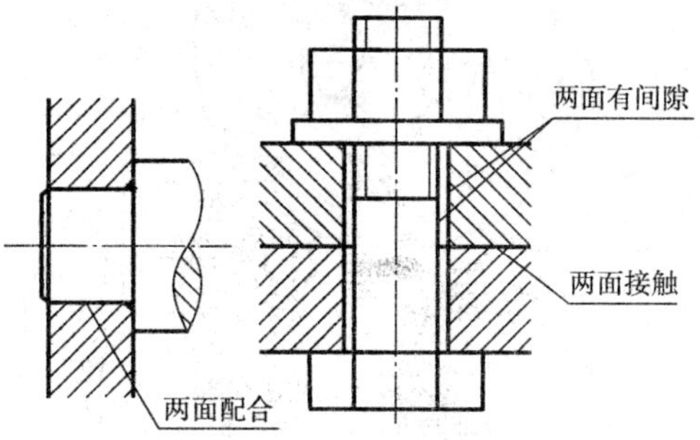

1. 规定画法

(1)相邻两轮廓线的画法。相邻两个零件的接触面和配合面,规定只画一条轮廓线。凡是非接触、非配合的两表面,即使间隙很小,也必须画出两条线,甚至可以小间隙夸大画,如图1-5-3所示。

(2)剖面线的画法。两个以上的零件相互接触

图1-5-3 装配图的简化画法

时,剖面线的倾斜方向通常应相反,或方向一致、间隔不等。同一零件在同一图样上的剖面线方向相同、间隔一致。

(3)实心件和一些标准件的画法。对于一些实心件(如轴、连杆、球等)和一些标准件(如螺母、螺栓、键、销等),若剖切面通过其轴线或对称平面时,这些零件按不剖绘制,如图1-5-3中的螺纹组件和图1-5-4所示的轴;如果实心体上有些结构和装配关系需要表达时,可采用局部剖视图表达,如图1-5-5所示键轴接合处采用局部剖视图。当剖切面垂直于这些零件的轴线时,则要画出剖面线。

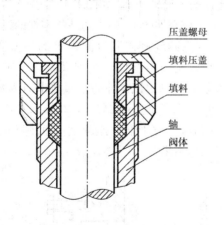

图1-5-4 实心件(如轴、连杆、球等)按不剖绘制

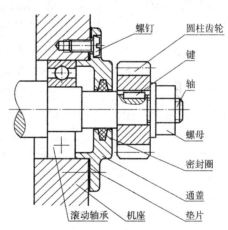

图1-5-5 局部剖视图表示键连接

2. 特殊画法

(1)拆卸画法。在装配体的某一视图中,若要表达某些被一个或几个零件遮挡的装配关系或其他零件时,可假想拆出一个或几个遮挡零件,或切去某零件的一部分,以便清楚地表达想要表达的内容。应用拆卸法绘图时,应在视图上方标注"拆去××"等字样,如图1-5-2所示的左视图。

(2)单独表示某个零件。在装配体中,为了突出某个重要零件的形状,单独反映某一零件

的视图,必须用箭头指明投射方向,用字母注出视图的名称。如图 1-5-6 所示的转子泵装配图中,单独画出泵盖在 B 方向的视图,这种画法称为单独表示。

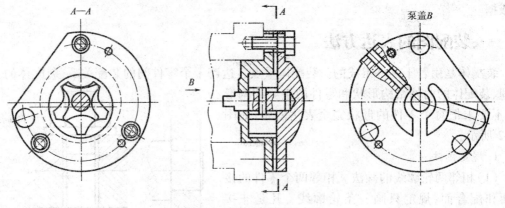

图 1-5-6　部件的特殊表达方法

(3) 简化画法。

①在装配图中,零件的部分工艺结构,如倒角、圆角、退刀槽等,允许不画。图 1-5-3 中螺母上的倒角就被省略。

②装配图中若干相同的零件组,如螺栓、螺钉连接等可详细画一组,其余则以点画线表示其中心位置即可,如图 1-5-5、图 1-5-6 所示;螺栓、螺钉的头部及螺母也采用简化画法如图 1-5-3、图 1-5-5 所示。

③滚动轴承只需表达其主要结构时,可采用简化画法,如图 1-5-5 所示。

④在装配图中,零件的一些工艺结构,如小圆角、倒角、退刀槽和砂轮越程槽等允许不画,如图 1-5-9 所示。

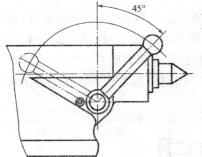

图 1-5-7　运动极限位置表示法

(4) 假想画法。在装配图中,为表达某些零件的运动范围和极限位置,可用双点画线画出其极限位置的外形图,如图 1-5-7 所示。当需要表达与本部件有关但又不属于本部件的相邻零件时,用双点画线画出该零件的轮廓,如图 1-5-8 所示。

(5) 夸大画法。在装配图中,对于一些薄片零件(零件厚度小于或等于 2mm),允许以涂黑来代替剖面符号,如图 1-5-3、图 1-5-9 所示的垫片的画法。对于细丝弹簧、小的间隙和锥度等,也可不按其实际尺寸作图,而适当地夸大画出以使图形清晰。

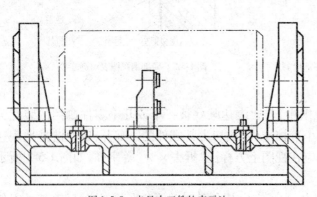

图 1-5-8　夹具中工件的表示法

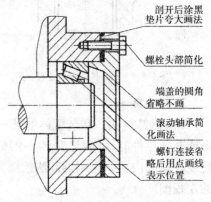

图 1-5-9　薄片零件(垫片)工件的表示法

(6)展开画法。为了表达某些重叠的装配关系,可假想将空间轴系按其传动顺序展开在一个平面上,然后沿轴线剖切画出剖视图,这种画法称为展开画法,如图 1-5-10 所示。

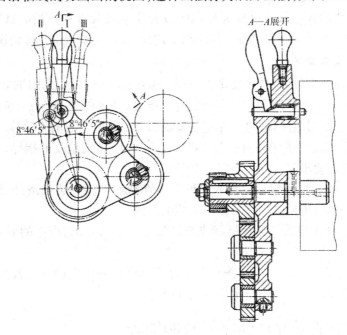

图 1-5-10　展开画法

二、装配图上的尺寸标注和技术要求

装配图的作用与零件图不同,装配图中不必注出零件的全部尺寸。为了进一步说明机器或部件的性能、工作原理、装配关系和安装、检验、调试等要求,只需标注与装配体有关的尺寸。

1. 装配图中的尺寸

装配图中的尺寸一般分为以下几类尺寸:

(1)规格或性能尺寸。表示装配体性能或规格的尺寸,它是在设计时就确定的尺寸,也是设计、了解和选用该机器或部件的依据,如图 1-5-2 中的轴孔直径 ϕ50H7 即为滑动轴承的规格尺寸。

(2)装配尺寸。表示机器或部件中零件之间装配关系和工作精度的尺寸。它由配合尺寸和相对位置尺寸两部分组成。

①装配尺寸,表示两个零件之间配合性质的尺寸,如图 1-5-2 中轴承盖和轴承座与上、下轴衬的配合尺寸 ϕ60H8/k7,轴承座与轴承盖的配合尺寸 90H9/f9,轴承盖与轴承衬固定套的配合尺寸为 ϕ10H8/s7 等。

②相对位置尺寸,表示装配时需要保证零件间相对位置的尺寸,如图 1-5-2 中轴承孔轴线到基面的距离 70mm。

(3)外形尺寸。表示装配体外形轮廓尺寸,即总长、总宽、总高,为有关部门提供包装、运输和安装时需要参考的尺寸,如图 1-5-2 中的尺寸总长为 240mm,总宽 80mm,总高 164mm。

(4)安装尺寸。装配体安装在地基上或与其他机器或部件连接时所需要的尺寸,如图 1-5-2 中滑动轴承的安装孔定位尺寸 180mm。

(5)其他重要尺寸。它是在设计中经计算确定的尺寸,而又不包括在上述几类尺寸中。

这类尺寸包括运动零件的极限尺寸、重要零件之间的定位尺寸,以及零件的结构尺寸等。如图1-5-2 中轴承盖和轴承座之间的间隙尺寸 2mm 和轴承孔轴线到基面的距离 70mm。

上述几类尺寸之间并不是互相孤立无关的,实际上有的尺寸往往同时具有多种作用。此外,在一张装配图中,也并不一定需要全部注出上述尺寸,而是要根据具体情况和要求来确定。

2. 装配图中的技术要求

不同性能的机器或部件,其技术要求也不同。装配图中的技术要求用以说明装配体的性能、装配、检修、维护要求和使用要求等方面的技术指标。其内容一般包括:装配体装配后应达到的准确度、装配间隙;对装配体维护、保养的要求以及操作时注意的事项等。

(1)装配要求。装配要求包括对机器或部件装配方法、装配温度的指导,在装配前时所作的说明,装配后的性能要求等。

(2)检验要求。检验要求包括机器或部件基本性能的检验方法和条件,装配后保证达到的精度,检验与试验的环境温度、气压,振动试验的方法等。

(3)使用要求。使用要求包括对机器或部件基本性能的要求,维护的要求及使用操作时的注意事项等。

装配图中的技术要求用文字写在图样右下部或其他位置的空白处。若技术要求过多,可另编技术文件,在装配图上只注出技术文件的文件号。

三、装配图中的零部件的序号及明细表

为了便于看图、便于图样管理和组织生产,装配图中所有零件或部件都必须编号,列出零件的明细栏,并按编号在明细栏中填写该零部件的名称、数量和材料等。

明细栏可直接画在装配图标题栏上面,必要时,明细栏也可单独编制。

1. 序号编排的规定

(1)装配图中每一个零件只编写一个序号;一个部件也可只编写一个序号。相同的多个零部件应采用一个序号,一个序号在图中只标注一次。

(2)图中零部件的序号应与明细栏中零部件的序号一致,如图1-5-2中的螺栓和螺母等。

2. 序号编排的方法

(1)序号注写在指引线的水平线上或细实线圆圈内,如图1-5-11a),图1-5-11b)所示,也可以注写在直线段终端,见图1-5-11c)。序号字高度比图中尺寸数字高度大一号或两号。

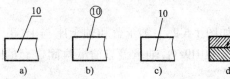

图 1-5-11 序号的形式

(2)指引线应从所指零件轮廓线内引出,并在始端画一圆点,如图1-5-11a)、b)、c)所示。若所指部分很薄或为涂黑断面不便画圆点时,可采用箭头并指向该部分的轮廓线,如图1-5-11d)所示。

(3)指引线互相不能相交,也不应与剖面线平行。在不能满足指引线画法要求时,指引线可画成折线,但只可折一次,如图1-5-12f)、g)所示。

(4)一组紧固件或装配关系清楚的零件组,可采用如图1-5-12a)、b)、c)、d)、e)所示的公共指引线。

(5)装配图中序号应按顺时针或逆时针依次排列,以便查找,并在水平或垂直方向上排列整齐,如图1-5-2所示。

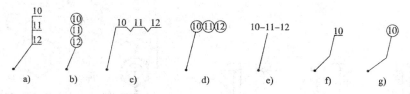

图 1-5-12 紧固件编号的形式

3. 明细栏

明细栏是装配图中全部零部件的详细目录。明细栏一般应紧靠标题栏上方,外框粗实线,内框细实线,零部件的序号自下而上填写。如受图幅限制时,可移至标题栏的左边继续编写。格式及内容由各厂、矿自行决定,图 1-5-13 所示为教学参考图。

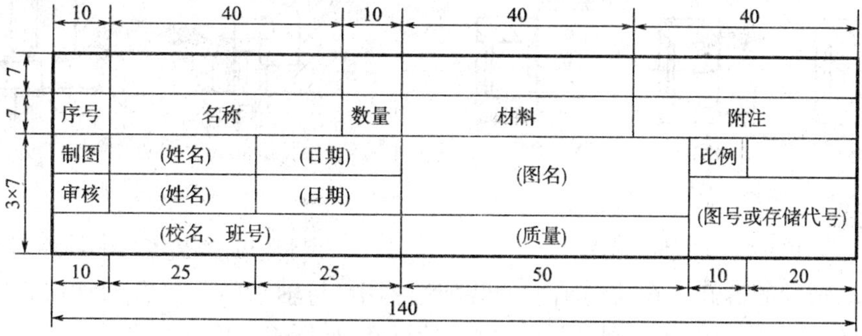

图 1-5-13 标题栏和明细栏(新国标画法)

四、装配体的工艺结构

在机器或部件的设计中,应该考虑零件结构的合理性,以保证机器或部件的工作性能可靠;安装和维修方便。下面介绍几种常见的装配工艺结构。

1. 装配的接触面与配合面结构

两零件在同一方向上,只应有一对接触面。这样,既保证两零件接触良好,又给加工带来方便,如图 1-5-14 所示。

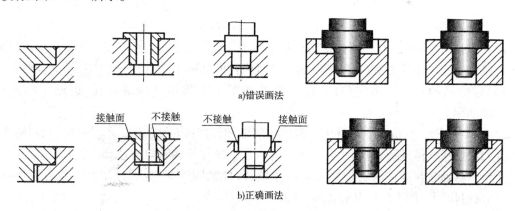

图 1-5-14 两零件接触面的结构

为保证零件在转角处良好接触,应在转角处加工出圆角、倒角等,如图 1-5-15 所示。

2. 考虑装拆方便

(1) 螺纹紧固件的装拆。螺栓或螺钉连接时,孔的位置与箱壁之间应留有足够空间,以保证安装的可能和方便,如图 1-5-16 所示。

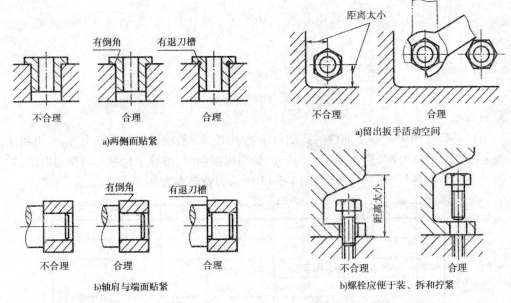

图 1-5-15　转角处结构　　　　图 1-5-16　螺栓、螺钉连接的装配结构

(2) 滚动轴承的拆卸。在滚动轴承的装配结构中,与轴承内圈接合的轴肩直径及与轴承外圈接合的孔径尺寸应设计合理,以便于轴承的拆卸,如图 1-5-17 所示。

如图 1-5-17 所示,由于孔径过小和轴肩过高,导致无法拆下轴承,应改为合理的结构。

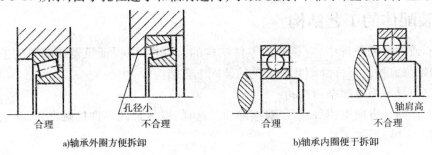

图 1-5-17　轴承应便于拆卸

(3) 圆锥销的拆卸。有些销连接因结构的关系,无法从销安装的反方向加力,较难拆卸,为此可以采用螺尾销或带有内、外螺纹的销,以便于拆卸,如图 1-5-18 所示。

(4) 定位销的拆卸。销定位时,在可能的情况下应将销孔做成通孔,以便于拆卸,如图 1-5-19 所示。

(5) 密封结构。对机器或部件中外露的旋转轴和管路接口,常需要采用密封装置,防止机器内部的液体或气体外流,也防止灰尘等进入机器。密封结构有填料、密封圈等。

填料密封通常用浸油的石棉绳或橡胶作填料,拧紧压盖螺母,通过填料压盖可将填料压紧,起到密封作用。图 1-5-4 为泵和阀上的常见密封结构。

密封圈有 O 形密封圈、唇形密封圈等。图 1-5-20b) 为管道中管接口的常见密封结构,采用 O 形密封圈密封。

图 1-5-20c) 为滚动轴承的常见密封结构,采用毡圈密封。

各种密封方法所用的零件,有些已经标准化,其尺寸要从有关手册中查取,如毡圈密封中的毡圈。

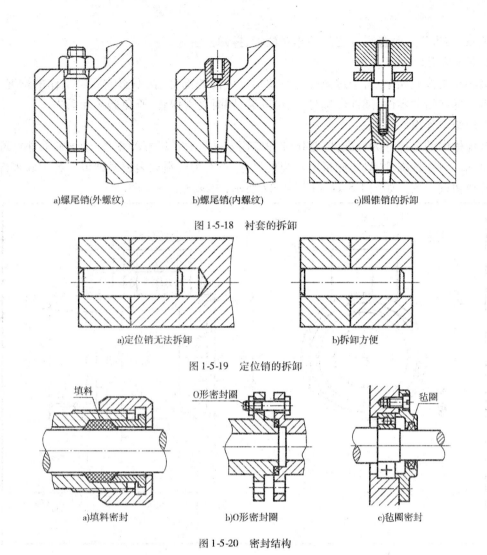

图 1-5-20 密封结构

五、绘制球阀的装配图

在设计机器或改进原有设备时都需要绘制装配图,一般先从测绘机器或部件开始,再画出零件草图,然后依据零件草图拼画成装配图。下面以球阀为例说明零件装配图的绘制方法。

球阀是管路中用来启闭及调节流体流量的部件,它由阀体等零件和一些标准件所组成。在阀体内装有阀芯,阀芯内的凹槽与阀杆的扁头相接,要改变阀体通孔与阀芯通孔的相对位置,可用扳手旋转阀杆,带动阀芯转动一定角度,起到开启、关闭作用,也可通过调整阀芯的位置,起到调节管路内流体流量的作用。

绘制装配体的装配图,一般有两种途径:一种是通过测绘装配体绘制装配图;另一种是通过设计绘制装配图。本节着重讲述装配体的测绘及绘制其装配图的方法和步骤。

绘制装配图之前,应对所画的对象有全面的认识,即了解机器或部件的功用、性能、结构特点和各零件间的装配关系等。

现以球阀(图1-5-28)为例,说明部件测绘的方法和步骤。

1. 了解测绘对象

测绘前,要对部件进行详细观察、分析研究、查阅资料;了解部件的用途、性能、工作原理、装配关系、结构特点及各零件之间的相对位置、拆卸方法等。

2. 拆卸零件

拆卸时要按照顺序,对于过盈配合零件精度较高的部分,在不影响测绘工作的情况下,尽量不拆。拆卸后的零件、部件应编号,以便安装,同时妥善保管,避免碰坏和丢失。

3. 测绘零件图

装配体中的零件分为标准件、常用件和专用零件。对于拆开的零件,绘出所有非标准件的零件草图。对于标准件,只要测量出其规格尺寸,查有关资料列表记录即可。各关联零件之间的尺寸要协调一致。如图 1-5-21 ~ 图 1-5-27 所示,为球阀的零件图。

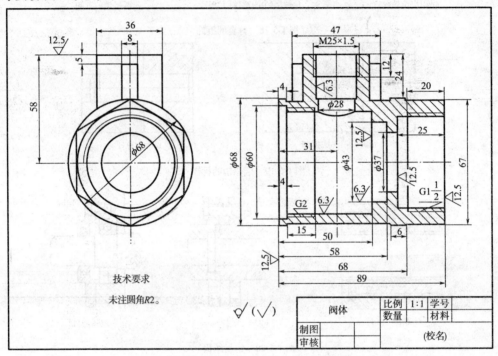

图 1-5-21　阀体的零件图

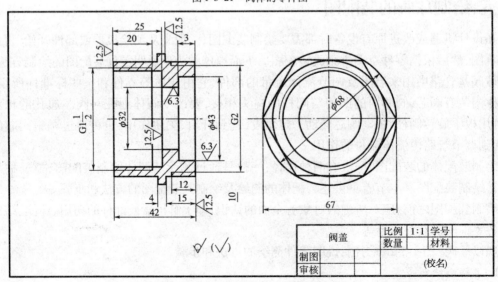

图 1-5-22　阀盖的零件图

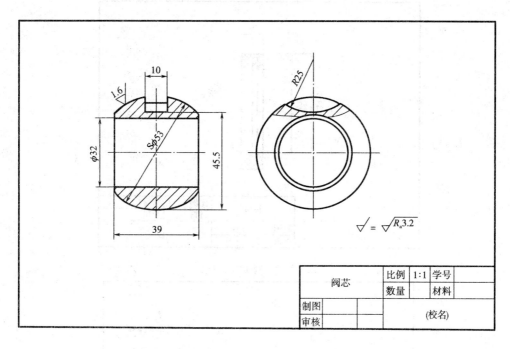

图 1-5-23　阀芯的零件图

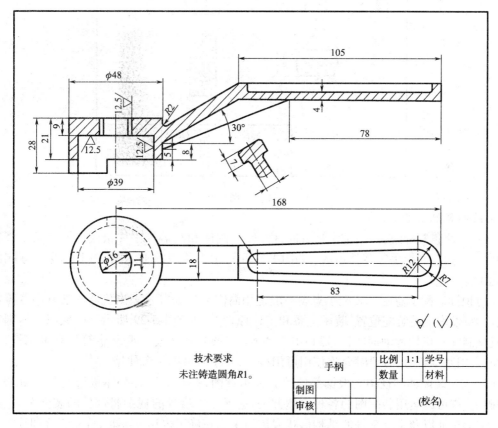

图 1-5-24　手柄零件图

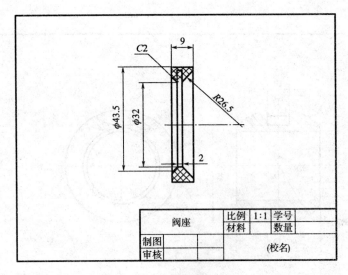

图 1-5-25 阀座的零件图

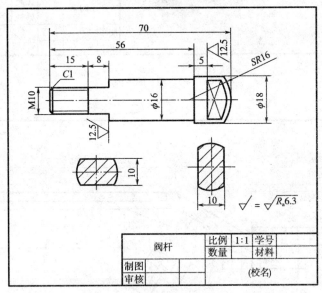

图 1-5-26 阀杆的零件图

4. 绘制装配图

球阀有两条装配线,一条是水平方向,由阀芯、阀体和阀盖等零件组成。另一条是竖直方向,由阀杆、阀芯和扳手等零件组成。如图 1-5-28 所示为球阀的轴测图,图 1-5-29 为球阀的装配示意图。

(1)识读装配示意图。装配示意图一般是用简图或代表符号画出机器或部件中各零件的大致轮廓,以表示其装配位置、装配关系和工作原理等,如图 1-5-29 所示。机械制图的国家标准《机械制图 机构运动简图符号》(GB/T 4460—1984)规定了一些基本符号和可用符号,一般情况采用基本符号,必要时允许使用可用符号,画图时可以参考使用。

(2)确定装配体的视图。根据部件的装配示意图,在对部件装配体进行充分了解和分析的基础上,就可以运用装配图的各种表达方法,选择一组恰当的视图将部件的装配关系、工作原理、结构特征以及主要零件的结构形状表达出来。在确定表达方案时,首先要合理选择主视图,再选择其他视图。

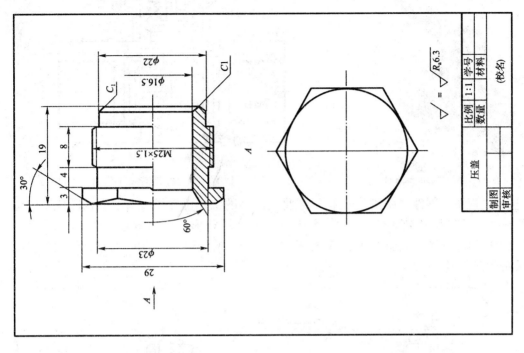
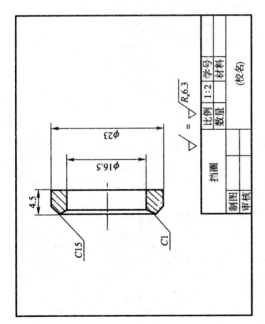

图 1-5-27 挡圈、密封环、压盖零件图

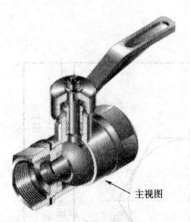

图 1-5-28　球阀的轴测图

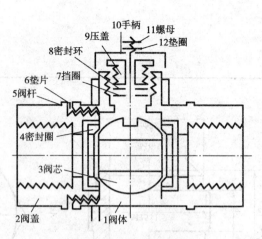

图 1-5-29　球阀装配示意图

①选择主视图。部件主视图的选择，一般将装配体的工作位置作为选取主视图位置的依据，以便清楚地反映其工作原理、传动路线、装配关系及结构形状。如图 1-5-30 所示的球阀，箭头所指方向为主视图的投影方向，为清楚表达球阀内部的其他零件的位置、结构形状与装配关系，采用全剖视图。

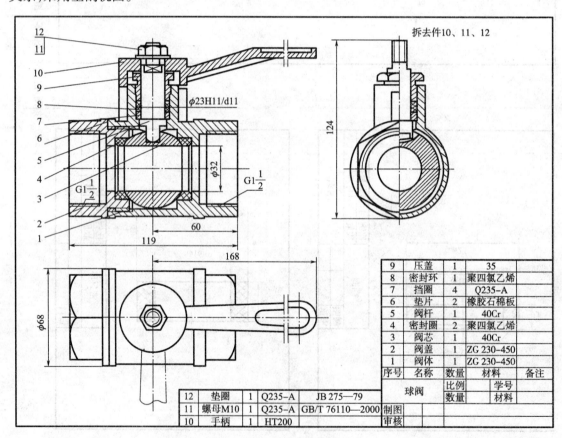

图 1-5-30　球阀装配图

②选择其他视图。主视图选定后，还需要选择其他视图和其他表达方法，进一步补充表达主视图未表达清楚的内容。所选择的各个视图都有表达的侧重点，避免重复，视图的数量视部

件的复杂程度而定。如图1-5-30所示的球阀的俯视图,采用假想画法表达扳手零件的极限位置,左视图采用半剖视图表达阀体和阀盖的外形及阀杆和阀芯的连接关系。

（3）绘制装配图。根据所确定的装配图表达方案,选取适当的绘图比例,并考虑标注尺寸、编注零件序号、书写技术要求、画标题栏和明细栏的位置,选定图幅,然后按下列步骤绘图。

①图面布局。定出标题栏和明细栏的位置,画出各视图的主要基准线(轴线、中心线、较大端面或平面等),如图1-5-31a)所示。

②逐层画出各视图。先画出装配体的主要零件及主要轮廓,再画次要零件及局部结构。由里向外,逐个画出零件图形。从主视图开始,几个基本视图同时进行。剖开的零件,应直接画成剖开后的形状。同时还应解决好工艺结构、定位关系等问题,如图1-5-31b)、c)所示。

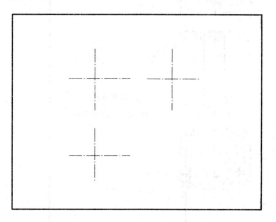

a)

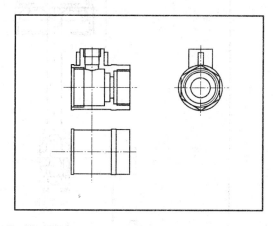

b)

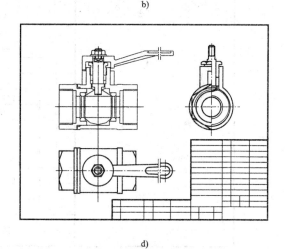

c)

d)

图1-5-31　绘制球阀装配图的步骤

③校核、描深。检查底稿后,画剖面线,将各类图线按规定描深,画出尺寸线、尺寸界线,画出零件序号的指引线等,如图1-5-30所示。

④校核整理。标注尺寸、配合代号及技术要求,注写零件序号,填写标题栏和明细栏,完成装配图,如图1-5-30所示。

六、识读装配图和拆画零件图

在机器或部件的设计、制造、使用、维修和技术交流等实际工作中,经常要看装配图。识读装配图就是通过对装配图的图形、尺寸、符号和文字的分析,工程技术人员了解机器或部件装配体的性能、名称、用途、工作原理、零件的主要结构形状、装配关系、技术要求和操作方法等。下面以图 1-5-32 发动机的活塞连杆组为例,说明识读装配图的方法和步骤。

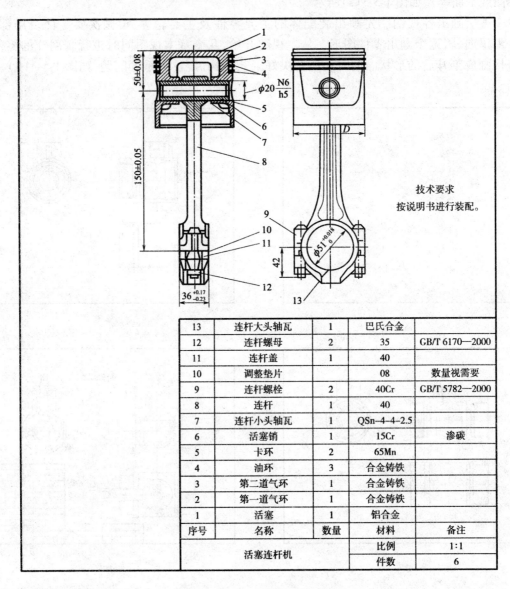

图 1-5-32 活塞连杆总成装配图

1. 识读装配图

识读装配图一般有以下五个步骤:

(1) 概括了解。

① 由标题栏可知该部件的名称为活塞连杆组,是发动机上所用部件。其作用是利用活塞

连杆组将化学能转化成机械能,维持曲轴旋转。

②由明细栏了解组成装配体各种零件的名称、数量、材料及标准件的规格。

(2)视图分析。

活塞连杆组采用了两个基本视图,此外还采用了A—A剖视。各视图分析如下:

①主视图。采用了局部剖视,用以表达活塞内部的结构形状以及活塞1、活塞销6、连杆衬套7和连杆8的相对位置和装配关系。

②左视图。表达了活塞连杆组的部分外形。

③A—A剖视图。表达了连杆杆身为"工"字形断面。

(3)分析工作原理和装配关系。

①工作原理。活塞连杆组装入汽缸内,连杆大头与曲轴的轴颈相连接,活塞销在连杆小头衬套孔和活塞销座孔内做自由转动。因此,当活塞在汽缸内做往复运动时,通过连杆的平面运动带动曲轴做旋转运动。

②配合关系。由图1-5-32中尺寸 $\phi 20 \frac{N6}{h5}$ 可知,活塞销与座孔的配合为基轴制过渡配合。$\phi 20 \frac{H6}{h5}$ 为活塞销与连杆小头衬套孔的配合为基孔制配合,其配合要求较高,拆卸时应注意保护孔的表面。连杆大头尺寸 $36^{+0.17}_{-0.23}$、$\phi 51^{+0.016}_{0}$ 为重要尺寸。技术要求提出"按说明书进行装配",因此装配前必须查阅说明书,并按说明书的技术要求进行装配。

(4)分析零件的结构形状和作用。

①活塞。活塞为有上顶的杯形零件,顶部与汽缸盖、汽缸壁共同组成燃烧室,活塞顶至最下面一道活塞环槽之间的部分为活塞头,其作用是承受气体压力、防止漏气。活塞头切有若干环槽,用来安装活塞环,上面的2~3道槽用来安装气环,下面的一道环用来安装油环。活塞环槽以下的所有部分称为活塞裙,其作用是引导活塞在汽缸中做往复运动,并承受侧压力。活塞销座为凸面结构,可提高强度和使配合面接触良好。

活塞的主要作用是承受汽缸中的燃烧压力,并将此力通过活塞销和连杆传给曲轴。

②活塞环。活塞环有气环和油环。气环作用是密封汽缸中的高温、高压燃气。油环的作用是刮除汽缸壁上的多余机油,并在汽缸壁上布上一层均匀的油膜。

③活塞销。活塞销的作用是连接活塞和连杆小头,将活塞所承受的气体压力传给连杆。

④连杆。连杆分为连杆小头、杆身和连杆大头三部分。连杆小头用来安装活塞销以连接活塞,连杆小头内装有青铜衬套(图1-5-32);连杆杆身采用了"工"字形断面,抗弯强度高;连杆大头与曲轴的轴颈相连接,为便于安装,将连杆大头沿着与杆身轴线垂直的方向切开,做成剖分式,上半部分与杆身一体,下半部分即连杆盖,两者通过螺栓连接。连杆轴瓦13装在连杆大头孔内,用以保护连杆大头孔和曲轴轴颈。为了配合要求,在连杆和连杆剖分面装有调整垫片10。

连杆的作用是将活塞承受的力传给曲轴,带动曲轴转动,将活塞的往复运动转变为曲轴的旋转运动。

(5)综合归纳、想象整体。实际读图时,上述四个步骤是不能完全分开的,常常是边了解、边分析、边综合地进行。随着各个零件分析完毕,装配体也就阅读清楚了。

经过上述分析、综合归纳,想象出装配体的整体形状。如图1-5-33所示为活塞连杆组的分解立体图。

2. 拆画装配图中的零件图

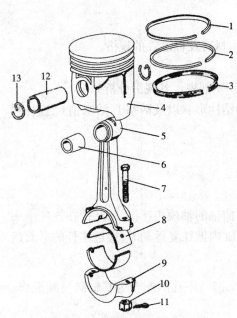

图 1-5-33 活塞连杆组的分解轴测图
1-第1道气环;2-第2、3道气环;3-油环;4-活塞;
5-连杆;6-连杆衬套;7-连杆螺栓;8-连杆轴承;
9-连杆盖;10-连杆螺母;11-开口销;12-活塞销;
13-活塞销卡环

在设计过程中,首先要绘制装配图,然后再根据装配图拆画零件图,简称拆图。拆图应在全面读懂装配图的基础上进行。装配图中的标准件只需要确定其规定标记,不必拆画,拆画的主要零件是部件中除标准件以外的其他零件。为了保证各零件的结构形状合理,并使尺寸、配合性质和技术要求等协调一致,应先拆画主要零件,然后逐一画出其他零件。

由装配图拆画零件工作图,与根据零件测绘零件图的方法不完全相同,一般应注意以下几个问题:

(1) 确定零件的形状。在拆画零件图前,必须弄清零件的全部形状和结构,对在装配图中未能确切表达出来的形状,应根据零件结构设计和工艺知识合理地确定。某些工艺结构(如倒角、圆角、退刀槽等)必须采用正确的表达方法全部画出来。

拆画零件图时,确定装配图中被分离零件的投影后,补充被其他零件遮住部分的投影,同时考虑设计和工艺的要求,增补被简化掉的结构,合理设计未表达清楚的结构。

(2) 确定表达方案。在拆画零件图时,零件的表达方案应根据零件的结构特点来考虑,而不应简单地照搬装配图。一般情况下,壳体、箱体类零件主视图所选的位置可以与装配图一致,这样便于与装配图对照。轴类、套类零件,按加工位置选取主视图。

零件图的视图选择,主要是表达零件的结构形状。由于表达的出发点和要求不同,所以在选择视图方案时,不强求与装配图一致,即零件图不能简单地照抄装配图上对于该零件的视图数量和表达方法,而应该根据具体零件的结构特点,重新确定零件图的视图选择和表达方案。

(3) 识读零件图上尺寸。装配图中的尺寸不是很多,拆画零件时应按零件图的要求注全尺寸。在装配图中已注明的尺寸,必须如实地标在零件图上;对于配合尺寸、相对尺寸,要注出偏差代号或偏差数值;零件上某些有运算关系的尺寸,应根据已定的基本参数计算确定,如齿轮尺寸;两相邻零件的相关尺寸及配合面的配合尺寸要注意协调一致;零件图上与标准件连接或配合的相关尺寸,要从相应标准中查取,如螺纹、销孔、键槽等尺寸。对于标准结构或工艺结构尺寸,如倒角、沉孔等尺寸,均应从有关标准查出。对于装配图中未标注的尺寸,可以从装配图上量取,并圆整后确定。

(4) 零件图中的技术要求。技术要求在零件图中占有重要地位,它直接影响零件的加工质量。根据零件在机器或部件中的作用以及与其他零件的装配关系等要求,标注出该零件的表面粗糙度、尺寸公差等方面的技术要求。零件图中应注写表面粗糙度的代号和技术要求。配合表面要注写尺寸偏差或公差带代号。对有些零件还要注写形位公差、试验、热处理和表面修饰等要求。

图 1-5-34 所示为齿轮泵装配图,其轴测图如图 1-5-35 所示。齿轮泵的结构主要由左泵盖、右泵盖、泵体、传动齿轮等组成。

图 1-5-36 所示为从齿轮泵装配图中拆画的泵体零件图。

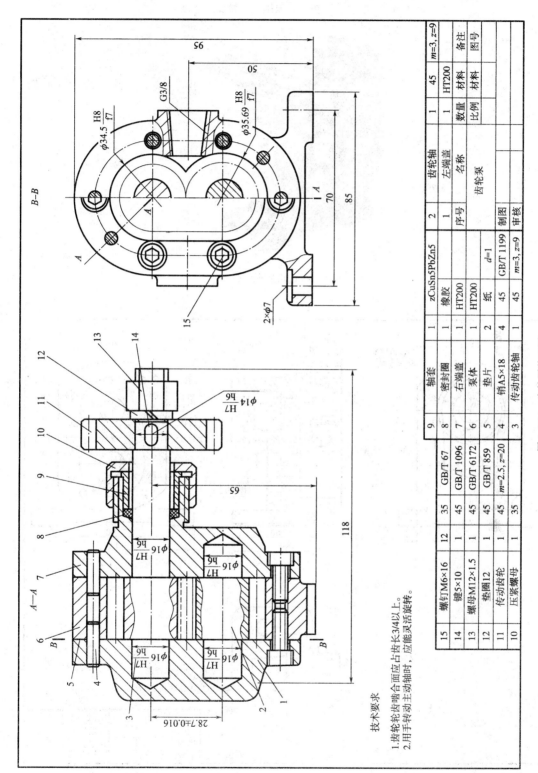

图 1-5-34 齿轮泵装配图

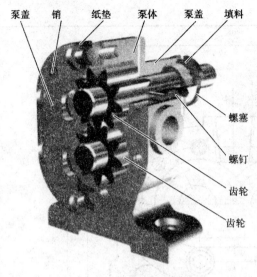

图 1-5-35 齿轮泵轴测图

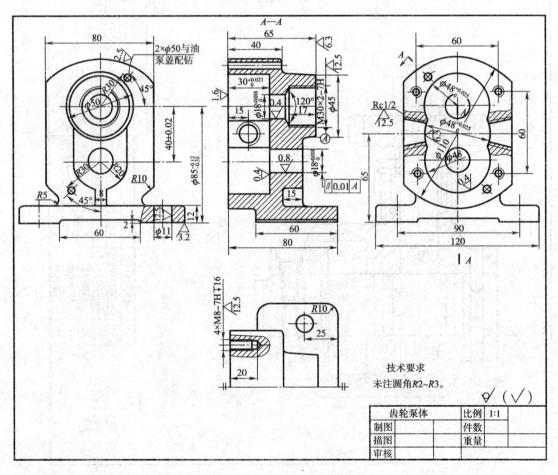

图 1-5-36 齿轮泵泵体零件图

任务实施

一、准备工作

(1) 教学设备：制图教室、测绘工具，如游标卡尺、钢板尺、螺纹规、千分尺、卡钳等。
(2) 教学资料：PPT 课件、齿轮油泵、连杆组、轴承座等。
(3) 材料与工具：铅笔、小刀、胶带、橡皮、绘图纸、绘图工具，如丁字尺、三角板、圆规等。

操作任务：
(1) 识读装配图中的简化画法(图 1-5-37)。
(2) 用适当的图纸，绘制图示的装配图。
(3) 讨论装配图的表达方案，拆画装配图中的零件(图 1-5-38)。

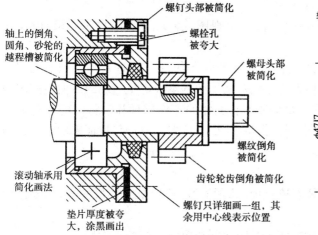

图 1-5-37 识读装配图中的简化画法

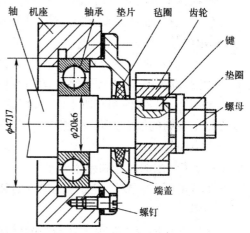

图 1-5-38 识读装配图中的零件与配合代号

二、操作流程

步骤 1：绘制装配图。
装配图中采用简化画法、夸大画法等。
装配图中的标准件按照标准件的尺寸绘制。
步骤 2：识读装配图，了解装配体的工作原理、零件间的相对位置、技术要求，装配体中零件的装配关系、连接关系以及零件的主要结构形状，注明装配、检验、安装时所需要的尺寸数据等。
步骤 3：选择适当的比例，拆画装配图中主要零件的工作图。

常见问题解析

【问题】拆画零件图的过程中，要注意以下几个问题：
【答】
(1) 在装配图中没有表达清楚的结构，要根据零件功用、零件结构和装配结构，加以补充完善。
(2) 装配图上省略的细小结构、圆角、倒角、退刀槽等，在拆画零件图时均应补上。

（3）零件图要根据零件的结构形状重新选择适当的表达方案。

（4）要补全装配图上没有的尺寸、表面粗糙度、极限配合、技术要求等。

任务小结

本章介绍了装配体表达方法、工艺结构及测绘等、装配图上尺寸标注和技术要求、装配图的画法以及识读装配图。

装配图是表达机器或部件的图样，是表达设计思想、指导装配和进行技术交流的重要技术文件。一般在设计过程中用的装配图称为设计装配图，主要是表达机器和部件的结构形状、工作原理、零件间的相互位置和配合、连接、传动关系以及主要零件的基本形状；在产品生产过程中用的装配图称为装配工作图，主要是表达产品的结构、零件间的相对位置和配合、连接、传动关系，主要是用来把加工好的零件装配成整体，作为装配、调试和检验的依据。

本项目主要内容概括如下：

（1）一张完整的装配图应包括四个方面内容：一组视图、必要的尺寸、技术要求，以及序号、标题栏及明细栏。

（2）装配图的表达方法。要正确、清楚地表达装配体的结构、工作原理及零件间的装配关系。视图、剖视图、断面图等零件图的各种表达方法对装配图基本上都是适用的。但装配图表达方案的选择与零件图有所不同，装配图主要是依据装配体的工作原理和零件间的装配关系来确定主视图的投射方向，而零件图则是根据工作位置、加工位置以及形状特征来确定主视图的投射方向。

（3）装配图的尺寸和技术要求。

①装配图上一般只需要标注出说明装配体特征、装配安装、检验及总体尺寸等，比零件图尺寸简单。

②装配体的技术要求主要是装配、检验、使用时应达到和应注意的技术指标。

（4）装配体的工艺结构。在机器或部件的设计中，应该考虑装配结构的合理性，以保证机器或部件的工作性能可靠；安装和维修方便。

（5）装配图的识读。识读装配图主要是了解构成装配体的各零件间的相互关系，以及它们在装配体中的位置、作用、固定或连接方法、运动情况及装拆顺序等，从而进一步了解装配体的性能、工作原理及各零件的主要结构形状。归纳起来，装配图的要领有"四看四明"。

①看标题，明概况。

②看视图，明方案。

③看投射，明结构。

④看配合，明原理。

（6）装配图的绘制。绘制装配图的步骤要领归结为"四定一审"。

①定数。选择必要的视图和剖切面，确定视图数量。

②定位。配置各视图的相对位置及需要的范围。

③定基。选定作图基准，通常以底面和中心线为基准。

④定号。图形画成后，将零件按一定的时针方向编排序号，完成标题栏、明细栏。

⑤审核。认真负责，周到细致，整理加深。

（7）拆画装配图中的主要零件。

任务二　识读装配图中标准件

任务引入

在各种机械设备中，经常会遇到一些通用的零部件，这类零部件使用广泛，需求量大，为便于专业化生产，提高生产效率，方便零部件的选用，把它们的结构、尺寸、标记和画法标准化，这类零部件称为标准件（如螺栓、螺母、螺钉、垫片、滚动轴承、键、销等）。齿轮、弹簧等零件的部分结构和参数也标准化，此类零部件称为常用件。标准件一般由专业化工厂进行大批量生产，使用时可根据规格、型号等在市场购买。在机械图样中，对标准件和常用件的某些结构和形状不必按其真实投影画出，而是根据国家标准所规定的画法、代号和标记进行绘图和标注。

【知识目标】
1. 了解螺纹的形成和加工方法；
2. 掌握螺纹的规定画法；
3. 掌握常用螺纹连接画法；
4. 掌握键、销连接的规定画法；
5. 掌握直齿圆柱齿轮及齿轮啮合图的规定画法；
6. 掌握滚动轴承的规定画法。

【能力目标】
1. 能够按照国标规定和需要绘制标准件的视图；
2. 识读装配图中的标准件和常用件；
3. 能够正确选用标准件。

一、螺纹、螺纹紧固件、螺纹连接的画法

螺纹连接件是标准件中的一种，是机器中最常用的连接零件，通常用于将机器中分离的两个零件连接起来，起紧固作用。常用的螺纹紧固件有：螺栓、螺柱、螺钉、螺母及垫圈等，如图1-5-39所示。螺纹紧固件的类型和结构形式多样，大多已标准化，并由有关专业工厂大量生产。装配图中，通常只需用简化画法表达，同时给出其规定标记。根据规定标记，可在相应的标准中查出其相关尺寸。

图1-5-39　常用的螺纹紧固件

螺纹是在圆柱（或圆锥）表面上，沿着螺旋线所形成的具有相同断面形状的连续凸起和沟槽。凸起部分一般称为"牙"。螺纹分为外螺纹和内螺纹两种，成对使用。在圆柱或圆锥外表面上加工的螺纹称外螺纹，在圆柱或圆锥内表面上加工的螺纹称内螺纹，如图1-5-40所示。

螺纹连接件是标准件,反映螺纹结构的形状与尺寸称螺纹要素。内、外螺纹成对使用,其旋合的前提是必须具有相同的螺纹要素。螺纹要素有:牙型、螺纹直径、线数、螺距与导程、旋向。

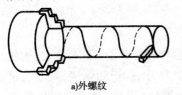

a)外螺纹　　　b)内螺纹

图1-5-40　螺纹的形成

在通过螺纹轴线的断面上,螺纹的轮廓形状,称为螺纹牙型。它由牙顶、牙底和两牙侧构成,并形成一定的牙型角,牙顶为螺纹表面凸起的部分,牙底为螺纹表面沟槽的部分。常见的螺纹牙型有三角形、梯形、锯齿形和矩形等多种,如图1-5-41所示。三角形螺纹用于连接,梯形和锯齿形螺纹用于传递动力。

a)粗牙螺纹(牙型角60°)

b)细牙螺纹(牙型角60°)

c)管螺纹(牙型角55°)

d)梯形螺纹

e)锯齿形螺纹

f)矩形螺纹

图1-5-41　螺纹的牙型

1. 螺纹直径

螺纹的直径有三种:外螺纹的大径、小径和中径分别用符号 d、d_1 和 d_2 表示;内螺纹的大径、小径和中径分别用符号 D、D_1 和 D_2 表示,如图1-5-42所示。

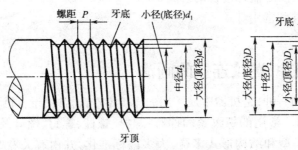
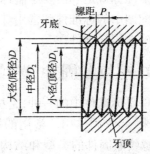

图1-5-42　螺纹直径

(1)大径:大径又称为螺纹的公称直径。它是指与外螺纹牙顶或内螺纹牙底相切的假想圆柱或圆锥的直径。

(2)小径:是指与外螺纹牙底或内螺纹牙顶相切的假想圆柱或圆锥的直径。

(3)中径:在大径与小径圆柱之间有一假想圆柱,在其母线上牙型的沟槽和凸起宽度相等。

2. 线数 n

螺纹有单线和多线之分:沿一条螺旋线所形成的螺纹称为单线螺纹;沿两条或两条以上且在轴向等距分布的螺旋线所形成的螺纹称为多线螺纹,如图1-5-43所示。螺纹的线数用 n 表示。

3. 螺距 P 与导程 P_h

相邻两牙在中径线上对应两点间的轴向距离称为螺距,用"P"表示。同一条螺旋线上的相邻两牙在中径线上对应两点间的轴向距离称为导程,用"P_h"表示。单线螺纹的导程等于螺距,即 $P_h = P$。多线螺纹的导程等于线数乘以螺距,即 $P_h = nP$,对于图 1-5-43b)的双线螺纹,则 $P_h = 2P$。

4. 螺纹旋向

内、外螺纹旋合时的旋转方向称为旋向。螺纹旋向分右旋和左旋两种,如图 1-5-44 所示。顺时针方向旋转时沿轴向旋入的螺纹是右旋螺纹,其可见螺旋线表现为左低右高的特征,如图 1-5-44b)所示;逆时针方向旋转时沿轴向旋入的螺纹称为左旋螺纹,其可见螺旋线具有左高右低的特征,如图 1-5-44a)所示。工程上以右旋螺纹应用为多。

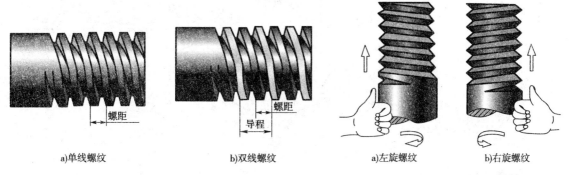

a)单线螺纹 b)双线螺纹 a)左旋螺纹 b)右旋螺纹

图 1-5-43 螺纹的线数、螺距和导程　　　　图 1-5-44 螺纹的旋向

【特别提示】

外螺纹和内螺纹成对使用,只有牙型、大径、螺距、线数和旋向等要素都相同时,才能旋合在一起。在螺纹的诸要素中,牙型、大径、螺距(导程)、线数、旋向是决定螺纹结构规格的最基本的要素,称为螺纹五大要素。

二、螺纹的简化画法、规定标记及紧固件连接

螺纹一般不按真实投影作图,而是按国家标准《机械制图　螺纹及螺纹紧固件表示法》(GB/T 4459.1—1995)和《普通螺纹　公差》(GB/T 197—2003)中规定的螺纹画法绘制。按此画法作图并加以标注,就能清楚的表示螺纹的类型、规格和尺寸。

1. 外螺纹的画法

(1)螺纹的牙顶用粗实线表示,牙底用细实线表示,螺杆的倒角或倒圆部分也应画出。通常,小径按大径的 0.85 倍画出,如图 1-5-45a)所示。

(2)当需要表示螺纹收尾时,螺纹尾部的小径用与轴线呈 30°的细实线绘制,如图 1-5-45a)所示。完整螺纹的终止界线(简称螺纹终止线)在视图中用粗实线表示,如图 1-5-45b)所示。

(3)在剖视图中,按图 1-5-45c)主视图的画法绘制(即终止线只画螺纹牙型高度的一小段),剖面线必须画到表示牙顶的粗实线为止。

(4)在投影为圆的视图中,牙顶画粗实线圆(大径圆);表示牙底的细实线圆(小径圆)只画约 3/4 圈,如图 1-5-45a)、b)、c)所示。

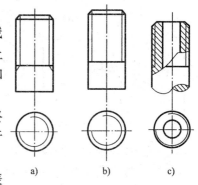

a)　　b)　　c)

图 1-5-45 外螺纹表达

绘图注意事项,如图 1-5-46 所示。

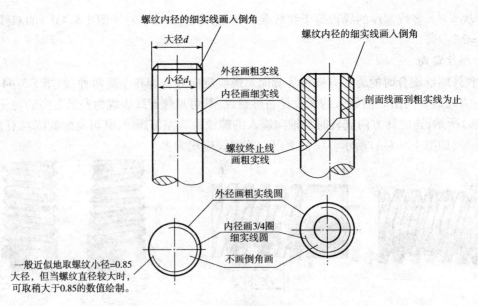

图 1-5-46　外螺纹绘制注意事项

2. 内螺纹的画法

通常,内螺纹的三视图都是不可见的,因此在视图中表示时大径线和小径线都是虚线,如图 1-5-49b)所示。

表达内螺纹一般采用剖视图,如图 1-5-47a)所示。内螺纹绘制时:

(1)不论内螺纹牙型如何,在剖视图中,螺纹的牙顶用粗实线表示,牙底用细实线表示。螺纹终止线用粗实线表示。剖面线应画到表示牙顶的粗实线为止,如图 1-5-48 所示。

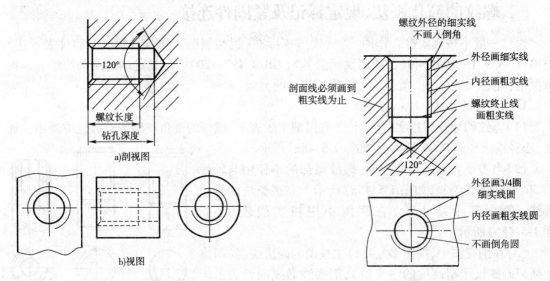

图 1-5-47　内螺纹表达　　　　　图 1-5-48　内螺纹绘制注意事项

(2)在投影为圆的视图中,牙顶画粗实线圆(小径圆),表示牙底的细实线圆(大径圆)只画约 3/4 圈。

(3)绘制不穿通的螺孔时,一般应将钻孔深度与螺孔的深度分别画出,钻孔深度比螺孔的深度大 $0.5d$。由于钻头的顶角为 $118°\sim 120°$,因此钻孔底部的圆锥凹坑的锥角应画为 $120°$。

【特别提示】

(1) 在螺纹三视图中,圆视图一般不画螺纹倒角、尾线、退刀槽等。如图1-5-46、图1-5-48所示。

(2) 在图形中一般不表示螺纹牙型,当需要表示螺纹牙型或表示非标准螺纹(如矩形螺纹)时,可按图1-5-49的形式在剖视图中表示几个牙形(图1-5-49a、b所示为梯形螺纹);也可用局部放大图表示(图1-5-49c所示为矩形螺纹)。

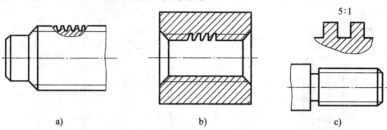

图1-5-49 螺纹牙型表示法

(3) 圆锥形螺纹的画法如图1-5-50所示,在垂直于轴线的投影面的视图中(投影为圆),左视图上按螺纹的大端绘制;右视图上按螺纹的小端绘制。

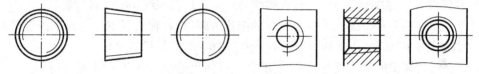

图1-5-50 圆锥形螺纹画法

3. 螺纹标记

由于螺纹规定画法不能表示螺纹的种类和螺纹各要素,因此绘制螺纹图样时,必须按照国家标准所规定的格式和相应代号进行标注。普通螺纹的代号M,英制管螺纹代号G、R、RP、RC,梯形螺纹代号Tr,锯齿形螺纹代号B。

(1) 普通螺纹。普通螺纹用尺寸标注形式标注在螺纹的大径上,标注的具体项目有螺纹代号、公称直径、螺距、旋向、中径公差带代号、顶径公差带代号、旋合长度代号。

公称直径系螺纹大径。同一公称直径的普通螺纹,其螺距分为粗牙(一种)和细牙(多种)。因此,粗牙不需标注螺距,而在标注细牙螺纹时,必须标注螺距。右旋螺纹不标注旋向,左旋螺纹用LH表示。

普通螺纹必须标注螺纹的公差带代号。数字表示螺纹的公差等级,字母表示公差带位置;大写字母代表内螺纹,小写字母代表外螺纹,如"M10-5g6g";若两组公差带相同,则只写一组,如"M12×1-6H"。

普通螺纹的旋合长度分为短、中、长三种,其代号分别为S、N、L。若为中等旋合长度,旋合代号可以省略,也可直接用数值注出旋合长度值。如"M20-6H-32",表示旋合长度32mm。

【特别提示】

① 内、外螺纹的顶径公差带有所不同,外螺纹顶径公差带是指大径,而内螺纹的顶径公差带是指小径。

② 公称直径以毫米为单位的螺纹(如普通螺纹、梯形和锯齿形螺纹等),其标记直接注在大径的尺寸线上,如图1-5-51所示;管螺纹的标记一律注在由大径处引出的水平折线上,如图1-5-52所示。

(2)传动螺纹。传动螺纹主要指梯形螺纹和锯齿形螺纹,它们也有尺寸标注形式,标注的主要内容有螺纹代号、公称直径、螺距(导程)、旋向、中径公差带代号、旋合长度代号。

梯形螺纹的代号用字母 Tr 表示,锯齿形螺纹用字母 B 表示;单线螺纹只标注螺距,多线螺纹应标注螺距(导程);右旋螺纹不标注,左旋螺纹标注代号"LH";梯形和锯齿形螺纹只标注中径公差带代号;梯形和锯齿形螺纹的公称直径为螺纹的大径;旋合长度为中等时,可省略旋合长度代号 N。梯形和锯齿形螺纹尺寸标注时从大径处引出尺寸线,按标注尺寸的形式进行标注,如图 1-5-52 所示。

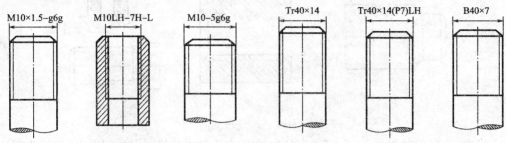

图 1-5-51 普通螺纹标注　　　　　　图 1-5-52 梯形螺纹和锯齿形螺纹标注

(3)管螺纹。管螺纹分为 55°密封管螺纹、55°非密封管螺纹、60°密封管螺纹。

55°密封管螺纹又有与圆柱内螺纹配合的圆锥外螺纹,特征代号 R1;与圆锥内螺纹配合的圆锥外螺纹,代号 R2;圆锥内螺纹,代号 Rc;圆柱内螺纹,特征代号 Rp。

55°非密封管螺纹的特征代号是 G,它的公差等级代号只有 A、B 两个精度等级。

管螺纹标注的具体内容有:

①55°密封管螺纹:螺纹特征代号、尺寸代号、旋向代号。

②55°非密封管螺纹:螺纹特征代号、尺寸代号、公差等级代号、旋向代号。

管螺纹必须采用从大径轮廓线上引出的标注方法,各种管螺纹的尺寸代号都不是螺纹的大径,而近似地等于管子的孔径。右旋螺纹不标注旋向代号,左旋螺纹标注"LH"。

管螺纹标注示例如图 1-5-53 所示。

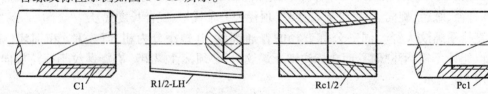

图 1-5-53 管螺纹的标注

(4)绘制常用螺纹紧固件及其连接

单个螺纹没有使用意义,只有内外螺纹旋合在一起,才能起到连接和紧固作用。常用的螺纹紧固件如表 1-5-1 所示。

常用螺纹紧固件的标记与图例　　　　　　表 1-5-1

名称及国标号	图　例	标记及说明
六角头螺栓(A 和 B 级) 《六角头螺栓》(GB/T 5782—2000)	（图：六角头螺栓，M12，长度50）	螺栓 M12×50(GB/T 5782—2000)表示 A 级六角头螺栓,螺纹规格 d = M12,公称长度 l = 60mm

续上表

名称及国标号	图 例	标记及说明
双头螺栓 《双头螺栓 $b_m = 1d$》(GB/T 897—1988);《双头螺栓 $b_m = 1.25d$》(GB/T 898—1988);《双头螺栓 $b_m = 1.5d$》(GB/T 899—1988);《双头螺栓 $b_m = 2d$》(GB/T 900—1988)		螺栓 M12×50(GB/T 897—1988) 表示 B 型双头螺栓,两端均为粗牙普通螺纹,螺纹规格 d = M12,公称长度 l = 50mm(旋入长度 $b_m = d$,钢、青铜材料); 螺栓 M12×1×50(GB/T 897—1988)表示 A 型双头螺栓,一端为粗牙普通螺纹,旋入一端为螺距 P = 1 的细牙螺纹,螺纹规格 d = M12,公称长度 l = 50mm($b_m = 1.25d$,或 $b_m = 1.5d$,旋入材料为铸铁)。此外,旋入为铝材时,$b_m = 2d$
开槽沉头螺钉(GB/T 68—2000)		螺钉 M12×50(GB/T 68—2000) 表示开槽沉头螺钉,螺纹规格 d = M12,公称长度 l = 50mm
《开槽圆柱头螺钉》(GB/T 65—2000)		螺钉 M5×25(GB/T 65—2000)表示长圆柱端紧定螺钉,螺纹规格 d = M5,公称长度 l = 25mm
《1 型六角螺母》(GB/T 6170—2000)		螺母 M12(GB/T 6170—2000)表示 A 级 1 型六角螺母,螺纹规格 D = M12
《1 型六角开槽螺母 A 和 B 级》(GB/T 6178—2000)		螺母 M16(GB/T 6178—2000)表示 A 级 1 型六角开槽螺母,螺纹规格 D = M16
《平垫圈 A 级》(GB/T 97.1—2002)		垫圈 12(GB/T 97.1—2002)表示 A 级平垫圈,公称尺寸(螺纹规格)d = 12mm,性能等级为 140HV 级
《标准型弹簧垫圈》(GB/T 93—1987)		垫圈 20(GB/T 93—1987)表示标准型弹簧垫圈,规格(螺纹大径)为 20mm

常用螺纹紧固件通常按照比例画法进行绘制,其画法如表1-5-2所示。

常用螺纹紧固件的画法　　　　　　　表1-5-2

名　称	比 例 画 法	说　明
螺母		d 为螺母的公称直径；螺母高度尺寸 $S=0.8d$；对角尺寸 $e=2d$；螺母厚度尺寸 $m=0.8d$
螺栓		d 为螺母的公称直径，螺栓头的厚度 $s=0.7d$；螺栓头的对角尺寸 $e=2d$
平垫片		垫片的外径 $=2.2d$，小径 $=1.1d$，垫片厚度 $=0.15d$
弹簧垫片		垫片的外径 $=1.5d$，小径 $=1.1d$，垫片厚度 $=0.25d$，垫片的开口尺寸 $=0.1d$
开槽沉头螺钉		开槽沉头螺钉,螺钉头锥度 $90°$,槽宽 $0.25d$,槽深 $0.25d$

续上表

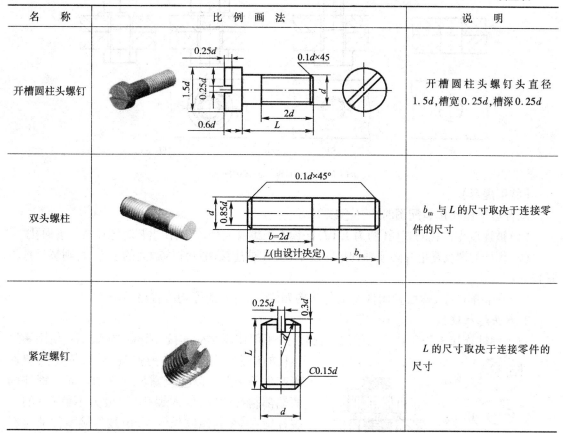

名 称	比 例 画 法	说 明
开槽圆柱头螺钉		开槽圆柱头螺钉头直径 $1.5d$,槽宽 $0.25d$,槽深 $0.25d$
双头螺柱		b_m 与 L 的尺寸取决于连接零件的尺寸
紧定螺钉		L 的尺寸取决于连接零件的尺寸

三、螺纹连接画法

螺纹紧固件连接属于可拆卸连接,是工程上应用最多的连接方式。常见的连接方式有螺栓连接、螺柱连接和螺钉连接,普通螺栓连接,如图 1-5-54 所示。

螺纹连接件的连接图是简单装配图的一部分,其画法应符合装配画法的基本规定。在螺纹连接的装配图中,当剖切平面通过连接件的轴线时,螺栓、螺柱、螺钉、螺母及垫圈等均按未剖切绘制,接触面只画一条粗实线,不接触的表面,不论间隙多小,在图中都应画出间隙(如螺栓与孔之间应画出间隙)。相邻两零件剖面线方向相反,而同一个零件在各剖视图中,剖面线的倾斜角度、方向和间隔都应相同。螺纹紧固件的工艺结构,如倒角、退刀槽、缩颈、凸肩等均可省略不画。

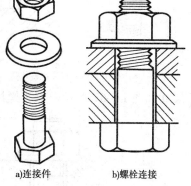

a)连接件　　b)螺栓连接

图 1-5-54　普通螺栓连接

1.普通螺栓连接

普通螺栓连接是将螺栓的杆身穿过两个被连接的通孔,套上垫圈,再用螺母拧紧,使两个零件连接在一起的一种连接方式。通常用于连接厚度不大的两个零件,其孔的直径略大于螺纹大径(约为 $1.1d$),其紧固件通常按比例画法。其连接过程如图 1-5-55 所示。

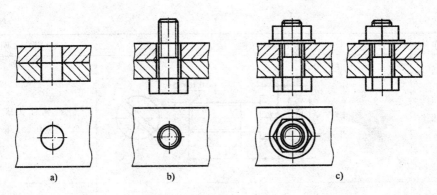

图 1-5-55　普通螺纹连接的画法

【特别提示】

画普通螺栓连接装配图时应注意以下两点：

(1) 被连接零件孔的直径(约为 $1.1d$)必须大于螺纹大径,否则在组装时螺栓装不进通孔。

(2) 螺栓的螺纹终止线必须画到垫圈之下(应在被连接两零件接触面的上方,否则螺母拧不紧)。

(3) 在装配图中,螺纹紧固件的工艺结构如倒角、退刀槽等均可省略不画。

2. 双头螺柱连接

双头螺柱连接多用于被连接件之一比较厚、不便使用螺栓连接、因拆卸频繁不宜使用螺钉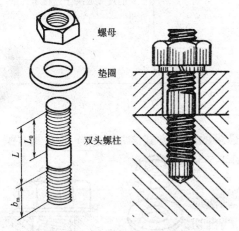连接的地方。螺母下边为弹簧垫圈,依靠其弹性所产生的摩擦力以防止螺母的松动。双头螺柱的两端都制有螺纹,旋入螺孔(一般为不通孔)的一端称旋入端(其螺纹长度 b_m 由被连接零件的材料决定),与螺母旋合的另一端称为紧固端(其螺纹长度 b 可由相关标准查得,比例画法中为 $2d$),如图 1-5-56 所示。

图 1-5-56　双头螺柱连接

螺柱的公称长度 L 可按下式估算：

$$L \geqslant \delta + 0.25d + 0.8d + (0.2 \sim 0.3)d$$

根据上式的估算值,对照有关标准手册中螺柱的标准长度系列,选取与估算值相近的标准长度值作为 L 值。双头螺柱连接亦按比例画法绘制,尺寸如图 1-5-57 所示。双头螺柱连接步骤的画法如图 1-5-58 所示。

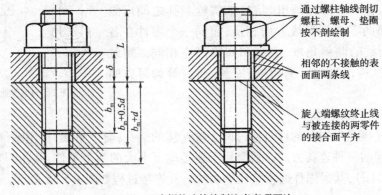

图 1-5-57　双头螺柱连接绘制注意事项画法

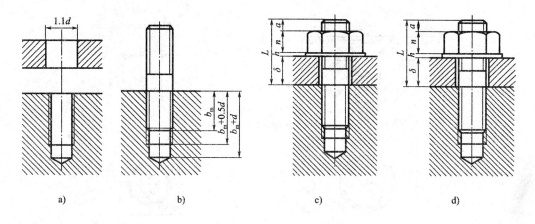

图 1-5-58 双头螺柱连接绘制步骤

【特别提示】

画螺柱连接装配图时应注意:

(1) 被连接零件上的螺孔深度应大于螺柱的旋入深度 b_m,一般可取 $b_m+0.5d$,钻孔深度应稍大于螺孔深度,一般可取螺纹长度加 $0.5d$。

(2) 螺柱的旋入部分必须按内、外螺纹连接画法画出,紧固端的画法与螺栓连接相应部分的画法相同。

3. 螺钉连接

螺钉连接多用于受力不大和不常拆卸的零件之间的连接,一般是在较厚的主体零件上加工出螺孔,而在另一个被连接零件上加工成通孔,然后把螺钉穿过通孔旋进螺孔从而达到连接的目的。

螺钉连接按用途可分为连接螺钉(图 1-5-59)和紧定螺钉两种。

常用的连接螺钉有开槽圆柱头螺钉和开槽沉头螺钉,它们的连接画法与螺柱连接画法相似,如图 1-5-60 为圆柱头开槽螺钉连接比例画法示例。

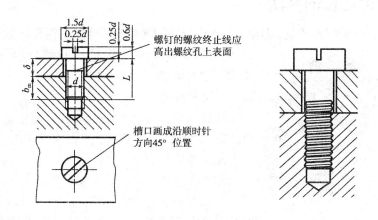

图 1-5-59 圆柱头开槽螺钉连接

紧定螺钉常用于定位、防松而且受力较小的情况,如图 1-5-61 所示。

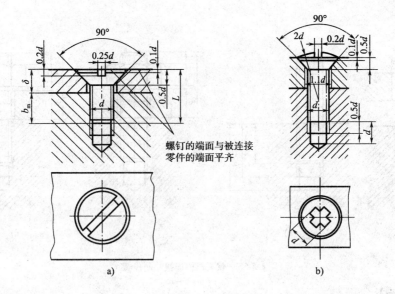

图 1-5-60 圆锥头开槽沉头螺钉连接

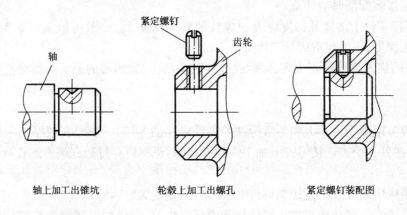

图 1-5-61 紧定螺钉连接

四、键与键连接的画法

为使轴上的传动零件(齿轮、带轮等)能够与轴同步转动,通常在轮孔和轴上分别加工出键槽,再用键将轴、轮连接起来,以便与轴一起运动和传递动力。键连接,如图 1-5-62 所示。

1. 键的种类

键是标准件,其种类较多,有普通平键、半圆键、钩头楔键等,如图 1-5-63 所示。平键应用最广,其结构和尺寸可查相关手册。

2. 平键键槽的画法与尺寸标注

(1)普通平键的形式及标记(GB/T 1096—2003)。国家标准分别规定了平键的尺寸和键槽的断面尺寸与公差,以及普通平键的三种形式(A、B、C)及其标记示例。标记时只有 A 型平键可省略型号字母 A,如表 1-5-3 所示。

图 1-5-62 键连接

 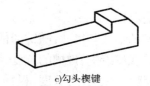

a) 平键　　　　　　b) 半圆键　　　　　　c) 勾头楔键

图 1-5-63　键的种类

普通平键的形式和标记示例　　　　　　表 1-5-3

名　称	图　例	标记示例	说　明
A 型键	A型	键 5×20　GB/T 1096—2003	圆头普通平键，$b=5$mm，$L=20$mm，标记省略"A"
B 型键	B型	键 B5×20　GB/T 1096—2003	平头普通平键，$b=5$mm，$L=20$mm
C 型键	C型	键 C5×20　GB/T 1096—2003	单圆头普通平键，$b=5$mm，$L=20$mm

（2）平键键槽的画法及尺寸标注。键连接由键、轴键槽、轮毂键槽三部分组成。键的尺寸、键槽的尺寸都是标准的，可根据被连接的轴径在标准中查得，轴上和轮毂孔内的键槽的加工、画法与尺寸标注如图 1-5-64a)、b)所示。

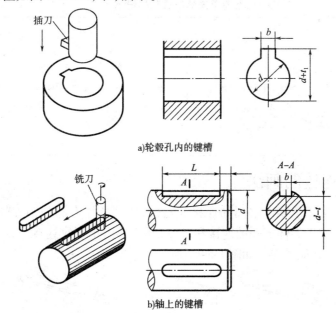

a) 轮毂孔内的键槽

b) 轴上的键槽

图 1-5-64　轴上键槽的加工、画法与尺寸标注

【特别提示】

(1) 键槽的形式和尺寸,随键的标准化而有相应的标准。

(2) 设计或测绘中,键槽的宽度、深度和键的宽度、高度等尺寸,可根据被连接的轴径在标准中查得。键长和键槽的长度,根据轮毂宽度,在键的长度标准系列中选用(键长不超过轮毂宽)。

(3) 为了安装方便,孔中的键槽通常为通槽。

3. 平键的连接画法

在剖视图中,当剖切面纵向通过键、轴的轴线以及键的对称平面时,键按不剖画出,如图 1-5-65 所示。

绘制平键连接时,普通平键的两侧面是工作面,它与轴、轮毂的键槽两侧面相接触,分别只画一条线。平键顶面为非工作面,它与轮毂键槽顶面之间有间隙,图中用两条线表示。

4. 半圆键的连接画法

半圆键连接和普通平键连接的作用原理相似,键的两侧面是工作面,它与轴、轮毂的键槽两侧面相接触。半圆键常用于载荷不大的传动轴上。半圆键的尺寸规格如表 1-5-4 所示。半圆键的连接画法如图 1-5-66 所示。

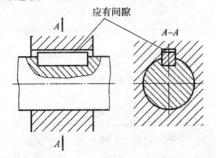

图 1-5-65 普通平键连接的画法

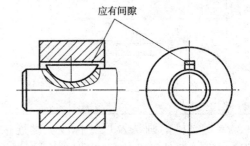

图 1-5-66 半圆键的连接的画法

普通平键的形式和标记示例　　　　　　　　表 1-5-4

名　称	图　例	标记示例	说　明
半圆键	(图示)	键 6 × 25　GB/T 1099.1—2003	$b=6mm, d=25mm$

五、销与销连接的画法

销的种类很多,常用于零件之间的连接或定位,常用的销有圆柱销、圆锥销和开口销等。圆柱销、圆锥销通常用于零件之间的连接和定位,开口销用于螺纹连接的锁紧装置,用来防止连接螺母松动或固定其他零件。如图 1-5-67 所示。

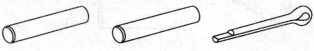

图 1-5-67　圆柱销、圆锥销和开口销

销是标准件,其结构形式和尺寸都已标准化,可从相关标准手册中查到。三种销的标注编号和标记如表 1-5-5 所示。

圆柱销、圆锥销和开口销的形式和标记示例　　　　表 1-5-5

名　称	图　例	标准号与标记	标记示例
圆柱销		GB/T 119.1—2000 A10m6×80	公称直径 d = 10mm,公差带 m6,L = 80mm,材料为钢不经表面处理的圆柱销
圆锥销		GB/T 117—2000 10×80	公称直径 d = 10mm,L = 80mm,材料为 35 号钢,热处理硬度 28~38HRC,表面硬化处理的 A 型圆锥销,公称直径指小端直径
开口销		GB/T 91—2000 4×20	公称直径 d = 4mm(指销孔的直径),L = 20mm,材料为低碳钢,不经表面处理

圆柱销或圆锥销的装配要求较高,销孔一般要在被连接零件装配时同时加工。这一要求需在相应的零件图上注明。锥销孔的公称直径指小端直径,标注时应采用旁注法。锥销孔加工时按公称直径先钻孔,再选用定值铰刀扩铰成锥孔,如图 1-5-68 所示。

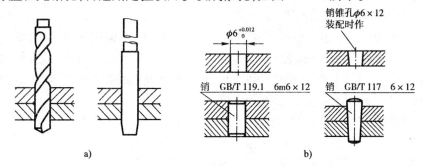

图 1-5-68　圆柱销孔的加工方法与标注方法

1. 圆柱销(GB/T 119.1—2000)

圆柱销主要用于定位,也可用于连接,只能传递不大的载荷。

普通圆柱销,按直径的公差不同分为 A、B、C、D 四种形式,直径不同的公差,可与销孔形成不同的配合。

圆柱销的连接画法,如图 1-5-69a)所示。

2. 圆锥销

圆锥销分 A、B 两种形式,有 1:50 的锥度(有自锁作用),定位精度比圆柱销高。主要用于定位,也可用于固定零件、传递动力。多用于经常装拆的轴上。圆锥销的连接画法,如图 1-5-69b)所示。

锥销孔的公称直径指小端直径,标注时应采用旁注法,如图 1-5-68 所示。锥销孔加工时按公称直径先钻孔,再选用定值铰刀扩铰成锥孔。由于用销连接的两个零件上的销孔通常需一起加工,因此,在图样中标注销孔尺寸时一般要注写"配作"。圆锥销的公称直径是小端直径,在圆锥销孔上需用引线标注尺寸。

3. 开口销

开口销常与槽形螺母配合使用,它穿过螺母上的槽和螺杆上的孔,以防止螺母松动,从而起防松作用。开口销的连接画法,如图1-5-70所示。

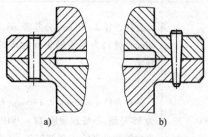

图1-5-69　圆柱销与圆锥销连接的画法

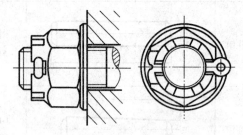

图1-5-70　开口销连接的画法

【特别提示】

画销连接图时,当剖切平面通过销的轴线时,销按不剖绘制,加工有销孔的轴类零件,则按局部剖画出。

六、滚动轴承的画法

滚动轴承是支承轴的一种标准组件。由于结构紧凑、摩擦力小、寿命长等优点,在现代机械设备中得到广泛应用。滚动轴承也是标准件,其结构和尺寸均已经标准化,由专门的工厂生产。使用时可根据设计要求,按照国家标准规定的代号选用。

1. 滚动轴承的结构、分类和代号

(1) 滚动轴承的结构。滚动轴承由外圈、内圈、滚动体、隔离架四部分组成,如图1-5-71所示。通常情况下,外圈装在机座或轴承座的孔内,一般固定不动或偶做少许运动;内圈装在轴上,随轴一起转动;滚动体装在内外圈之间的轨道内,有滚珠、滚柱、滚锥等类型;保持架用以均匀分布滚动体以防止滚动体之间的摩擦和碰撞。

(2) 滚动轴承的类型。滚动轴承按承受载荷的方向不同,有三种类型:

① 向心轴承,主要承受径向载荷,如深沟球轴承(图1-5-71a)。

② 推力轴承,主要承受轴向载荷,如推力球轴承(图1-5-71b)。

③ 向心推力轴承,同时承受径向和轴向载荷,如圆锥滚子轴承(图1-5-71c)。

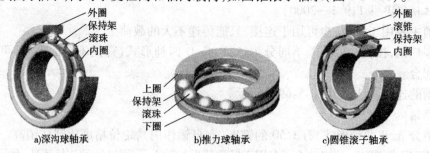

图1-5-71　滚动轴承的基本结构与类型

(3) 滚动轴承的代号与标记。

滚动轴承的代号是用字母加数字来表示轴承的结构、尺寸、公差等级、技术性能等特征的产品符号。

滚动轴承代号由基本代号、前置代号和后置代号构成。

滚动轴承基本代号表示轴承的基本类型、结构和尺寸,是轴承代号的基础。

轴承基本代号由轴承类型代号、尺寸系列代号和内径代号构成,基本代号最左边的一位数字或字母是轴承的类型代号,如表1-5-6所示;接着是轴承的尺寸系列代号,由轴承的宽(高)度系列代号和直径系列代号组成。向心轴承、推力轴承的尺寸系列代号如表1-5-7所示。组合排列时,宽度系列在前,直径系列在后,表示同一内径的轴承,其内外圈的宽度和厚度不同,承载能力也不同,具体可由轴承样本中《滚动轴承 代号方法》(GB/T 272—1993)中查取;最后是轴承的内径代号,用数字表示,当内径≥20mm时,内径代号数字为轴承的公称内径除以5的商数,当商数为个位数时,需在左边加"0",使之成为两位数,当内径≤20mm时,内径代号另有规定,如表1-5-8所示。

滚动轴承的类型代号(GB/T 271—2008) 表1-5-6

代号	轴承类型	代号	轴承类型
0	双列角接触球轴承	6	深沟球轴承
1	调心球轴承	7	角接触球轴承
2	调心滚子轴承和推力调心滚子轴承	8	推力圆柱滚子轴承
3	圆锥滚子轴承	N	外圈无挡边圆柱滚子轴承
4	双列深沟球轴承	UK	圆锥孔外球面球轴承
5	推力球轴承	QJ	双半内圈四点接触球轴承

注:表中代号后或前加字母或数字表示该类轴承中的不同结构。

向心轴承、推力轴承尺寸系列代号 表1-5-7

直径系列代号	向心轴承								推力轴承			
	宽度系列代号								高度系列代号			
	8	0	1	2	3	4	5	6	7	9	1	2
	尺寸系列代号											
7	—	—	17	—	37	—	—	—	—	—	—	—
8	—	08	18	28	38	48	58	68	—	—	—	—
9	—	09	19	29	39	49	59	69	—	—	—	—
0	—	00	20	20	30	40	50	60	70	90	10	—
1	—	01	10	21	31	41	51	61	71	91	11	—
2	82	02	11	22	32	42	52	62	72	92	12	22
3	83	03	12	23	33	—	—	—	73	93	13	23
4	—	04	24	—	—	—	—	—	74	94	14	24
5	—	—	—	—	—	—	—	—	—	95	—	—

滚动轴承内径代号及其示例 表1-5-8

轴承公称内径(mm)	内径代号	示 例
0.6~10(非整数)	用公称内径mm数直接表示,但在尺寸系列代号之间用"/"分开	深沟球轴承618/2.5 $d = 2.5$mm
1~9(非整数)	用公称内径mm数直接表示,对深沟球轴承及角接触球轴承7、8、9直径系列,内径与尺寸系列代号之间用"/"分开	深沟球轴承625 深沟球轴承618/5 二者的 $d = 5$mm

续上表

轴承公称内径(mm)		内径代号	示 例
10~17	10	00	深沟球轴承6200 $d=10$mm
	12	01	
	15	02	
	17	03	
20~480(22、28、32除外)		公称内径除以5的商数,商数为个位数,需在商数前加"0",使之成为两位数,如08	调心滚子轴承23208 $d=40$mm
大于和等于500以及22、28、32		用公称内径mm数直接表示,但在尺寸系列代号之间用"/"分开	调心滚子轴承230/500 $d=500$mm 深沟球轴承62/22 $d=22$mm

滚动轴承的基本代号一般由5个数字组成,如图1-5-72所示。

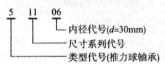

图1-5-72 滚动轴承的基本代号

滚动轴承的前置代号和后置代号是轴承在结构形状、尺寸、公差、技术要求等有改变时,在其基本代号左、右添加的补充代号,其排列见表1-5-9。具体内容可查阅有关的国家标准。

2. 绘制滚动轴承的视图

滚动轴承可采用通用画法、特征画法及规定画法。特征画法又称为简化画法。

(1) 通用画法。在剖视图中,当不需要确切地表示滚动轴承的外形轮廓、载荷特性、结构特征时,可用矩形线框及位于线框中央正立的十字形符号表示,十字符号不应与剖面轮廓线接触。矩形线框和十字形符号均用粗实线绘制。表1-5-10所示为滚动轴承通用画法的尺寸比例示例。

滚动轴承的前置与后置代号　　表1-5-9

前置代号	轴承代号								
	基本代号	后置代号(组)							
		1	2	3	4	5	6	7	8
成套轴承分部件		内部结构	密封与防尘套圈变形	保持架及其材料	轴承材料	公差等级	游隙	配置	其他

(2) 特征画法。在剖视图中,如需较形象地表示滚动轴承的结构特征时,可采用在矩形线框内画出其结构要素符号的方法表示。常用滚动轴承的特征画法的尺寸比例示例如表1-5-10所示。

(3) 规定画法。规定画法一般绘制在轴的一侧,另一侧按通用画法绘制。用规定画法绘制滚动轴承的剖视图时,轴承的滚动体不画剖面线,其各套圈等可画成方向和间隔相同的剖面线,如表1-5-10所示。

在装配图中,滚动轴承的保持架、倒角等可省略不画;安装滚动轴承的轴及外壳时,为了保证轴承端面与挡肩接触,轴和外壳孔的最大圆角半径(r_s)应小于轴承圆角半径(r_{as});挡肩的高度不要过大,考虑安装和拆卸的方便,应留有余量,如图 1-5-73 所示。

常用滚动轴承的表示方法(GB/T 271—2008)　　　　表 1-5-10

轴承类型	画法			承载特征	简化符号
	轴承结构	规定画法	特征画法		
深沟球轴承 GB/T 276—94 6000 型				主要承受径向载荷	
圆锥滚子轴承 GB/T 297—94 3000 型				可同时承受径向载荷和轴向载荷	
推力球轴承 GB/T 301—95 5000 型				承受单向轴向载荷	

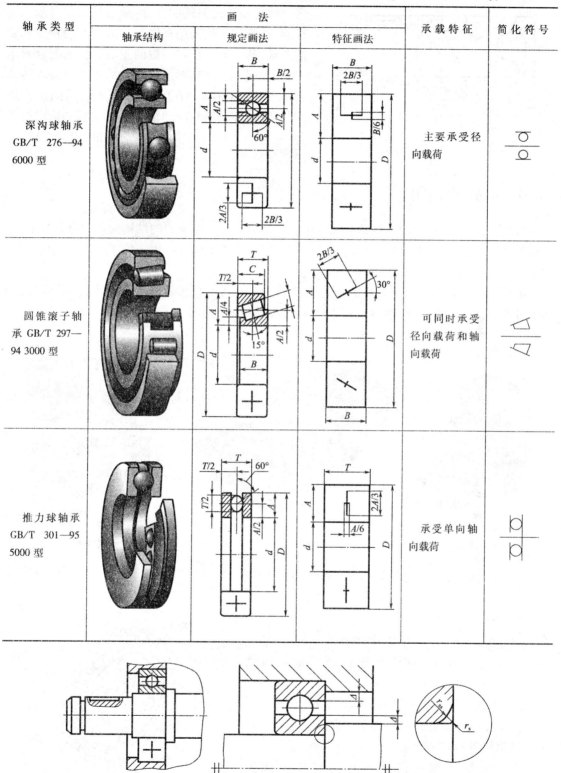

图 1-5-73　轴肩与孔肩的设计要求

3. 滚动轴承的公差与表面结构

滚动轴承是机械结构中应用极为广泛的一种标准件，通常外圈与轴承座孔或箱体孔配合，内圈与传动轴的轴颈配合，内圈与轴的配合采用基孔制，外圈与座孔采用基轴制。由于结构特点和功能要求，其公差配合与一般的光滑圆柱的配合要求不同，如图 1-5-74 所示。滚动轴承工作时要求传动平稳、噪声小，旋转精度高。而滚动轴承的工作性能与使用寿命，除与滚动轴承本身的制造精度有关外，还与轴承与其他零件的配合精度、尺寸精度、表面结构性能有关。

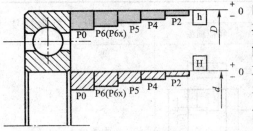

图 1-5-74 滚动轴承内、外圈的公差带

七、齿轮的画法

齿轮是常用件，广泛用于机器或部件中传递运动与动力。齿轮的结构参数中只有模数、压力角等已经标准化，其他参数应根据设计要求确定。齿轮不仅可以用来传递动力，还能改变转速和回转方向。

如图 1-5-75 所示是三种常见的齿轮传动形式，其中，圆柱齿轮通常用于平行两轴之间的传动，圆锥齿轮用于相交两轴之间的传动，蜗杆与蜗轮则用于交叉两轴之间的传动。

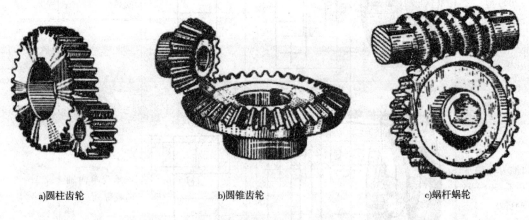

a) 圆柱齿轮　　　　b) 圆锥齿轮　　　　c) 蜗杆蜗轮

图 1-5-75 常见的齿轮传动形式

1. 圆柱齿轮

圆柱齿轮的轮齿有直齿、斜齿和人字齿等，是应用最广的一种齿轮。通常用于两平行轴之间的传动。

（1）直齿圆柱齿轮各部分名称及尺寸计算。

齿轮的结构如图 1-5-76 所示。直齿圆柱齿轮各部分名称如图 1-5-77 所示。

直齿轮的主要几何尺寸及其计算公式如表 1-5-11 所示。

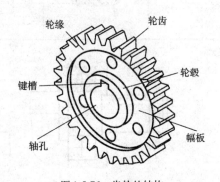

图 1-5-76 齿轮的结构

标准直齿圆柱齿轮各基本尺寸计算公式　　　　表1-5-11

名称	代号	计算公式	名称	代号	计算公式
齿距	p	$p = \pi m$	分度圆直径	d	$d = mz$
齿顶高	h_a	$h_a = m$	齿顶圆直径	d_a	$d_a = m(z + a)$
齿根高	h_f	$h_f = 1.25m$	齿根圆直径	d_f	$d_f = m(z - 2.5)$
齿高	h	$h = 2.25m$	中心距	a	$a = m(z_1 + z_2)/2$

注：基本几何要素：模数 m；齿数 z。

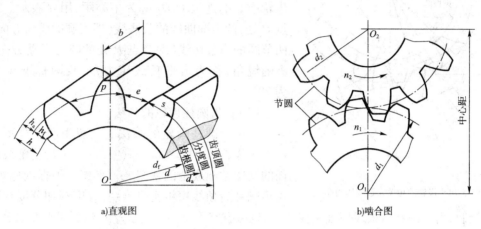

a) 直观图　　　　　　　　　　b) 啮合图

图1-5-77　直齿轮各部分的名称及啮合

【特别提示】

① 对于标准齿轮来说，分度圆是齿厚与槽宽相等处的一个假想圆，它是设计和加工齿轮时计算各部分尺寸的依据。

② 模数 m，齿轮设计的重要参数。

分度圆的周长可由下式求得：

周长 $= \pi d = pz$，即 $d = pz/\pi$

令 $m = p/\pi$，m 称为模数，由于 π 是一个无理数，为设计制造方便，国家标准规定了一系列标准模数值（表1-5-12）。

齿轮模数(mm)（摘自 GB/T 1357—2008）　　　　表1-5-12

系　列		系　列	
Ⅰ	Ⅱ	Ⅰ	Ⅱ
1	1.125	8	7
1.25	1.375	10	9
1.5	1.75	12	11
2	2.25	16	14
2.5	2.75	20	18
3	3.5	25	22
4	4.5	32	28
5	5.5	40	35
6	(6.5)	50	45

注：本表未摘录模数小于1的模数。

在选用模数时,应优先选用第一系列,其次选用第二系列,括号内的模数尽可能不选用。

当标准直齿轮的基本参数 m 和 z 确定之后,其他基本尺寸就可用表 1-5-11 所示的齿轮几何尺寸计算公式获得。

当一对齿轮啮合时,齿廓在连心线 O_1O_2 上的接触点 P 称为节点,如图 1-5-78 所示。分别以 O_1、O_2 为圆心,O_1P、O_2P 为半径作相切的两个圆,称为节圆,其直径用 d_1、d_2 表示。对于标准齿轮来说,节圆和分度圆是重合的。因此,当标准直齿轮进行啮合传动时,分度圆也是相切的。连接两齿轮中心的连线 O_1O_2 称为中心距,用 a 表示。在节点 P 处,两齿廓曲线的公法线(即齿廓的受力方向)与两节圆的内公切线(即节点 P 处的瞬时运动方向)所夹的锐角,称为齿形角或压力角,我国标准压力角为 20°。

(2)直齿圆柱齿轮的画法。

①单个圆柱齿轮的画法。一般用两个视图来表示单个齿轮(图 1-5-79)。其中,平行于齿轮轴线投影面的视图常画成全剖视图或外形图。根据国标规定,齿顶圆和齿顶线用粗实线绘制;分度圆和分度线用细点画线绘制;齿根圆和齿根线用细实线绘制,也可省略不画;在剖视图中,当剖切平面通过齿轮轴线时,轮齿一律按不剖处理,齿根线则用粗实线绘制。

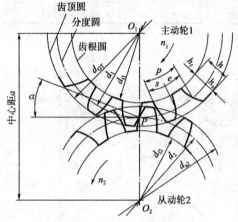

图 1-5-78 齿轮的相关参数与压力角

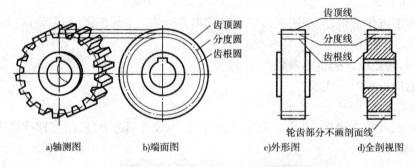

图 1-5-79 单个直齿圆柱齿轮的画法

②绘制圆柱齿轮的啮合图。一对啮合圆柱齿轮的模数 m 应相同。根据国标规定,在垂直于齿轮轴线的投影面的视图中,啮合区内的齿顶圆均用粗实线绘制(图 1-5-80a),也可省略不画(图 1-5-80b),相切的两分度圆用点画线画出,两齿根圆省略不画。

在平行于齿轮轴线的投影面的外形视图中,不画啮合区内的齿顶线,节线用粗实线画出,其他处的节线仍用点画线绘制。在剖视图中的啮合区内,一个齿轮的轮齿用粗实线绘制,另一个齿轮的轮齿被遮挡的部分,用虚线绘制,如图 1-5-80c)所示。

【特别提示】

A. 标准直齿轮啮合时,两轮的分度圆相切,如图 1-5-80b)、d)所示。

B. 非圆视图不剖时,重合的节线用粗实线表示,如图 1-5-80c)所示。

C. 啮合区内的齿顶圆画粗实线,如图 1-5-80b)所示,也可省略不画,如图 1-5-80d)所示。

D. 剖视图中啮合区内,一个齿轮的齿顶圆画虚线,如图 1-5-80a)所示。放大图如图 1-5-80e)所示。

E. 齿轮啮合时,模数和压力角分别相等。其他齿轮机构也是如此。
F. 轮齿部分按规定绘制,其余部分按真实投影绘制。如图1-5-79、图1-5-80所示。
G. 绘制斜齿圆柱齿轮的啮合图。

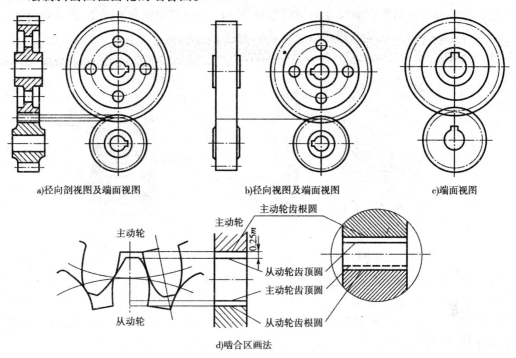

a)径向剖视图及端面视图　　b)径向视图及端面视图　　c)端面视图

d)啮合区画法

图1-5-80　圆柱齿轮的啮合时的画法

斜齿圆柱齿轮简称斜齿轮,斜齿轮的齿在一条螺旋线上,螺旋线和轴线的夹角称为螺旋角,用 β 表示。由于轮齿倾斜,斜齿轮的端面齿形与法面齿形不同,因此斜齿轮有端面齿距 p_t 和法面齿距 p_n,与之对应的也有端面模数和法面模数。法面模数按相关标准规定的模数选取。

斜齿轮的画法和直齿轮相同,但一般需要用三条与齿向相同的细实线表示螺旋线倾斜方向。如图1-5-81所示是斜齿轮的单独画法。

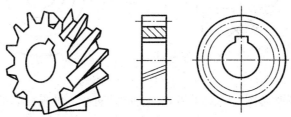

图1-5-81　单个斜齿圆柱齿轮的画法

在啮合画法中,两斜齿轮的螺旋线旋向应相反。如图1-5-82所示是斜齿轮的啮合画法。

【特别提示】

斜齿轮的螺旋角有左旋和右旋之分,图1-5-81为右旋斜齿轮。斜齿轮外啮合时,两齿轮的螺旋角大小相等,方向相反(一个左旋,一个右旋),如图1-5-82所示。内啮合时,方向相同(两齿轮同为左旋,或同为右旋)。

2. 绘制直齿圆锥齿轮的视图

圆锥齿轮通常用于垂直相交两轴之间的传动。由于轮齿位于圆锥面上,所以锥齿轮的轮齿一端大,另一端小,齿厚是逐渐变化的,直径和模数也随着齿厚的变化而变化。规定以大端的模数为准,用它决定轮齿的有关尺寸。

(1)锥齿轮的结构。如图1-5-83所示是圆锥齿轮的形体结构图。

锥齿轮各部分几何要素的尺寸都与模数 m、齿数 z 及分度圆锥角 δ 有关。其计算公式:齿顶高 $h_a = m$,齿根高 $h_f = 1.2m$,齿高 $h = 2.2m$,分度圆直径 $d = mz$,齿顶圆直径 $d_a = m(z + 2\cos\delta)$,齿根圆直径 $d_f = m(z-2.4\cos\delta)$。

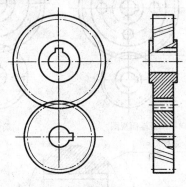

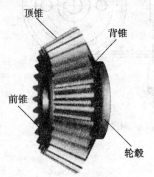

图1-5-82 斜齿圆柱齿轮啮合时的画法　　　　图1-5-83 锥齿轮的结构

(2)单个锥齿轮的画法。锥齿轮的规定画法,与圆柱齿轮基本相同。

单个锥齿轮的画法及各部分名称,如图1-5-84所示,一般用主、左两视图表示,主视图画成剖视图,在投影为圆的左视图中,用粗实线表示齿轮大端和小端的齿顶圆,用点画线表示大端的分度圆,不画齿根圆。

对标准锥齿轮来说,节圆锥面和分度圆锥面,节圆和分度圆是一致的。

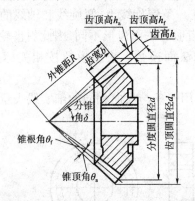

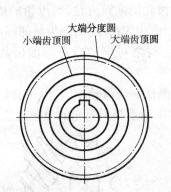

图1-5-84 单个锥齿轮的画法

(3)绘制锥齿轮的啮合图。一对锥齿轮啮合必须有相同的模数。

安装准确的标准锥齿轮,两分度圆锥相切,两分锥角 δ_1 和 δ_2 互为余角。

锥齿轮的啮合画法,如图1-5-85所示。主视图画成剖视图,两齿轮的节圆锥面相切,其节线重合,画成点画线;在啮合区内,轮齿的画法同直齿圆柱齿轮,即将其中一个齿轮的齿顶线画成粗实线,而将另一个齿轮的齿顶线画成虚线或省略不画。左视图画成外形视图。

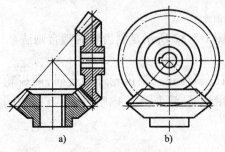

图1-5-85 锥齿轮啮合的画法

【特别提示】

(1)锥齿轮啮合时,两个锥齿轮的锥顶重合,如图1-5-85a)所示。
(2)小齿轮的分度线与大齿轮的分度圆相切,如图1-5-85b)所示。
(3)两齿轮的轴线垂直相交。

3. 蜗轮蜗杆传动简介

蜗轮与蜗杆传动用来传递交叉的两轴间的运动和动力。蜗轮与蜗杆成对使用,可以获得较大的传动比。缺点是摩擦大、发热多、效率低。

(1)蜗轮蜗杆的主要参数与尺寸。蜗轮蜗杆机构是一种特殊的交错轴斜齿轮机构,特殊之处在于蜗轮蜗杆的轴线交错角$\Sigma=90°$,传动中的蜗轮相当于斜齿轮,蜗杆相当于小齿轮,小齿轮的齿数很少,一般$Z_1=1\sim4$。同时,蜗轮蜗杆机构又具有螺旋机构的某些特点,蜗杆相当于螺杆,也有左右旋及单多头之分,蜗轮相当于螺母。

单个蜗杆的画法与圆柱齿轮相同。如图1-5-86a)所示。蜗轮的画法与圆柱齿轮基本相同。在投影为圆的视图中,轮齿部分只需画出分度圆和顶圆,其他圆可省略不画,蜗轮其他结构形状按投影绘制,如图1-5-86b)所示。

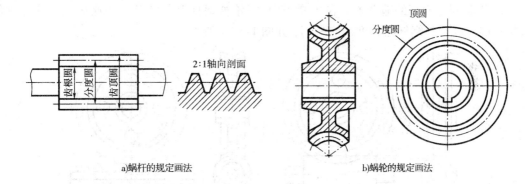

图1-5-86 单蜗杆与蜗轮的规定画法

【特别提示】

①在投影图为圆的视图中,只画齿顶圆与分度圆,其他视图中可以省略不画。
②在投影为非圆的视图中,轮齿的画法与圆柱齿轮相同。

(2)蜗杆蜗轮各部分名称与基本尺寸的计算公式,如表1-5-13所示。

标准蜗杆蜗轮各部分名称与基本尺寸的计算公式　　　　表1-5-13

名　称	符　号	计　算　公　式
轴向齿距	p_x	$P_x = \pi m$
齿顶高	h_a	$h_a = m$
齿根高	h_f	$h_f = 1.2m$
齿高	h	$h = 2.2m$
蜗杆分度圆直径	d_f	$d_f = mq$
蜗杆齿顶圆直径	d_{a1}	$d_{a1} = m(2+m)$
蜗杆齿根圆直径	d_{f1}	$d_{f1} = m(q-2.4)$
导程角	γ	$\gamma = \tan z_1/q$
蜗杆导程	p_s	$p_s = z_1 p_x$

续上表

名 称	符 号	计算公式
蜗杆齿宽	b_1	当 $z=1\sim2$, $b_1=(11+0.06z_2)m$ 当 $z=3\sim4$, $b_1\geqslant(12.5+0.09z_2)m$
蜗轮分度圆直径	d_2	$d_2=mz_2$
蜗轮齿顶圆直径	d_{a2}	$d_{a2}=m(z_2+2)$
蜗轮齿顶外圆直径	d_{e2}	当 $z=1$ 时, $d_{e2}\leqslant d_{a2}+2m$ 当 $z=2\sim3$ 时, $d_{e2}\leqslant d_{a2}+1.5m$ 当 $z=4$ 时, $d_{e2}\leqslant d_{a2}+m$
蜗轮齿根圆直径	d_{f2}	$d_{f2}=m(z_2-2.4)$
蜗轮齿宽	b_2	当 $z\leqslant3$ 时, $b_2\leqslant0.75d_{a1}$ 当 $z=4$ 时, $b_2\leqslant0.67d_{a1}$
中心距	a	$a=m(q+z_2)/2$

注:基本参数:模数 $m=m_x=m_t$,导程角 γ,蜗杆的直径系数,蜗杆的头数 z_1,蜗轮的齿数 z_2。

(3) 绘制蜗轮蜗杆的啮合图。在主视图中,蜗轮被蜗杆遮住的部分不必画出。在左视图中,蜗轮的分度圆与蜗杆的分度线应相切,如图 1-5-87 所示。

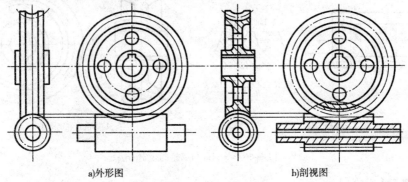

a) 外形图　　　　　　　　　　b) 剖视图

图 1-5-87　蜗轮蜗杆啮合的画法

【特别提示】

① 蜗轮蜗杆啮合必须使蜗轮的标准参数与蜗杆主平面(轴平面)内的参数相同。

② 蜗轮的轴线与蜗杆的轴线垂直,属交叉的两条直线。

八、弹簧的画法

弹簧是机械中常用的零件,具有储存能量的特性,可用于减振、压紧、测力、复位和调节等多种场合。

弹簧种类很多,常见的有圆柱螺旋弹簧、板弹簧、平面涡卷弹簧等。其中,圆柱螺旋弹簧更为常见,如图 1-5-88a)、b)、c) 所示。

按所受载荷特性不同,圆柱螺旋弹簧又可分为压缩弹簧(Y型)(图 1-5-88a)、拉伸弹簧(L型)(图 1-5-88b)和扭转弹簧(N型)(图 1-5-88c)三种。本节主要介绍普通圆柱螺旋压缩弹簧的有关名称和规定画法。

1. 圆柱螺旋压缩弹簧的各部分名称及尺寸计算

(1) 弹簧丝直径 d:制造弹簧的钢丝直径。

(2) 弹簧直径:

① 弹簧外径 D，弹簧的最大直径。
② 弹簧内径 D_1，弹簧的最小直径，$D_1 = D - 2d$。
③ 弹簧中径 D_2，弹簧的平均直径，$D_2 = D_1 + d = D - d = (D + D_1)/2$。

a)压缩弹簧　　b)拉伸弹簧　　c)扭转弹簧　　d)涡卷弹簧

图 1-5-88　机器中常用的弹簧

(3) 节距 t：除支承圈外，弹簧相邻两圈在对应两点间沿轴向的距离。

(4) 有效圈数 n：实际参加工作（变形）的圈数。

① 支承圈数 n_2：弹簧两端各有 3/4～5/4 圈并紧磨平的支承圈，使弹簧两端受力均匀、支承平稳。$n_2 = 1.5$ 或 $n_2 = 2$ 或 $n_2 = 2.5$。

② 总圈数：$n_1 = n + n_2$。

(5) 弹簧的自由高度 H_0：弹簧不受外力时的高度。

$$H_0 = nt + (n_2 - 0.5)d$$

(6) 弹簧展开长度 L：L 为制造弹簧时所需金属丝的长度 $L = n_1 + \sqrt{(\pi D_2)^2 + t^2}$

2. 圆柱螺旋弹簧的规定画法

弹簧的真实投影较复杂，因此，国标《机械制图　弹簧表示法》(GB/T 4459.4—2003) 规定了弹簧的画法。图 1-5-89 所示为圆柱螺旋压缩弹簧的画法，它可用视图、剖视图或示意图表达方法。其他弹簧的画法可参考该标准的有关规定。单个圆柱弹簧的规定画法如下：

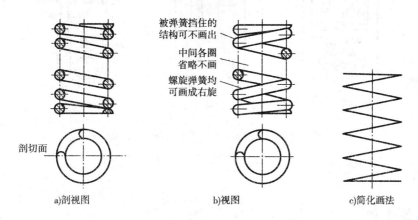

a)剖视图　　　　　　b)视图　　　　　　c)简化画法

图 1-5-89　圆柱螺旋压缩弹簧的表达

(1) 在平行于螺旋弹簧轴线的投影面的视图中，其各圈的轮廓应画成直线，如图 1-5-89 所示。

(2) 有支承圈时均按 2.5 圈绘制，必要时也可按支承圈的实际结构绘制。

(3) 有效圈在四圈以上的螺旋弹簧，允许每端只画两圈（不包括支承圈），中间各圈可省略不画，中间只需用通过簧丝剖面中心的细点画线连起来，当中间部分省略后，可适当缩短图形长度，如图 1-5-89b) 所示。

(4)不论弹簧旋向如何,均可画成右旋,但左旋弹簧应在图上注明"左旋"。

(5)螺旋压缩弹簧如要求两端并紧且磨平时,不论支承圈数多少和末端贴紧情况如何,均按支承圈为 2.5 圈(有效圈是整数)的形式绘制。必要时,也可按支承圈的实际结构绘制。

3. 圆柱螺旋压缩弹簧的标记

国标 GB/T4459.4—2003 规定的标记格式如下:

名称　端部形式　$d \times D_2$　$\times H_0$—精度　旋向　标准号·材料牌号—表面处理

例如,压簧　YI3 × 20 × 80　GB/T 4459.4—2003。表示普通圆柱螺旋(冷卷)压缩弹簧,两端并紧并磨平,$d = 3mm$,$D_2 = 20mm$,$H_0 = 80mm$,按 3 级精度制造,材料为碳素弹簧钢丝,B 级且表面氧化处理的右旋弹簧。

4. 装配图中弹簧的画法

圆柱螺旋压缩弹簧在装配图中的画法如图 1-5-90 所示。

画法说明:

(1)被弹簧挡住的结构一般不画出,可见部分应从弹簧钢丝剖面中心线或外轮廓线画起,如图 1-5-90a)。

(2)当图形上的弹簧丝剖面直径小于或等于 2mm 时,可以涂黑表示,如图 1-5-90b)所示;当图形上的簧丝直径小于或等于 2mm 时,也可以采用示意画法,如图 1-5-90c)所示。

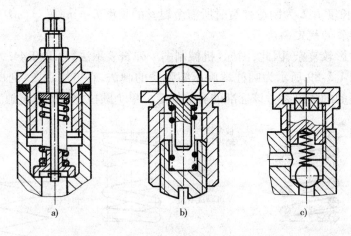

图 1-5-90　圆柱螺旋压缩弹簧在装配图中的画法

任务实施

一、准备工作

(1)教学设备:制图教室、绘图工具。

(2)教学资料:PPT 课件。

(3)材料与工具:铅笔、圆规、三角板、小刀、胶带、橡皮、绘图纸(A4)等。

用 A4 图纸,抄画如图 1-1-22 所示手柄的平面图形,并标注尺寸。要求正确使用一般的绘图工具和仪器,掌握常用的几何作图方法,能正确标注平面图形的尺寸,掌握绘制平面图形的作图步骤。

二、操作流程

操作练习1-5-1:绘制圆柱螺旋弹簧的视图。

已知普通圆柱螺旋压缩弹簧,中径 $D_2=38\text{mm}$,材料直径 $d=6\text{mm}$,节距 $t=11.8\text{mm}$,有效圈数 $n=7.5$,支承圈数 $n_2=2.5$,右旋,试绘制该弹簧。

步骤1:参数求解,弹簧外径。

$$D = D_2 + d = 38 + 6 = 44\text{mm}$$

自由高度:

$$H_0 = nt + (n_2 - 0.5)d = 7.5 \times 11.8 + (2.5 - 0.5) \times 6 = 100.5\text{mm}$$

步骤2:绘制弹簧。作图步骤如图1-5-91所示。

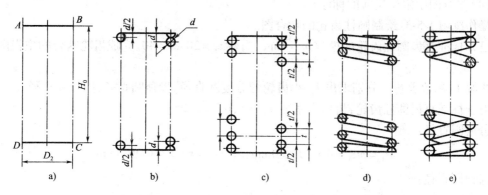

图1-5-91 圆柱螺旋压缩弹簧的绘制

步骤3:根据 $D_2=38\text{mm}$ 作出中径(两平行中心线),定出自由高度 $H_0=100.5\text{mm}$,如图1-5-91a)所示。画支撑圈部分,其直径与弹簧簧丝直径 $d=6\text{mm}$ 相等,如图1-5-91b)所示。画出有效圈数部分,直径为弹簧簧丝的直径 $d=6\text{mm}$,节距 $t=11.8\text{mm}$,如图1-5-91c)所示。按右旋方向作相应圆的切线,再画出剖面符号,获得弹簧的剖视图,如图1-5-91d)所示。若不画剖视图,可按右旋方向作相应圆的公切线,完成弹簧的外形图(视图),如图1-5-91e)所示。

【特别提示】

此例中,支承圈为2.5圈。标准规定不论支承圈数多少,均可按此绘制。因为制造弹簧时是按图上所注圈数加工的。

操作练习1-5-2:完成圆柱齿轮的主视图和左视图,并标注尺寸(尺寸从图中直接量取,并圆整),如图1-5-92所示。已知标准直齿圆柱齿轮的模数 $m=4\text{mm}$,齿数 $z=20$,补全视图中的有齿部分。

步骤1:参数求解。分别求出分度圆直径、齿顶圆直径、齿根圆直径。

对于标准直齿圆柱齿轮,齿顶高系数 $h_a^*=1$,$C^*=0.25$。

分度圆直径:

$$d = mz = 4 \times 20 = 80\text{mm}$$

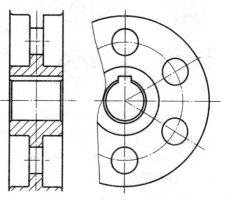

图1-5-92 绘制齿轮的零件图

齿顶圆直径:
$$d_a = d + 2m = 80 + 2 \times 4 = 88 \text{mm}$$
齿根圆直径:
$$d_f = d - 2.5m = 80 - 10 = 70 \text{mm}$$

步骤2:绘制齿轮的有齿部分。根据计算数据分别绘制分度圆(柱)、齿顶圆(柱)和齿根圆。

【特别提示】
(1)剖视图中的齿根圆直径用粗实线表示。
(2)齿轮端面的倒角在零件图中不可缺失。
(3)圆的视图中齿根圆可以省略不画,也可用细实线绘制。
(4)注意图中定位尺寸的标注。

操作练习1-5-3:绘制圆柱齿轮的啮合图。

已知标准直齿圆柱齿轮的模数 $m = 4\text{mm}$,齿数 $z_1 = 20, z_2 = 40$,完成齿轮啮合的主视图和侧视图。

步骤1:参数求解。分别求出大、小齿轮的分度圆直径、齿顶圆直径、齿根圆直径。

对于标准直齿圆柱齿轮,齿顶高系数 $h_a^* = 1, C^* = 0.25$。

分度圆直径:
$$d_1 = mz_1 = 4 \times 20 = 80\text{mm}, d_2 = mz_2 = 4 \times 40 = 160\text{mm}$$
齿顶圆直径:
$$d_{a1} = d_1 + 2m = 80 + 2 \times 4 = 88\text{mm}, d_{a2} = d_2 + 2m = 160 + 2 \times 4 = 168\text{mm}$$
齿根圆直径:
$$d_{f1} = d_1 - 2.5m = 80 - 10 = 70\text{mm}, d_{f1} = d_2 - 2.5m = 160 - 10 = 150\text{mm}$$

步骤2:绘制齿轮的装配图步骤(图1-5-93)。根据计算数据分别绘制分度圆(柱)、齿顶圆(柱)和齿根圆。

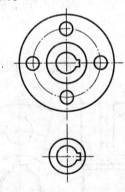

图1-5-93 绘制齿轮机构的装配图

【特别提示】
注意啮合区有5条线,其中3条粗实线,1条虚线,1条点画线。主、从动轮齿顶圆与齿根圆之间的距离为0.25m,可以夸大画出。

操作练习1-5-4:分析轴承代号6212的含义。分别用通用画法、简化画法、规定画法完成轴承的非圆视图的绘制。

【特别提示】
轴承尺寸,如内径、外径、宽度等从附表中查取,轴承结构根据比例画法绘制。

操作练习1-5-5:分析螺纹代号 $M12 \times 1.5$ 的含义,并绘制螺栓连接图。已知被连接的两零件的厚度分别为15mm和20mm。

【特别提示】
连接件上的孔的尺寸、螺栓的长度尺寸、螺母、螺栓头、垫圈的尺寸按比例画法计算。

操作练习1-5-6:识读表1-5-14标注的螺纹代号,解释其含义。

螺纹代号表　　　　　　　　　　　　　　　表 1-5-14

螺纹类别	螺纹标记	标 注 示 例	标 注 含 义
		M10-6g　　M10-6H	
		M8×1LH-6g　　M8×1LH-7H	
		Tr40×14(P7)-7H	
		B32×6-7e	
		G1A　　G3/4	
		$R_c1\frac{1}{2}$　　$R_2 1\frac{1}{2}$	

常见问题解析

【问题】作图时,需要绘制标准件的零件图吗?

【答】不必画标准件的零件图。

在装配图上用规定画法表示其装配关系,同时在明细表中注出其规定标记即可。

由于标准件和常用件使用广泛,为了方便绘图,简化设计,国家标准都制定了规定画法。

任务小结

由于标准件和常用件用途广、用量大,为了便于批量生产和使用,对于它们的结构、尺寸、表达方法等已全部或部分标准化。绘图时,对上述零件某些结构和形状不必按其真实投影画出,而是根据相应的国家标准所规定的画法、代号和标记进行绘图和标注。

对于标准件和常用件的学习,要注意每一种零部件的功能、结构,确定它们的机械要素的基本参数有哪些;国家标准对该零部件的画法、标注作了怎样的规定。在理解的基础上,要求能画、会标注、会根据要求查阅有关手册进行选用。

(1)了解制图标准的相关内容,熟悉标准件的规定画法与标记等。

(2)熟悉齿轮等常用件的规定画法与标记。

(3)掌握标准件参数的查寻方法。

第二篇

AutoCAD

项目六

计算机辅助制图

任务一 平面图形吊钩的绘制

任务引入

平面图形吊钩,如图 2-6-1 所示。

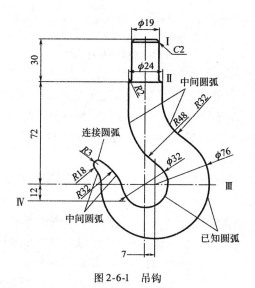

图 2-6-1 吊钩

【知识目标】
1. 了解 AutoCAD 的功用;
2. 熟悉 AutoCAD 的工作界面;
3. 掌握 AutoCAD 的操作方法。

【能力目标】
1. 掌握绘图环境的配置方法;
2. 掌握精确绘图和编辑命令的使用方法。

理论知识

一、绘图环境的配置

1.设置图形单位

选择下拉菜单【格式】→【单位...】命令,系统将弹出"图形单位"对话框,如图 2-6-2 所示。

图 2-6-2　图形单位对话框

(1)设置长度单位。长度的类型包括"分数""工程""建筑""科学""小数"5 种,其中"工程"和"建筑"以英尺和英寸为单位。系统默认的长度类型为"小数",精度为小数点后 4 位。

(2)设置角度单位。角度单位有:百分度、度/分/秒、弧度、勘测单位和十进制度数。系统默认的角度类型为"十进制度数",精度为个位,逆时针方向为正方向,若选中"顺时针"复选框,则以顺时针方向为正方向。

(3)插入时的缩放单位。系统默认的设计中心在当前图形文件中插入块时的缩放单位为"毫米"。

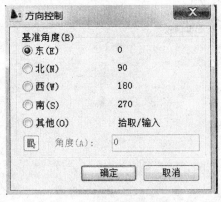

图 2-6-3　方向控制对话框

(4)方向。在"图形单位"对话框的下方有"方向"按钮,单击其可以打开"方向控制"对话框,设置起始角(0°)的方向,如图 2-6-3 所示。系统默认 0°的方向为正东方向,逆时针方向为角度增加的正方向。可选择"东""南""西""北""其他"为起始角(0°)的正方向。当选择"其他"时,可直接在"角度"文本框中输入角度,也可单击拾取角度按钮,切换到绘图窗口,通过拾取两点确定起始角(0°)的正方向。

2.绘图界限设置

选择下拉菜单【格式】→【图形界限】命令,AutoCAD 在命令提示用户给定图形界限左下角和右上角的坐标,用来设定图形限定范围,命令行的命令显示如下：

命令：'_limits

重新设置模型空间界限：

指定左下角点或［开(ON)/关(OFF)］＜0.0000,0.0000＞：

指定右上角点 ＜12.0000,9.0000＞：420,297

在状态栏中单击"栅格"按钮，使用栅格显示图形界限，如图2-6-4所示。

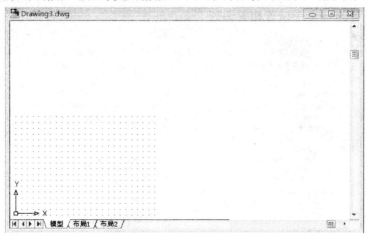

图2-6-4　用栅格显示图形界限

"Limits"命令有两个选项："开(ON)"和"关（OFF)"。选择ON,则打开界限检查,用户不能在图形界限之外绘制图形,如果图形超出图形界限,则显示"＊＊超出图形界限＊＊"警告；选择OFF,则关闭界限检查。系统默认选项为OFF。

3.使用向导进行布局的设置

通过AutoCAD提供的布局向导功能,用户可以很方便地设置和创建布局。选择【插入】→【布局】→【创建布局向导】或【工具】→【向导】→【创建布局...】命令,系统弹出"创建布局"对话框,如图2-6-5所示。

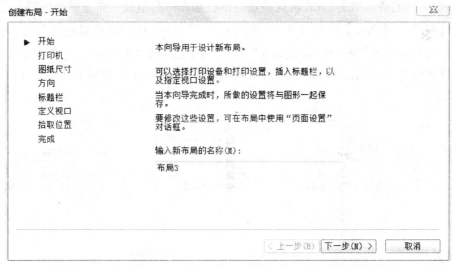

图2-6-5　创建布局对话框

在"开始"选项卡中输入新布局的名称,在"打印机"选项卡中新布局选择配置的绘图仪,在"图纸尺寸"选项卡中确定布局使用的图纸尺寸及图形单位(包括"毫米""英寸""像素",默认选择"毫米"),在"方向"选项卡中选择图形在图纸上的方向,在"标题栏"选项卡中选择布局的标题栏,在"定义视口"选项卡中设置视口的类型和比例。

4. 系统参数设置

选择下拉菜单【工具】→【选项】命令,打开"选项"对话框,如图 2-6-6 所示。可以在"文件""显示""打开和保存""打印和发布""系统""用户系统配置""草图""选择集""三维建模"和"配置"10 个选项卡中设置相关参数。

图 2-6-6 "选项"对话框

5. 图层设置与管理

利用图层来管理图形是 AutoCAD 的一大特色。可以将图层理解为透明的图纸,图形的不同部分画在不同的透明纸上,最终将这些透明纸叠加在一起组成一张完整的图形。

选择【格式】→【图层】命令,或单击"图层工具栏"中的"图层特性管理器"命令按钮,打开"图层特性管理器"对话框,如图 2-6-7 所示。图层包括名称、颜色、线型和线宽等基本项目,以及打开或关闭、冻结或解冻、锁定或解锁、打印样式和打印等管理工具。

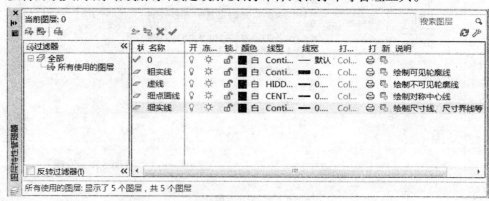

图 2-6-7 "图层特性管理器"对话框

(1)新建图层。

①设置图层名称。系统默认创建一个名称为"0"的图层,用户绘图时必须新建图层,不能修改0图层。单击"图层特性管理器"对话框的"新建"按钮 ,在图层列表中出现一个名称为"图层1"的新图层。新建的图层与0图层的状态、颜色、线型、线宽等设置一样,而这些内容均可以修改,如新建图层名称可修改为"粗实线",如图2-6-7所示。

②设置图层颜色。不同图层不同颜色,用以区分不同组件、功能。系统默认创建图层颜色为7号颜色,该颜色相对于黑色背景显示白色,相对于白色背景显示黑色。修改颜色时,单击图层右侧颜色标记即可打开"选择颜色"对话框,进行图层颜色修改,如图2-6-8所示。

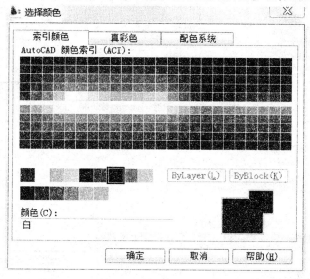

图2-6-8 "选择颜色"对话框

③设置图层线型。系统默认的线型为"continuous",如果画粗实线、细实线,画波浪形、多段线、样条曲线时不需修改线型,但画虚线、细点画线等线型时,需要重新加载线型。以细点画线、虚线的线型的加载为例,单击"continuous",弹出"选择线型"对话框,如图2-6-9所示。单击"加载"按钮,弹出"加载重载线型"对话框,如图2-6-10所示。在线型列表中选择"CENTER2",单击确定,再次弹出"加载重载线型"对话框,如图2-6-11所示,选中"CENTER2"单击确定,细点画线的线型加载完成。虚线的线型的加载与细点画线相似,只需在线型列表中选择"HIDDEN2"。

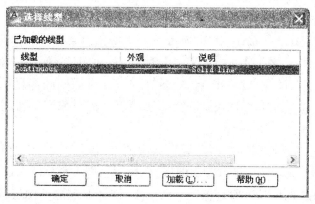

图2-6-9 "选择线形"对话框

④设置图层线宽。粗线:细线 =2:1,如果粗实线的线宽为"0.35",那么细点画线的线宽为"0.18"。单击"图层特性管理器"对话框的"——默认",打开"线宽"对话框,如图2-6-12所示,如选择细点画线的线宽为"0.18"。

图2-6-10 "加载重载线形"对话框

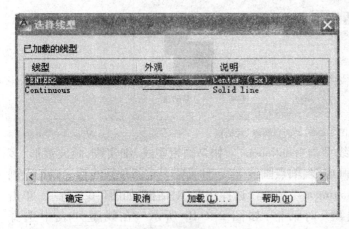

图2-6-11 "加载重载线形"对话框 　　　　　图2-6-12 "线宽"对话框

⑤打印样式和打印。单击"图层特性管理器"对话框中的"打印样式"列确定图层的打印样式。单击"打印"列中的"打印机",改变是否能够打印。图层打印的打印功能只对可见图形起作用,对关闭或冻结的图层不起作用。

⑥设置线型比例。在 AutoCAD 中,可通过设置线型比例来改变非连续性线型(如细点画线、虚线等)的外观。选择【格式】→【线型...】命令,打开"线型管理器"对话框,设置线型比例,如图 2-6-13 所示。选择线型,单击"显示细节"按钮,对话框底部显示"详细信息",其中"全局比例因子"用于设置图中所有线型的线型比例,"当前对象缩放比例"用于设置选中线型的线型比例。

(2)设置当前层。正在绘制图形的图层称为当前层,在"图层特性管理器"对话框中,选择要设置为当前层的图层,再单击"置为当前层"按钮 ✓,即可将该图层设置为当前层。

(3)删除图层。在"图层特性管理器"对话框中,选择要删除的图层,再单击"删除图层"按钮 ✗,即可删除所选图层。

图 2-6-13 "线型管理器"对话框

（4）设置图层的状态。系统默认情况下，新建的图层均为"打开（ON）""解冻（THAW）""解锁（UNLOCK）"的开关状态。在绘图时，可根据需要改变图层的开关状态，对应的关闭状态"关闭（OFF）""冻结（FREEZE）""加锁（LOCK）"。其各项功能与差别见表 2-6-1 图层开关功能与区别。

图层开关功能与区别　　　　　　　　　　　　　表 2-6-1

项目与图标	功　　能
关闭（OFF）	如果某一图层被关闭，其上的图形是隐藏的，看不见的
冻结（FREEZE）	如果某一图层被冻结，其上的全部图形都被冻结，并消失不见。在绘图仪上输出时是不会绘出的，并且当前层是不能冻结的
加锁（LOCK）	如果某一图层被加锁，在其上可以绘图但无法编辑
打开（ON）	解除图层的关闭状态，使图形重新显示出来
解冻（THAW）	解除图层的冻结状态，使图形重新显示出来
解锁（UNLOCK）	解除图层的锁定状态，以使图形可编辑

二、基本绘图命令

1. 直线的绘制

AutoCAD 的画线命令有 LINE、PLINE 及 XLINE 等，其中 LINE 命令是最常用的命令。为了便于画线，AutoCAD 提供了许多画线辅助功能，如对象捕捉、正交、极轴追踪、自动追踪等，这些功能极大地提高了画线的效率。

（1）打开正交功能画水平和竖直线段。单击"正交"按钮或按 F8 键可以打开或关闭正交方式。在正交模式下，可以方便地绘出与当前坐标轴平行的线段。下面练习使用 LINE 命令并结合正交模式画水平和竖直线段，如图 2-6-14 所示。

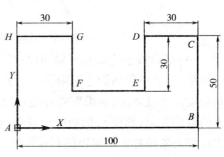

图 2-6-14　打开正交功能画线

命令行命令如下：

命令：_line 指定第一点：<正交 开> 0,0　　（选择直线命令，打开正交模式，输入点 A 坐标 0,0，按 Enter 键）

指定下一点或 [放弃(U)]：100　　（向右移动鼠标输入线段 AB 的长度 100，按 Enter 键）

指定下一点或 [放弃(U)]：50　　（向上移动鼠标输入线段 BC 的长度 50，按 Enter 键）

指定下一点或 [闭合(C)/放弃(U)]：30　　（向左移动鼠标输入线段 CD 的长度 30，按 Enter 键）

指定下一点或 [闭合(C)/放弃(U)]：30　　（向下移动鼠标输入线段 DE 的长度 30，按 Enter 键）

指定下一点或 [闭合(C)/放弃(U)]：40　　（向左移动鼠标输入线段 EF 的长度 40，按 Enter 键）

指定下一点或 [闭合(C)/放弃(U)]：30　　（向上移动鼠标输入线段 FG 的长度 30，按 Enter 键）

指定下一点或 [闭合(C)/放弃(U)]：30　　（向左移动鼠标输入线段 GH 的长度 30，按 Enter 键）

指定下一点或 [闭合(C)/放弃(U)]：C　　（输入字母 C，按 Enter 键，线框闭合，命令结束）

(2) 利用角度方式画斜线。如果要画指定长度的斜线 AB，选择直线命令后，在命令行中输入"@线段长度<倾斜角度"，按 Enter 键即可。

命令行命令如下：

命令：_line 指定第一点：　　（选择直线命令，并拾取第一点）

指定下一点或 [放弃(U)]：@100<60　　（输入@100<60，按 Enter 键，命令结束）

如果画任意长度的斜线，选择直线命令后，在命令行中输入"<倾斜角度"，敲 Enter，移动鼠标，获得适当的长度时，单击左键或按 Enter 键即可。

命令行命令如下：

命令：_line 指定第一点：　　（选择直线命令）

指定下一点或 [放弃(U)]：<60　　（输入 <60，按 Enter 键）

指定下一点或 [放弃(U)]：　　（命令结束）

结果如图 2-6-15 所示。

(3) 用构造线命令画斜线。用构造线命令的"角度(A)"可以很方便地画斜线。

命令行命令如下：

命令：_xline 指定点或 [水平(H)/垂直(V)/角度(A)/二等分(B)/偏移(O)]：A

　　　　　　　　　　　　　　（单击构造线命令，选择命令选项中的"角度(A)"）

输入构造线的角度 (0) 或 [参照(R)]：60　　（输入构造线的角度 60°）

指定通过点：<对象捕捉 开>　　（打开对象捕捉，捕捉拾取线段右端点 A，命令结束）

结果如图 2-6-16 所示。

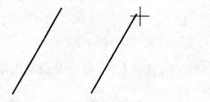 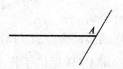

图 2-6-15　利用角度覆盖方式画斜线　　　　图 2-6-16　用构造线命令画斜线

(4) 结合极轴追踪和对象捕捉追踪功能画斜线。极轴追踪是按事先给定的角度增量来追踪特征点，而对象捕捉追踪则按与对象的某种特定关系来追踪，这种特定的关系确定了一个未知角度。也就是说，如果事先知道要追踪的方向（角度），则使用极轴追踪；如果事先不知道具体的追踪方向（角度），但知道与其他对象的某种关系（如相交等），则用对象捕捉追踪。极轴追踪和对象捕捉追踪可以同时使用。

在极轴追踪模式下，系统将沿极轴方向显示作图辅助线，输入线段长度，就画出沿此方向的线段。极轴方向由极轴角确定,AutoCAD 能根据用户设定的极轴角增量角度值自动计算极轴角的大小,如设置增量角度为 10°,则光标移动到接近 20°、30°、40°等方向时,就会沿着这些方向显示作图辅助线。下面练习结合极轴追踪和对象捕捉追踪功能画斜线。

在极轴图标上方单击右键,在弹出的菜单中,单击"设置"命令,弹出"草图设置"对话框,在"极轴追踪"选项卡的"增量角"下拉列表中设定极轴增量值角度为 30°,在"对象捕捉"选项卡中选择"启用对象捕捉""启用对象捕捉追踪",并设置相应选项,如图 2-6-17 和图 2-6-18 所示。为了实现直线 AF 水平、EF 竖直,利用对象捕捉追踪,确定点 F 的位置。使用对象捕捉追踪功能时,必须同时打开对象捕捉,AutoCAD 将以捕捉到的点 A 为追踪参考点,将鼠标移至 A 点时,显示一条水平辅助线,再沿着水平辅助线移动到 EF 竖直,单击鼠标左键,即确定点 F 的位置,如图 2-6-19 所示。

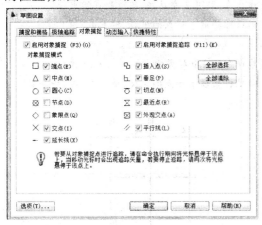

图 2-6-17　设置对象捕捉模式

图 2-6-18　设置极轴增量角

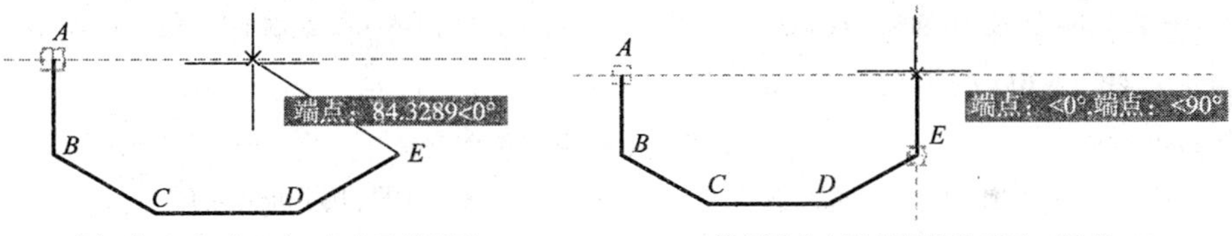

a)鼠标移至 A 点时显示一条水平辅助线　　b)鼠标沿着水平辅助线移动到 EF 竖直

图 2-6-19　利用了对象捕捉追踪功能确定点 F 的位置

结果如图 2-6-20 所示。

命令行命令如下:

命令:_line 指定第一点:<极轴 开>	(选择直线命令,打开极轴追踪,拾取点 A)
指定下一点或 [放弃(U)]:40	(鼠标竖直下移,输入 40,按 Enter 键,确定 B 点)
指定下一点或 [放弃(U)]:50	(移动鼠标,极轴追踪显示 330°时,输入 50,按 Enter 键,确定 C 点)
指定下一点或 [闭合(C)/放弃(U)]:60	(鼠标水平右移,输入 60,按 Enter 键,确定 D 点)
指定下一点或 [闭合(C)/放弃(U)]:50	(极轴追踪显示 30°时,输入 50,按 Enter 键,确定 E 点)
指定下一点或 [闭合(C)/放弃(U)]:	(利用对象捕捉追踪功能确定 F 点)
指定下一点或 [闭合(C)/放弃(U)]:C	(输入字母 C,按 Enter 键,线框闭合)

(5)用偏移和修剪命令绘制线框。可以用直线命令直接画图,但当图形复杂时效率较低,下面用偏移和修剪命令绘制线框,如图 2-6-21 所示。

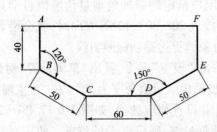
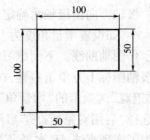

图 2-6-20　结合极轴追踪和对象捕捉追踪功能画斜线　　图 2-6-21　用偏移和修剪命令绘制线框

①打开正交功能,画水平线 AB 和竖直线 CD,如图 2-6-22 所示。

命令行命令如下:

命令:_line 指定第一点:　＜正交 开＞　　（选择直线命令,打开正交功能,拾取起点的坐标）
指定下一点或［放弃(U)］:　　　　　　　（水平移动鼠标拾取下一点的坐标,按 Enter 键）
指定下一点或［放弃(U)］:　　　　　　　（命令结束）
命令:_line 指定第一点:　＜正交 开＞　　（选择直线命令,拾取起点的坐标,按 Enter 键）
指定下一点或［放弃(U)］:　　　　　　　（竖直移动鼠标拾取下一点的坐标,按 Enter 键,命令结束）

②绘制平行线Ⅰ、Ⅱ、Ⅲ、Ⅳ,如图 2-6-23 所示。

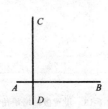
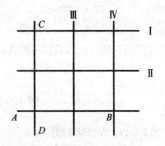

图 2-6-22　画水平线 AB 和竖直线 CD　　　　图 2-6-23　绘制平行线Ⅰ、Ⅱ、Ⅲ、Ⅳ

绘制平行线Ⅰ、Ⅳ,命令行命令如下:

命令:_offset　　　　　　　　　　　　　（选择偏移命令）
指定偏移距离或［通过(T)］＜通过＞:100　（输入偏移距离 100,按 Enter 键）
选择要偏移的对象或 ＜退出＞:　　　　　（选择偏移对象:直线 AB）
指定点以确定偏移所在一侧:　　　　　　（指定直线 AB 的上方）
选择要偏移的对象或 ＜退出＞:　　　　　（选择偏移对象:直线 CD）
指定点以确定偏移所在一侧:　　　　　　（指定直线 CD 右侧,按 Enter 键命令结束）

绘制平行线Ⅱ、Ⅲ,命令行命令如下:

命令:_offset　　　　　　　　　　　　　（选择偏移命令）
指定偏移距离或［通过(T)］＜50.0000＞:　（输入偏移距离 100,按 Enter 键）
选择要偏移的对象或 ＜退出＞:　　　　　（选择偏移对象:直线 AB）
指定点以确定偏移所在一侧:　　　　　　（指定直线 AB 的上方）
选择要偏移的对象或 ＜退出＞:　　　　　（选择偏移对象:直线 CD）
指定点以确定偏移所在一侧:　　　　　　（指定直线 CD 右侧,按 Enter 键命令结束）

③用修剪命令,修剪多余线条,结果如图 2-6-24 所示。

命令行命令如下:

命令:_trim　　　　　　　　　　　　　　（选择修剪命令）
当前设置:投影＝UCS,边＝无

选择剪切边……

选择对象：指定对角点：找到 8 个　　　　　（框选修剪边界对象，单击鼠标右键或按 Enter 键）

选择要修剪的对象，或按住 Shift 键选择要延伸的对象，或 [投影(P)/边(E)/放弃(U)]：

……　　　　　　　　　　　　　　　　　（选择要修剪的对象，命令结束）

④用删除命令，删除修剪以后剩余线条，结果如图 1-11-25 所示。

命令行命令如下：

命令：_erase　　　　　　　　　　（选择删除命令）

选择对象：找到 1 个　　　　　　　（选择删除对象命令 1 个）

选择对象：找到 1 个，总计 2 个　　（选择删除对象命令 2 个）

选择对象：找到 1 个，总计 3 个　　（选择删除对象命令 3 个）

选择对象：找到 1 个，总计 4 个　　（选择删除对象命令 4 个）

选择对象：　　　　　　　　　　　（选择完毕，单击右键在弹出的菜单中单击确认或按 Enter 键，命令结束）

2. 圆弧的绘制

（1）用圆弧命令和复制命令绘制图 2-6-26 所示图形。

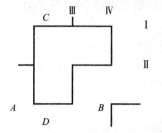
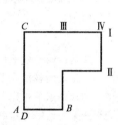
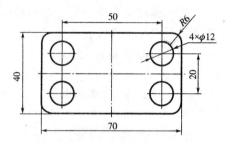

图 2-6-24　用修剪命令，修剪多余线条　　图 2-6-25　删除修剪以后剩余线条　　图 2-6-26　用圆弧命令和复制命令绘制

①将中心线设置为当前层，用直线命令绘制对称中心线。

命令行命令如下：

命令：_line 指定第一点：<正交 开>　　（选择直线命令，打开正交模式，拾取起点坐标）

指定下一点或 [放弃(U)]：　　　　　　　（沿水平方向拾取一点，绘制水平对称中心线，按 Enter 键命令结束）

命令：_line 指定第一点：　　　　　　　（选择直线命令，拾取起点的坐标）

指定下一点或 [放弃(U)]：　　　　　　　（沿竖直方向拾取一点，绘制竖直对称中心线，按 Enter 键命令结束）

②用偏移命令和修剪命令画矩形框，并将其线形转换成粗实线。

命令行命令如下：

命令：_offset　　　　　　　　　　　　　　　（选择偏移命令）

指定偏移距离或 [通过(T)] <通过>：35　　　（指定偏移距离为指定偏移距离）

选择要偏移的对象或 <退出>：　　　　　　　（选择水平对称中心线为要偏移的对象）

指定点以确定偏移所在一侧：　　　　　　　（单击水平对称中心线的上方和下方，命令结束）

命令：_offset　　　　　　　　　　　　　　　（选择偏移命令）

指定偏移距离或 [通过(T)] <35.0000>：20　　（指定偏移距离为指定偏移距离）

选择要偏移的对象或 <退出>：　　　　　　　（选择竖直对称中心线为要偏移的对象）

指定点以确定偏移所在一侧：　　　　　　　（单击水平对称中心线的左侧和右侧，命令结束）

命令：_trim　　　　　　　　　　　　　　　　（选择修剪命令）

当前设置：投影 = UCS，边 = 无

选择剪切边……

选择对象：指定对角点：找到 6 个　　　　　（框选修剪的边界对象）

选择对象：
选择要修剪的对象，或按住Shift键选择要延伸的对象，或[投影(P)/边(E)/放弃(U)]：……
　　　　　　　　　　　　　　　　　（选择修剪对象，命令结束）

③用圆角命令画圆角。
命令行命令如下：
命令：_fillet　　　　　　　　　　　（选择圆角命令）
当前设置：模式 = 修剪，半径 = 48.0000
选择第一个对象或[多段线(P)/半径(R)/修剪(T)/多个(U)]：r
　　　　　　　　　　　　　　　　　（输入"r"，选择命令"半径(R)"设置圆角半径）
指定圆角半径 <48.0000>：6　　　　　（设置圆角半径为6）
选择第一个对象或[多段线(P)/半径(R)/修剪(T)/多个(U)]：
　　　　　　　　　　　　　　　　　（选择圆角的一条边）
选择第二个对象：　　　　　　　　　（选择圆角的另一条边，命令结束）
其他三个圆角同前，不再列出。

④用偏移命令绘制圆心的对称中心线，确定圆心的位置，并用打断于点命令和夹点编辑命令调整其对称中心线长度，结果如图2-6-27所示。
命令行命令如下：
命令：_offset　　　　　　　　　　　（选择偏移命令）
指定偏移距离或[通过(T)] <通过>：10　（指定偏移距离为10）
选择要偏移的对象或 <退出>：　　　　（选择水平对称中心线）
指定点以确定偏移所在一侧：　　　　（单击水平对称中心线上方）
选择要偏移的对象或 <退出>：　　　　（选择水平对称中心线）
指定点以确定偏移所在一侧：　　　　（单击水平对称中心线下方，命令结束）
命令：_offset　　　　　　　　　　　（选择偏移命令）
指定偏移距离或[通过(T)] <10.0000>：25（指定偏移距离为25）
选择要偏移的对象或 <退出>：　　　　（选择竖直对称中心线）
指定点以确定偏移所在一侧：　　　　（单击竖直对称中心线左方）
选择要偏移的对象或 <退出>：　　　　（选择竖直对称中心线）
指定点以确定偏移所在一侧：　　　　（单击竖直对称中心线右方，命令结束）
命令：_break 选择对象：　　　　　　（选择打断于点命令）
指定第二个打断点或[第一点(F)]：_f
指定第一个打断点：<对象捕捉 开>　　（用对象捕捉指定第一个打断点的位置，命令结束）
其他几处打断方法同前，不再列出。
指定拉伸点或[基点(B)/复制(C)/放弃(U)/退出(X)]：
　　　　　　　　　　　　　　　　　（单击选中直线，用夹点编辑拉伸直线）

⑤画一个φ12的圆，如图2-6-28所示。

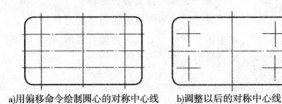
a)用偏移命令绘制圆心的对称中心线　　b)调整以后的对称中心线
图2-6-27　中心线的绘制

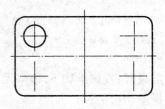
图2-6-28　绘制φ12圆

命令行命令如下:
命令:_circle 指定圆的圆心或 [三点(3P)/两点(2P)/相切、相切、半径(T)]:
(选择圆命令,用对象捕捉圆心)
指定圆的半径或 [直径(D)]:6　　　(指定圆的半径为6,绘制一个圆,命令结束)
⑥复制完成其他三个 φ12 的圆。
命令行命令如下:
命令:_copy　　　　　　　　　　　　　　　　　　(选择复制命令)
选择对象:找到 1 个
选择对象:
指定基点或 [位移(D)/模式(O)] <位移>:<对象捕捉 开>（用对象捕捉选择基点:圆心）
指定第二个点或 [退出(E)/放弃(U)] <退出>:　　(用对象捕捉依次拾取其他各圆心粘贴圆)

(2)用圆弧、阵列和修剪命令绘图,如图 2-6-29 所示。
①将中心线设置为当前层,用直线命令绘制水平和竖直对称中心线。
②分别绘制 φ20、φ40、φ80、φ120 的圆,如图 2-6-30 所示。

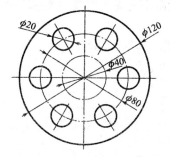
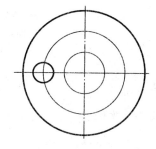

图 2-6-29　用圆弧、阵列和修剪命令绘图　　　图 2-6-30　画直径为 φ20、φ40、φ80、φ120 的四个圆

③用阵列命令绘制其他均布小圆。阵列命令对话框,如图 2-6-31 所示。

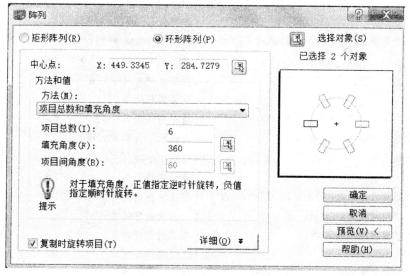

图 2-6-31　阵列命令对话框

命令行命令如下:
命令:_array　　　(选择阵列命令)
指定阵列中心点:　　　　　　　　　　(拾取 φ120 圆的圆心为阵列中心点)

选择对象:找到 1 个
选择对象:找到 1 个,总计 2 个　　　　　(拾取 φ20 圆和水平对称中心线为对象)
选择对象:　　　　　　　　　　　　　　(单击"确认"按钮,完成阵列命令)

④修剪多余线条。

任务实施

1. 设置绘图环境

设置图幅为 297mm×420mm,单位精度采用默认值,系统默认创建图层颜色为 7 号颜色,该颜色相对于黑色背景显示白色,相对于白色背景显示黑色。图层分为 4 层:粗实线层为 Continuous 线,线宽为 0.35mm,用于绘制可见轮廓线;细实线层为 Continuous 线,线宽为 0.18mm,用于绘制尺寸线、尺寸界线或绘制辅助线等;细点画线层为 CENTER2 线,线宽为 0.18mm,用于绘制对称中心线;虚线层为 HIDDEN2 线,线宽为 0.18mm,用于绘制不可见轮廓线;0 层保持不变。

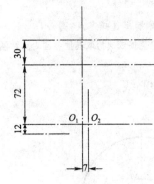

图 2-6-32　绘制基准线及定位线

2. 绘制基准线及定位线

利用偏移命令画出的线均为细点画线,将其调整为需要的线型,并用夹点编辑调整其长度,结果如图 2-6-32 所示。

命令行命令如下:

命令:_line 指定第一点:<正交 开>　　　(选择直线命令,拾取起点的坐标,按 Enter 键)
指定下一点或[放弃(U)]:　　　　　　(水平移动鼠标指定下一点,单击鼠标绘制水平对称中心线)

命令:_line 指定第一点:　　　　　　　(选择直线命令,拾取起点的坐标,按 Enter 键)
指定下一点或[放弃(U)]:　　　　　　(竖直移动鼠标指定下一点,单击鼠标绘制竖直对称中心线)

命令:_offset　　　　　　　　　　　　(选择偏移命令)
指定偏移距离或[通过(T)]<9.5000>:12　(指定偏移距离为 12)
选择要偏移的对象或<退出>:　　　　　(选择水平对称中心线)
指定点以确定偏移所在一侧:　　　　　(指定水平对称中心线下方)
命令:_offset　　　　　　　　　　　　(选择偏移命令)
指定偏移距离或[通过(T)]<12.0000>:72　(指定偏移距离为 72)
选择要偏移的对象或<退出>:　　　　　(选择水平对称中心线)
指定点以确定偏移所在一侧:　　　　　(指定水平对称中心线上方)
命令:_offset　　　　　　　　　　　　(选择偏移命令)
指定偏移距离或[通过(T)]<72.0000>:30　(指定偏移距离为 30)
选择要偏移的对象或<退出>:　　　　　(选择刚画好的直线)
指定点以确定偏移所在一侧:　　　　　(指定刚画好的直线上方)
命令:_offset　　　　　　　　　　　　(选择偏移命令)
指定偏移距离或[通过(T)]<30.0000>:7　(指定偏移距离为 7)
选择要偏移的对象或<退出>:　　　　　(选择竖直对称中心线)
指定点以确定偏移所在一侧:　　　　　(指定竖直对称中心线右侧)

3. 绘制已知线段

将粗实线层设置为当前层,用圆弧命令画直径为 φ32、φ76 的已知圆弧,用偏移命令画非

圆视图中 $\phi 19$、$\phi 24$ 的已知线段,再利用夹点编辑和对象捕捉调整线长,用倒角命令画倒角 $C2$,用圆角命令画圆角 $R2$,结果如图 2-6-33 所示。

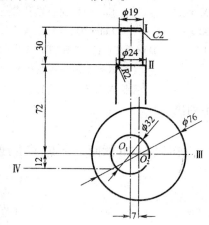

图 2-6-33　绘制已知线段

(1)分别以 O_1、O_2 为圆心,用圆弧命令画直径为 $\phi 32$、$\phi 76$ 的已知圆弧。

命令行命令如下:

命令:_circle 指定圆的圆心或 [三点(3P)/两点(2P)/相切、相切、半径(T)]:
　　　　　　　　　　　　　　　　　　　　(选择圆命令)
指定圆的半径或 [直径(D)]:16　　　　　(指定圆的半径 16,捕捉圆心,绘制 $\phi 32$ 圆)
命令:_circle 指定圆的圆心或 [三点(3P)/两点(2P)/相切、相切、半径(T)]:
　　　　　　　　　　　　　　　　　　　　(选择圆命令)
指定圆的半径或 [直径(D)] <16.0000>:38　(指定圆的半径 38,捕捉圆心,绘制 $\phi 76$ 圆)

(2)用偏移命令画非圆视图中 $\phi 19$、$\phi 24$ 的已知线段。

命令行命令如下:

命令:_offset　　　　　　　　　　　　　　(选择偏移命令)
指定偏移距离或 [通过(T)] <93.9854>:9.5　(指定偏移距离为 9.5,绘制非圆尺寸 $\phi 19$)
选择要偏移的对象或 <退出>:　　　　　　(选择竖直对称中心线)
指定点以确定偏移所在一侧:　　　　　　　(指定竖直对称中心线左侧)
选择要偏移的对象或 <退出>:　　　　　　(选择竖直对称中心线)
指定点以确定偏移所在一侧:　　　　　　　(指定竖直对称中心线右侧)
命令:_offset　　　　　　　　　　　　　　(选择偏移命令)
指定偏移距离或 [通过(T)] <9.5000>:12　　(指定偏移距离为 12,绘制非圆尺寸 $\phi 24$)
选择要偏移的对象或 <退出>:　　　　　　(选择竖直对称中心线)
指定点以确定偏移所在一侧:　　　　　　　(指定竖直对称中心线左侧)
选择要偏移的对象或 <退出>:　　　　　　(选择竖直对称中心线)
指定点以确定偏移所在一侧:　　　　　　　(指定竖直对称中心线右侧)

(3)画倒角 $C2$。

先用倒角命令把倒角的斜线画出,然后用直线命令连接倒角斜线的下端点,绘制图形中从上到下的第二条横线,即Ⅰ线。

命令行命令如下:

命令:_chamfer　　　　　　　(选择倒角命令)
("修剪"模式)当前倒角距离 1 = 2.0000,距离 2 = 2.0000

选择第一条直线或 [多段线(P)/距离(D)/角度(A)/修剪(T)/方式(M)/多个(U)]: d
　　　　　　　　　　　　　　　　（选择"距离(D)"设置倒角距离）
指定第一个倒角距离 <2.0000>:　　（按 Enter 键,执行默认第一个倒角距离2）
指定第二个倒角距离 <2.0000>:　　（按 Enter 键,执行默认第二个倒角距离2）
选择第一条直线或 [多段线(P)/距离(D)/角度(A)/修剪(T)/方式(M)/多个(U)]:
　　　　　　　　　　　　　　　　（拾取倒角第一条直线）
选择第二条直线:　　　　　　　　　（拾取倒角第二条直线）

后面倒角命令同前省略不列出。

(4) 执行打断于点命令。

利用对象捕捉捕捉Ⅱ线与已知线段 φ19 的两个交点,将Ⅱ线打断成三段。

命令行命令如下：

命令:_break 选择对象:　　　　　　（选择打断于点命令）
指定第二个打断点或 [第一点(F)]:_f　（拾取Ⅱ线与 φ19 的一个交点）

另一个交点打断于点命令同前,省略不列出。

(5) 用圆角命令画圆角 R2。

命令行命令如下：

命令:_fillet　　　　　　　　　　　（选择圆角命令）
当前设置：模式 = 修剪,半径 = 0.0000
选择第一个对象或 [多段线(P)/半径(R)/修剪(T)/多个(U)]:r
　　　　　　　　　　　　　　　　（选择"半径(R)"命令,设置圆角半径）
指定圆角半径 <0.0000>:2　　　　　（指定圆角半径为2）
选择第一个对象或 [多段线(P)/半径(R)/修剪(T)/多个(U)]:（拾取圆角第一条直线）
选择第二个对象:　　　　　　　　　（拾取圆角第二条直线）
命令:_fillet　　　　　　　　　　　（选择圆角命令,绘制另一侧的圆角）
当前设置：模式 = 修剪,半径 = 2.0000
选择第一个对象或 [多段线(P)/半径(R)/修剪(T)/多个(U)]:（拾取圆角第一条直线）
选择第二个对象:　　　　　　　　　（拾取圆角第二条直线）

(6) 圆角画好后,Ⅱ线被断开,需要延伸。

命令行命令如下：

命令:_extend　　　　　　　　　　（选择延伸命令）
当前设置：投影 = UCS,边 = 无
选择边界的边……　　　　　　　　（选择延伸边界对象）
选择对象：找到 1 个
选择对象：找到 1 个,总计 2 个　　（选择延伸对象,完成延伸）

4. 绘制中间圆弧

(1) 绘制吊钩左下方中间圆弧 $R32$ 和 $R18$。

要绘制中间圆弧 $R32$,首要的是通过作图方法求得其圆心,作图方法如下：因中间圆弧 $R32$ 一端与已知圆弧 $φ32$ 相外切,首先切换到细实线图层,选择圆命令,以已知圆弧 $φ32$ 的圆心 $O1$ 为圆心,以 $R32$ 和 $φ32$ 的圆心距 48 为半径画圆（辅助圆）,所画辅助圆与Ⅳ线的交点即为中间圆弧 $R32$ 的圆心 $O3$;然后切换到粗实线图层,选择圆命令,捕捉 $O3$ 为圆心,绘制中间圆弧 $R32$ 的圆。用同样的方法绘制 $R18$ 的圆,最后将辅助圆 $R48$ 和 $R56$ 删除。删除前后结果如图 2-6-34 所示。

命令行命令如下：

命令：_circle 指定圆的圆心或 [三点(3P)/两点(2P)/相切、相切、半径(T)]：
<对象捕捉 开>　　　　　　　　　　　　　　（选择圆命令，绘制 $R48$ 圆）
指定圆的半径或 [直径(D)]：48　　　　　　（指定圆的半径 48）
命令：_circle 指定圆的圆心或 [三点(3P)/两点(2P)/相切、相切、半径(T)]：
　　　　　　　　　　　　　　　　　　　　　（选择圆命令，绘制 $R32$ 圆）
指定圆的半径或 [直径(D)] <48.0000>：32　（指定圆的半径 32）
命令：_erase 找到 1 个　　　　　　　　　　（删除 $R48$ 辅助圆）
命令：_circle 指定圆的圆心或 [三点(3P)/两点(2P)/相切、相切、半径(T)]：
　　　　　　　　　　　　　　　　　　　　　（选择圆命令，绘制 $R56$ 圆）
指定圆的半径或 [直径(D)] <32.0000>：56　（指定圆的半径 56）
命令：_circle 指定圆的圆心或 [三点(3P)/两点(2P)/相切、相切、半径(T)]：
　　　　　　　　　　　　　　　　　　　　　（选择圆命令，绘制 $R18$ 圆）
指定圆的半径或 [直径(D)] <56.0000>：18　（指定圆的半径 18）
命令：_erase 找到 1 个　　　　　　　　　　（删除 $R56$ 辅助圆）

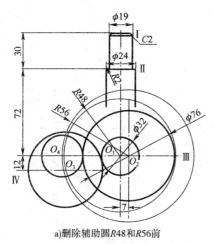 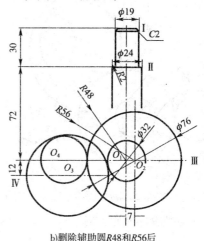

a) 删除辅助圆 $R48$ 和 $R56$ 前　　　　　　　　b) 删除辅助圆 $R48$ 和 $R56$ 后

图 2-6-34　绘制吊钩左下方中间线段 $R32$ 和 $R18$

（2）绘制吊钩右上方中间圆弧 $R32$ 和 $R48$。

要绘制中间圆弧 $R48$，首要的是通过作图方法求得其圆心，作图方法如下：因中间圆弧 $R48$ 一端与已知圆弧 $\phi32$ 相外切，另一端与已知线段 $\phi24$ 左边轮廓素线相切；首先切换到细实线图层，选择圆命令，以 $\phi32$ 的圆心为圆心，以 $R48$ 和 $\phi32$ 的圆心距 64 为半径画圆（辅助圆）；然后选择偏移命令，将已知线段 $\phi24$ 左边轮廓素线向右偏移 48（辅助线），选中辅助线并切换到细实线图层，将辅助线切换成细实线，所画辅助圆与辅助线的交点即为 $R48$ 的圆心 O_5；最后切换到粗实线图层，选择圆命令，捕捉 O_5 为圆心，绘制 $R48$ 的圆。用同样的方法绘制 $R32$ 的圆，最后将辅助圆和辅助线删除。删除前后结果如图 2-6-35 所示。

命令：_circle 指定圆的圆心或 [三点(3P)/两点(2P)/相切、相切、半径(T)]：
指定圆的半径或 [直径(D)] <18.0000>：64
命令：_offset
指定偏移距离或 [通过(T)] <通过>：48
选择要偏移的对象或 <退出>：
指定点以确定偏移所在一侧：

命令：_circle 指定圆的圆心或 [三点(3P)/两点(2P)/相切、相切、半径(T)]：
指定圆的半径或 [直径(D)] <64.0000>：48
命令：_erase 找到 4 个
命令：_circle 指定圆的圆心或 [三点(3P)/两点(2P)/相切、相切、半径(T)]：>>
指定圆的圆心或 [三点(3P)/两点(2P)/相切、相切、半径(T)]：
指定圆的半径或 [直径(D)] <48.0000>：70
命令：_offset
指定偏移距离或 [通过(T)] <32.0000>：
选择要偏移的对象或 <退出>：
指定点以确定偏移所在一侧：
命令：_circle 指定圆的圆心或 [三点(3P)/两点(2P)/相切、相切、半径(T)]：
指定圆的半径或 [直径(D)] <64.0000>：32
命令：_erase 找到 6 个

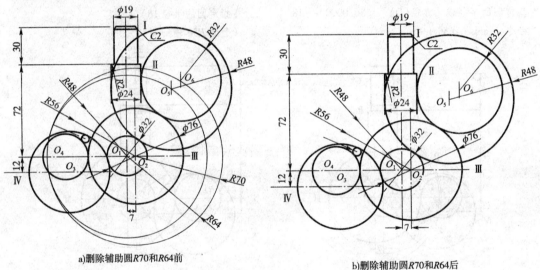

a) 删除辅助圆 $R70$ 和 $R64$ 前　　　　　　b) 删除辅助圆 $R70$ 和 $R64$ 后

图 2-6-35　绘制吊钩右上方中间线段 $R32$ 和 $R48$

5. 绘制连接线段 $R3$

选择圆命令，用相切、相切、半径方式绘制吊钩左下方中间圆弧 $R32$ 和 $R18$ 的连接弧 $R3$，的圆，如图 2-6-36 所示。

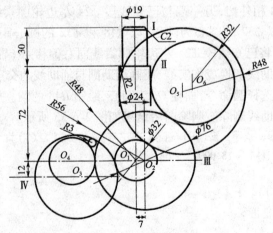

图 2-6-36　绘制连接线段 $R3$

命令行命令如下：

命令：_circle 指定圆的圆心或 [三点(3P)/两点(2P)/相切、相切、半径(T)]: t
（选择圆命令，选择"相切、相切、半径(T)"，用T方式绘制R3的圆）
指定对象与圆的第一个切点：（用对象捕捉拾取第一个切点）
指定对象与圆的第二个切点：（用对象捕捉拾取第二个切点）
指定圆的半径 <32.0000>: 3 （指定圆的半径为3）

6. 修剪、删除多余线条

修剪多余线条，并删除修剪后剩余线条，得到的最后结果如图2-6-1所示。

7. 常见问题解析

【问题1】如何进行夹点编辑？

【答】夹点是对象上的特殊位置的点，标记对象上的控制位置，如端点、中点等。用鼠标单击对象时，对象上出现的蓝色的点叫"冷点"。单击冷点，夹点编辑模式被激活变成红色的点，叫"热点"。对热点可以进行修改编辑，如移动、旋转、缩放、拉伸，AutoCAD自动进入"拉伸"编辑方式，连续按Enter键，就可以在所有编辑方式间切换。AutoCAD自动进入"拉伸"编辑方式，连续按Enter键，就可以在所有编辑方式间切换。

【问题2】拾取点方法有哪些？

【答】单击或框选，框选时如果从右下角起始，扫过的对象均被选中；如果从左上角起始，全部被框住的对象才能被选中。

【问题3】有几种执行命令的方式？

【答】执行命令的方式有：命令调用、取消、重复调用，分别介绍如下：

（1）命令调用：通过菜单、工具栏、键盘输入命令，按【Enter】键或【Space】键确认。

（2）命令的取消：按【Esc】键可以取消正在执行的命令；或单击鼠标右键，在弹出的快捷菜单中选择"取消"命令，取消正在执行的命令。

（3）命令的重复调用。

在绘图窗口单击右键，在弹出的快捷菜单中单击第一个命令即可重复调用。

按键盘上的【Enter】键或【Space】键，即可重复调用上一个命令。

任务小结

本任务给出了绘制一般平面图形的步骤：要想准确地绘制平面图形，需先设置绘图环境；在使用绘图和编辑命令绘图的同时，必须适时地利用对象捕捉、极轴追踪、对象追踪等辅助功能进行准确绘图。在本任务中，通过具体举例，我们练习了直线、构造线、圆弧绘图命令的使用，倒角、圆角、偏移、修建、删除等编辑命令的使用，从而掌握了基本绘图和编辑命令的使用技巧、命令的执行方法、拾取点方法等技能。

任务二　标注尺寸

任务引入

剖视图的尺寸标注，如图2-6-37所示。

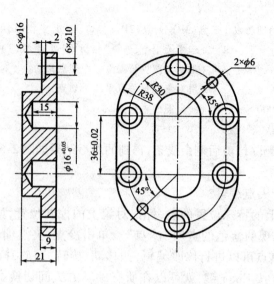

图 2-6-37　剖视图的尺寸标注

【知识目标】
1. 掌握标注样式的设置；
2. 掌握使用特性对话框标注尺寸公差的方法。

【能力目标】
能够对所给图形进行正确的尺寸标注。

任务实施

1. 设置绘图环境

设置图幅为 297mm×420mm，单位精度采用默认值，系统默认创建图层颜色为 7 号颜色，该颜色相对于黑色背景显示白色，相对于白色背景显示黑色。图层分为 4 层：粗实线层为 Continuous 线，线宽为 0.35mm，用于绘制可见轮廓线；细实线层为 Continuous 线，线宽为 0.18mm，用于绘制尺寸线、尺寸界线、辅助线、剖面线等；细点画线层为 CENTER2 线，线宽为 0.18mm，用于绘制对称中心线；虚线层为 HIDDEN2 线，线宽为 0.18mm，用于绘制不可见轮廓线；0 层保持不变。

2. 设置标注样式

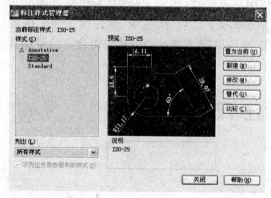

图 2-6-38　"标注样式管理器"对话框

阅读视图，确定标注样式的种类。本例中可以设置三种标注样式："线性尺寸标注样式""角度尺寸标注样式""非圆尺寸标注样式"。"线性尺寸标注样式"设置和系统默认的 ISO-25 相同，主要标注尺寸数字和尺寸线平行的尺寸。设置过程如下：选择下拉菜单【格式】→【标注样式...】或者直接单击样式工具栏中的"标注样式(s)..."按钮，打开"标注样式管理器"对话框，如图 2-6-38 所示。该对话框左侧的"样式"列表列出当前可用的尺寸标注样式，系统默认

ISO-25标准尺寸标注格式,"预览"区显示了当前尺寸标注样式。其他几个按钮的意义如下:

(1)"置为当前":选定尺寸标注样式单击该按钮设置为当前尺寸标注样式。

(2)"新建":单击该按钮可创建新尺寸标注样式。

(3)"修改":单击该按钮可修改选定的尺寸标注样式。

(4)"替代":单击该按钮,可设置选定标注样式的替代样式。修改替代样式后,原来使用该样式标注的尺寸标注将不受影响。

(5)"比较":单击该按钮将打开"比较标注样式"对话框,可利用该对话框对当前已创建的样式进行比较,并找出区别。

单击"新建按钮",弹出"创建新标注样式"对话框,将新样式名设置为"线性尺寸标注样式",如图2-6-39所示;单击"继续"按钮,弹出"线性标注样式"的"新建标注样式"对话框,如图2-6-40所示,在这里可以对线性标注样式进行设置,因为"线性尺寸标注样式"设置和系统默认的ISO-25相同,所以不需

图2-6-39 "线性标注样式"的"创建新标注样式"对话框

要修改,直接单击"确定"按钮即可;单击"确定"按钮后返回"标注样式管理器",如图2-6-41所示。

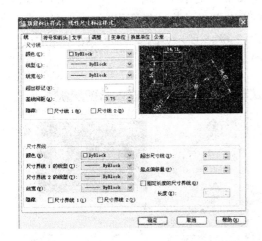

图2-6-40 "线性标注样式"的"新建标注样式"对话框

图2-6-41 创建"线性标注样式"后的"标注样式管理器"

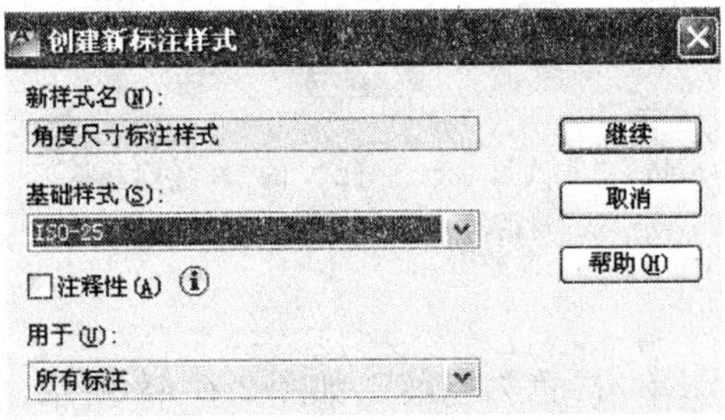

"角度尺寸标注样式"。将"新建尺寸标注样式"对话框中的"文字"选项卡中"文字对齐"方式设置为"水平",主要标注角度尺寸和尺寸线水平折弯的尺寸。设置过程如下:单击"新建按钮",弹出"创建新标注样式"对话框,将新样式名设置为"角度尺寸标注样式"如图2-6-42所示;单击"继续"按钮,弹出"新建标注样式"对话框,在这里可以对角度标注样式进行设置,对话框中的"文字"选项卡中"文字对齐"方式设置为"水平",如图2-6-43所示,

图2-6-42 "角度尺寸标注样式"的"创建新标注样式"对话框

单击"确定"按钮完成设置;单击"确定"按钮后返回"标注样式管理器",如图 2-6-44 所示。

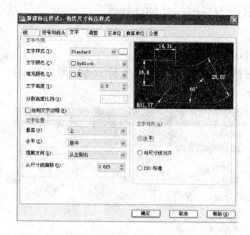

图 2-6-43 "角度尺寸标注样式"的"新建标注样式"对话框

图 2-6-44 创建"角度标注样式"后的"标注样式管理器"

"非圆尺寸标注样式"。将"新建尺寸标注样式"对话框中的"主单位"选项卡中"前缀"文本框中输入"%%c",主要用于在非圆图形上标注直径。设置过程如下:单击"新建按钮",弹出"创建新标注样式"对话框,将新样式名设置为"非圆尺寸标注样式"如图 2-6-45 所示;单击"继续"按钮,弹出"新建标注样式"对话框,在这里可以对非圆标注样式进行设置,对话框中的"主单位"选项卡中"前缀"文本框中输入"%%c",如图 2-6-46 所示,单击"确定"按钮完成设置;单击"确定"按钮后返回"标注样式管理器",如图 2-6-47 所示。

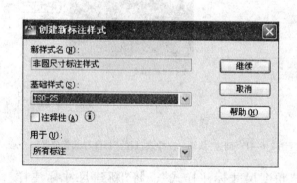

图 2-6-45 "非圆尺寸标注样式"的"创建新标注样式"对话框

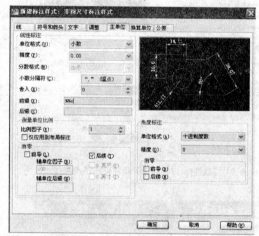

图 2-6-46 "非圆尺寸标注样式"的"新建标注样式"对话框

3. 标注尺寸

打开"标注样式管理器",选定"线性尺寸标注样式",单击"置为当前",如图 2-6-48 所示,将"线性尺寸标注样式"设置为当前的标注样式。

用线性标注和半径标注按要求标注半径和线性尺寸,如图 2-6-49 所示。将"角度尺寸标注样式"设置为当前样式(设置方法同前),用角度标注和直径标注,在左视图中标注相关直径和角度尺寸,如图 2-6-50 所示。

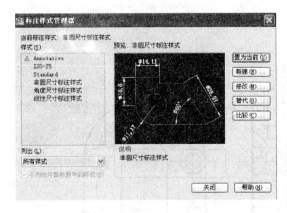

图 2-6-47 "非圆尺寸标注样式"的"标注样式管理器"

图 2-6-48 将"线性尺寸标注样式"设置为当前的标注样式

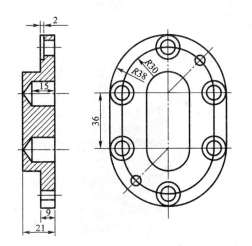

图 2-6-49 标注半径和线性尺寸

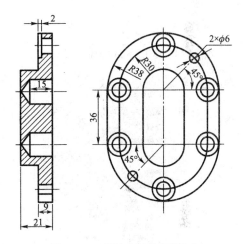

图 2-6-50 标注直径和角度尺寸

将"非圆尺寸标注样式"设置为当前样式(设置方法同前),用线性标注主视图中的 $\phi16$。在标注左视图中的 $\phi10$ 时,通过【修改】→【特性】或直接单击"特性"按钮,调用特性对话框,在"主单位"区域的"前缀"文本框中输入"6×%%C",如图 2-6-51 所示,单击图形,则尺寸变更为"6×$\phi10$"。用同样的方法对左视图中的 $\phi16$ 和 $\phi6$ 进行修改,标注结果如图 2-6-52 所示。选择尺寸 36,调用特性对话框,在"公差"区域的"显示公差"下拉列表中选择"对称",在"上偏差"文本框中输入"0.02",如图 2-6-53 所示,单击图形,则尺寸变更为"36±0.02",用同样的方法对主视图中的 $\phi16$ 进行修改。只是"显示公差"选择"极限偏差",然后分别填写"上偏差"和"下偏差"的数值,如图 2-6-54 所示,最后标注结果如图 2-6-37 所示。

4. 常见问题解析

【问题】创建表面粗糙度符号块时,旋转方向的正负如何判断?

【答】默认的设置是逆时针为正,顺时针为负。

图 2-6-51 标注 6×φ10 的特性对话框

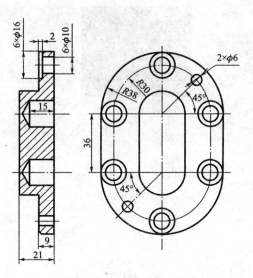

图 2-6-52 标注非圆尺寸

图 2-6-53 标注 36±0.02 的特性对话框

图 2-6-54 标注 $\phi16^{+0.05}_{0}$ 的特性对话框

任务小结

本任务详细介绍了剖视图尺寸标注的过程和步骤:设置绘图环境,设置标注样式,标注"线性尺寸""角度尺寸""非圆尺寸",利用"特性"对话框标注尺寸公差。

任务三 绘 制 轴

任务引入

轴的零件图,如图2-6-55所示。

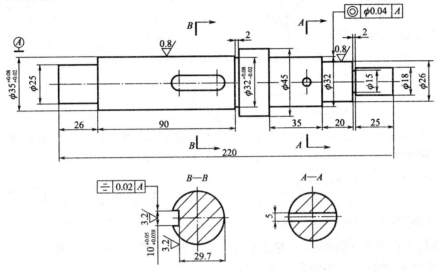

图 2-6-55 轴的零件图

【知识目标】
1. 掌握镜像、图案填充命令的正确使用;
2. 掌握标注多重引线、标注几何公差、标注表面粗糙度的方法;
3. 能够用多行文字书写技术要求和填写标题栏;
4. 创建块并插入块。

【能力目标】
掌握绘制零件图的步骤和方法。

任务实施

1. 绘制主视图
(1)在细点画线图层,绘制对称中心线。
(2)在粗实线图层,打开正交模式,拾取第一点,绘制连续的水平和竖直线段,结果如图2-6-56所示。
命令行命令如下:
命令:_line 指定第一点:<正交 开>
指定第一点:

指定下一点或 [放弃(U)]:12.5　　　　　　（鼠标向上移12.5）
指定下一点或 [放弃(U)]:26　　　　　　　（鼠标向右移26）
指定下一点或 [闭合(C)/放弃(U)]:5　　　　（鼠标向上移5）
指定下一点或 [闭合(C)/放弃(U)]:90　　　（鼠标向右移90）
指定下一点或 [放弃(U)]:1.5　　　　　　　（鼠标向下移1.5）
指定下一点或 [放弃(U)]:2　　　　　　　　（鼠标向右移2）
指定下一点或 [闭合(C)/放弃(U)]:6.5　　　（鼠标向上移6.5）
指定下一点或 [闭合(C)/放弃(U)]:20　　　（鼠标向右移20）
指定下一点或 [闭合(C)/放弃(U)]:6.5　　　（鼠标向下移6.5）
指定下一点或 [闭合(C)/放弃(U)]:35　　　（鼠标向右移35）
指定下一点或 [闭合(C)/放弃(U)]:3　　　　（鼠标向下移3）
指定下一点或 [闭合(C)/放弃(U)]:20　　　（鼠标向右移20）
指定下一点或 [闭合(C)/放弃(U)]:5.5　　　（鼠标向下移5.5）
指定下一点或 [闭合(C)/放弃(U)]:2　　　　（鼠标向右移2）
指定下一点或 [闭合(C)/放弃(U)]:1.5　　　（鼠标向上移1.5）
指定下一点或 [闭合(C)/放弃(U)]:25　　　（鼠标向右移25）
指定下一点或 [闭合(C)/放弃(U)]:9　　　　（鼠标向下移9）

(3) 单击修改工具栏的延伸按钮，以中心线为延伸边界，单击鼠标右键确认，然后分别单击要延伸的各线段，结果如图2-6-57所示。

图2-6-56　绘制连续的水平和竖直线段　　　　　图2-6-57　延伸各线段

(4) 框选中心线上方的轮廓线，单击修改工具栏的镜像按钮，接着在中心线上分别指定两点来定义镜像线，镜像结果如图2-6-58所示。

命令行命令如下：

命令：_mirror　　　　　　　　　　　　（选择镜像命令）
选择对象：指定对角点：找到17个　　　（选择镜像对象）
选择对象：
指定镜像线的第一点：指定镜像线的第二点：　（指定镜像线的第一点、第二点）
是否删除源对象？[是(Y)/否(N)] <N>：　（按Enter键，执行默认值<N>）

(5) 单击偏移命令按钮，分别创建两条辅助线，图中给出了偏移距离。将两条线切换成细点画线，并移动作为两小圆的中心线，绘制两φ10小圆，结果如图2-6-59所示。

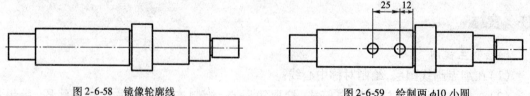

图2-6-58　镜像轮廓线　　　　　　　　　图2-6-59　绘制两φ10小圆

(6) 单击直线命令，为防止干扰，设置捕捉方式只选中"切点"，利用对象捕捉画两φ10小圆切线，并用修剪命令修剪多余线条，结果如图2-6-60所示。

(7) 单击偏移命令，创建一条辅助线，图中给出了偏移距离，将这条线切换成细点画线，并移动作为小圆的中心线，绘制φ5小圆，结果如图2-6-61所示。

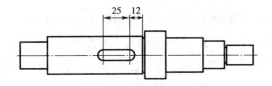
图 2-6-60　绘制两 φ10 小圆切线

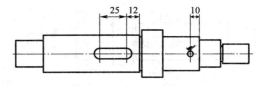
图 2-6-61　绘制 φ5 小圆

(8) 选择【格式】→【多重引线】命令,打开"多重引线样式管理器",新建"副本 Standard",单击"继续",进入"修改多重引线样式"对话框,修改设置,将"引线结构"选项卡中的"约束"选项组中选中"第一段角度",并将其值选择为"0",如图 2-6-62 所示。

在细实线图层,单击【标注】→【多重引线】,指定引线箭头的位置,打开对象捕捉追踪指定引线基线的位置,单击【Esc】键取消注释性文字书写,绘制水平的箭头;在粗实线图层,打开对象捕捉,画一段竖直的短粗线,绘制剖切符号完毕。选择刚绘制的剖切符号,用镜像命令,指定中心线为镜像线,镜像结果如图 2-6-63 所示。

图 2-6-62　修改多重引线样式对话框

(9) 使用同样的办法绘制其他剖切符号,结果如图 2-6-64 所示。

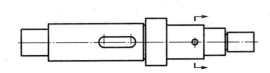
图 2-6-63　镜像剖切符号

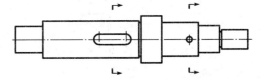
图 2-6-64　绘制其他剖切符号

(10) 在样式工具栏上,选择"Standard"作为当前的文字样式。单击多行文字按钮,分别给剖切符号注写字母,结果如图 2-6-65 所示。

2. 绘制断面图

(1) 切换到细点画线图层,选择直线命令,在正交模式下,在主视图的下方,与剖切符号对齐的位置绘制垂直相交的中心线——断面图的对称中心线。在此基础上,画两个 φ35 和 φ32 的圆,结果如图 2-6-66 所示。

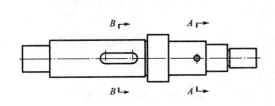
图 2-6-65　注写剖切符号字母

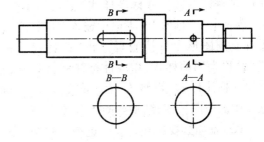
图 2-6-66　绘制 φ35 和 φ32 圆

(2) 利用偏移命令绘制辅助线,利用修剪命令和删除命令修剪与删除多余线条,调整线条长度,把轮廓线切换为粗实线,结果如图 2-6-67 所示。

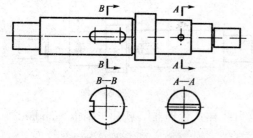

图 2-6-67　编辑后的断面图

(3) 利用图案填充给断面图画剖面符号。

单击【绘图】→【图案填充】或者直接单击绘图工具栏中的图案填充按钮"[图]"，弹出"图案填充编辑"对话框，如图 2-6-68 所示。单击图案右侧的"…"按钮，指定图案填充为"ANSI31"，选择角度"0"，选择比例"2"，单击"拾取点"返回绘图区域拾取断面图的轮廓线，单击右键，在弹出的快捷菜单中单击确定，重新回到"图案填充编辑"对话框，单击确定按钮，到此完成图案填充的设置。断面图的图案填充编辑结果如图 2-6-69 所示。

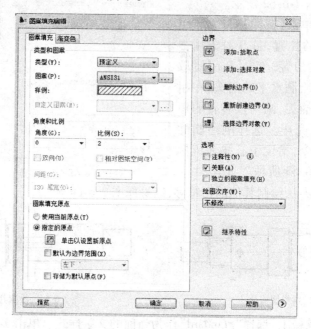

图 2-6-68　"图案填充编辑"对话框

3. 标注尺寸

(1) 本任务中设置两种标注样式："线性尺寸标注样式""非圆尺寸标注样式"。"线性尺寸标注样式"设置和系统默认的 ISO-25 相同，主要标注尺寸数字和尺寸线平行的尺寸；"非圆尺寸标注样式"将"新建尺寸标注样式"对话框中的"主单位"选项卡中"前缀"文本框中输入"%%c"，主要用于在非圆图形上标注直径。将"线性尺寸标注样式"设置为当前样式，用线性标注线性尺寸；将"非圆尺寸标注样式"设置为当前样式，用线性标注主视图中的非圆尺寸，结果如图 2-6-70 所示。

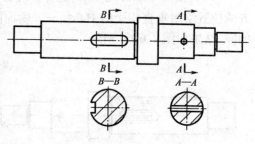

图 2-6-69　断面图的图案填充

(2) 添加必要尺寸公差。选择左视图中的标注 φ32，通过【修改】→【特性】或直接单击"特性"按钮，调用特性对话框，在"公差"区域的"显示公差"下拉列表中选择"极限偏差"，在"公差下偏差"文本框中输入"0.02"，在"公差上偏差"文本框中输入"0.08"，"公差精度"为"0.00"，"公差高度"为"1"，设置完成单击图形；用同样的方法对主视图中的标注 φ35 和断面图中的标注 10 进行修改;结果如图 2-6-71 所示。

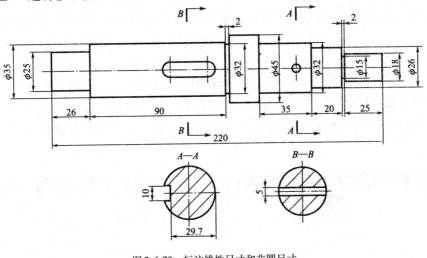

图 2-6-70　标注线性尺寸和非圆尺寸

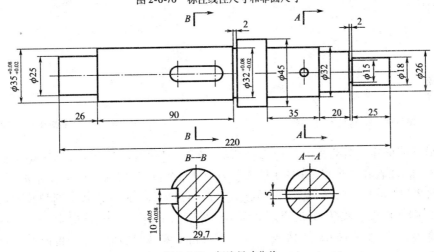

图 2-6-71　标注尺寸公差

(3)标注表面粗糙度。

①创建表面粗糙度图形块。绘制一个表面粗糙度符号,在菜单栏中选择【绘图】→【块】→【定义属性】命令,弹出"属性定义"对话框,如图 2-6-72 所示;在"属性"选项组的"标记"文本框中输入"MUN",在"提示"文本框中输入"请输入表面粗糙度数值",选中"插入点"选项组的"在屏幕上指定"复选框,在"文字选项"选项组的"文字样式"列表框中选择"Standard",单击"确定"按钮。移动鼠标,在绘图区域的表面粗糙度符号上的适当位置放置 MUN 文本标记,如图 2-6-73 所示。选择【绘图】→【块】→【创建】命令,打开如图 2-6-74 所示的"块定义"对话框,在"名称"文本框中输入"表面粗糙度-上"。在"对象"选项组中选择"转换为块"单选按钮,单击选择对象按钮"",在绘图

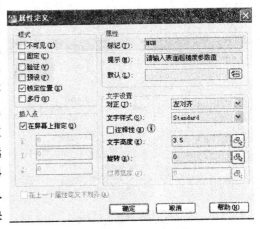

图 2-6-72　"属性定义"对话框

区域选择表面粗糙度符号和参数值 MUN，按 Enter 键确认。在基点选项组中单击拾取点按钮"⬚"，在绘图区域选择表面粗糙度符号的下顶点，此时自动返回到"块定义"对话框。单击"块定义"对话框的确定按钮，弹出"编辑属性"对话框，将 MUN 的初始值设置为 3.2，如图 2-6-75 所示，单击确定按钮，完成水平向

图 2-6-73 放置 MUN 文本标记

上的表面粗糙度图形块的创建操作。依此方法，可以创建另外 3 个典型的表面粗糙度图形块，名称分别为"表面粗糙度-下、表面粗糙度-左、表面粗糙度-右"。在具体的块属性定义中，可利用"属性定义"对话框的"文字选项"选项组来设置文字的旋转角度等。

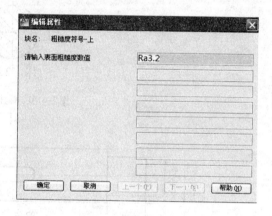

图 2-6-74 "块定义"对话框　　　　　　　　图 2-6-75 "编辑属性"对话框

②粗糙度的标注。对插入的图块进行缩放、旋转、打散等编辑操作，具体操作如下：单击"插入块"按钮，或者在菜单栏中选择【插入】→【块】命令，打开如图 2-6-76 所示的"插入"对话框。在"名称"列表框中选择"表面粗糙度-上"选项，接受默认的缩放比例和其他选项，单击"确定"按钮确认命令。移动光标，在如图所示的轮廓边上指定一点，此时命令行出现"请输入表面粗糙度参数值"的提示信息，输入"0.8"，按 Enter 键，则得到该表面粗糙度的标注结果。使用同样办法，在其他关键的位置处标注所需的表面粗糙度。在图框的右上角的适当位置处插入一个"表面粗糙度-上"的图形块，粗糙度参数值设置为 25，如需调整双击表面粗糙度符号，弹出"增强属性编辑器"对话框，在其中输入需要的数值即可，如图 2-6-77 所示。然后单击"多行文字"按钮，在该粗糙号前添加两个字"其余"，效果如图 2-6-78 所示。

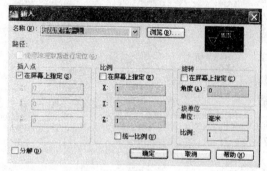
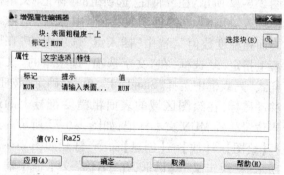

图 2-6-76 "插入"对话框　　　　　　　　　图 2-6-77 "增强属性编辑器"对话框

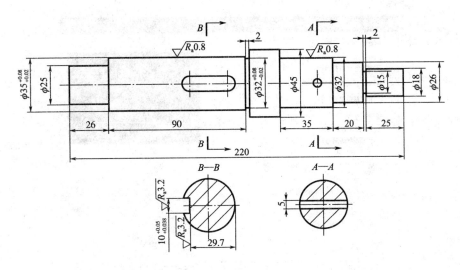

图 2-6-78 标注表面粗糙度效果

(4) 标注形位公差。

① 创建并插入基准符号图块，结果如图 2-6-79 所示。

② 选择【格式】→【多重引线】命令，打开"多重引线样式管理器"，新建"副本 Standard"，单击"继续"，进入"修改多重引线样式"对话框，修改设置，将"引线结构"选项卡中的"约束"选项组中"第一段角度""第二段角度"设置为 90°和 0°，如图 2-6-80 所示。

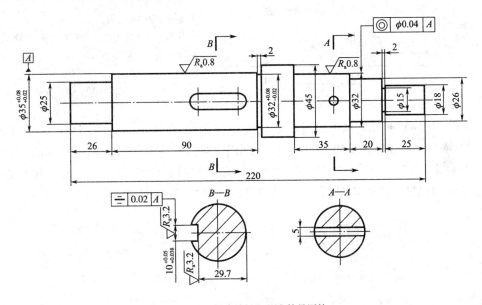

图 2-6-79 创建并插入基准符号图块

③ 选择【格式】→【形位公差】命令，打开"形位公差"对话框，在"符号"按钮选项组中单击第一个按钮，弹出如图所示"特征符号"对话框，从中单击同轴度相应按钮，弹出"形位公差"对话框。接着分别设置公差 $\phi0.04$ 和基准 A，如图 2-6-81 所示，单击"确定"按钮，完成该形位公差的设置。使用同样的方法，标注其他的"形位公差"。

(5) 书写技术要求。单击"多行文字"按钮，在图框内适当的位置插入技术要求等文本，内容如图 2-6-82 所示。

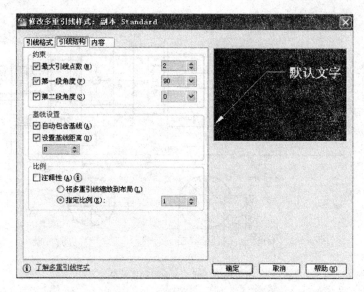

图 2-6-80　修改多重引线样式对话框

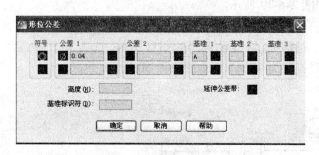

技术要求
1. 未注倒角 $C2$；
2. 未注圆角 $R2$；
3. 调质 HRC40~50；
4. 线性尺寸未注公差为 GB/T 1804—2000；
5. 未注表面粗糙度为 $\sqrt{R_a\,25}$。

图 2-6-81　设置形位公差　　　　　　　　　　图 2-6-82　技术要求

（6）填写标题栏。标题栏可以直接调用国标标题栏，也可以自己绘制练习用标题栏。双击标题栏，弹出"增强属性编辑器"对话框。利用该对话框分别设置各标记对应的"值"，例如输入"（材料标记）"的"值"为"45"，单击"应用"显示如图 2-6-83 所示。填写完毕单击"增强属性编辑器"对话框的"确定"按钮，填写好的标题栏如图 2-6-84 所示。

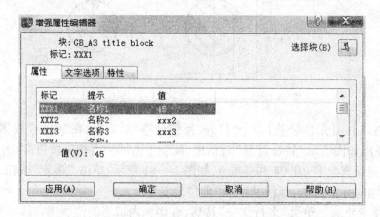

图 2-6-83　"增强属性编辑器"对话框设置

标记	处数	分区	更改文件号	签名	年月日	45			××学院
设计			标准化			阶段标记	重量	比例	轴的零件图
审核								1:1	
工艺			批准			共1张 第1张			A3

图 2-6-84　填写好的标题栏

4. 常见问题解析

【问题1】创建表面粗糙度符号块时，旋转方向的正负如何判断？

【答】默认的设置是逆时针为正，顺时针为负。

【问题2】为什么"图案填充"时，选择"ANSI31"作为填充图案？

【答】轴的材料是45钢，属于金属材料，其剖切符号为"ANSI31"所示图案。

【问题3】为什么"图案填充"时，有时会提示无法确定有效的图案填充边界？

【答】图案填充边界必须是封闭的轮廓，如果由于作图的原因形成不封闭的轮廓就不能进行图案填充，需检查修改后才可以进行。

任务小结

零件图是零件制造、检验和制定工艺规程的基本技术文件，它既要反映出设计意图，又要考虑到制造的合理性和可能性等诸多因素。本任务的重点是：正确选择和合理布局轴类零件图视图、合理标注尺寸、标注公差及表面粗糙度、编写技术要求和填写零件图的标题栏。

轴类零件多为回转体，其零件图需要一个主视图表示其主体结构，键槽和孔等结构可以用局部断面图表示，退刀槽、中心孔等细小结构可以采用局部放大图来确切地表达具体形状并标注其尺寸。

任务四　绘制千斤顶装配图

任务引入

千斤顶的零件图，如图 2-6-85 所示。

【知识目标】

1. 掌握装配图视图的选择方法；
2. 熟练掌握 AutoCAD 的常用命令。

【能力目标】

掌握根据已知零件图绘制装配图的方法。

任务实施

1. 设置绘图环境

设置图幅为 297mm×420mm，单位精度采用默认值，系统默认创建图层颜色为 7 号颜色，

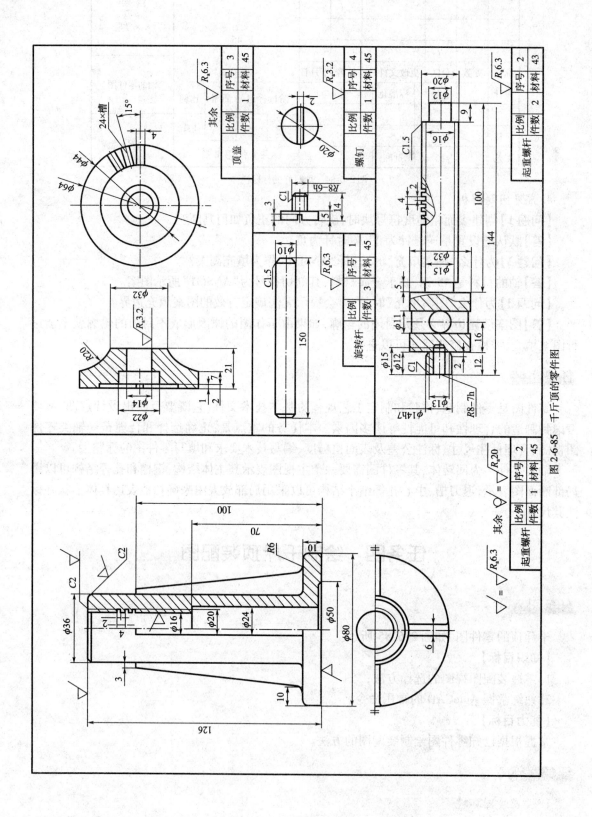

图 2-6-85 千斤顶的零件图

该颜色相对于黑色背景显示白色，相对于白色背景显示黑色。图层分为 4 层：粗实线层为 Continuous 线，线宽为 0.35mm，用于绘制可见轮廓线；细实线层为 Continuous 线，线宽为 0.18mm，用于绘制尺寸线、尺寸界线、辅助线、剖面线等；细点画线层为 CENTER2 线，线宽为 0.18mm，用于绘制对称中心线；虚线层为 HIDDEN2 线，线宽为 0.18mm，用于绘制不可见轮廓线；0 层保持不变。

2. 设置标注样式

阅读视图，确定标注样式的种类。本任务中可以设置两种标注样式："线性尺寸标注样式""非圆尺寸标注样式"。

3. 绘制练习用的 A3 模板

(1)绘图 A3 模板图幅与图框。在细实线图层绘制图幅 297mm × 420mm；用偏移命令将图幅的装订边和其他三边边，分别向图幅内偏移 5mm（A3 的侧边距 5mm），并将偏移后的线条选中切换到粗实线图层，使其转变为粗实线；用修剪命令修剪掉多余线条，结果如图 2-6-86 所示。

(2)绘制标题栏和明细栏。在粗实线图层绘制标题栏的外边框线和明细栏的左右两边框线；在细实线图层绘制标题栏、明细栏的内部线和明细栏的顶边线，当然也可以用偏移命令和修剪命令来绘制，结果如图 2-6-87 所示。

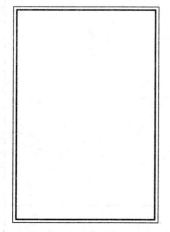

图 2-6-86　A3 模板图幅与图框

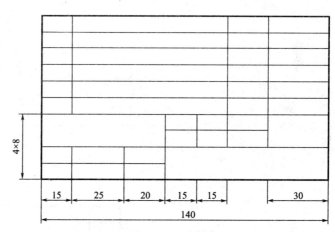

图 2-6-87　标题栏和明细栏

(3)填写标题栏和明细栏。用多行文本输入"装配图名称""制图"" 姓名 1""日期 1""审核"" 姓名 2""日期 1""比例""1:1""重量""kg""共　张""第　张""图号""校名和班级""序号"、"零件名称""数量""备注"，移动光标放到合适的位置，填写好的标题栏和明细栏模板如图 2-6-88 所示。绘制好的"A3 模板"，如图 2-6-89 所示。

<table>
<tr><td></td><td colspan="4"></td><td></td><td></td></tr>
<tr><td></td><td colspan="4"></td><td></td><td></td></tr>
<tr><td></td><td colspan="4"></td><td></td><td></td></tr>
<tr><td></td><td colspan="4"></td><td></td><td></td></tr>
<tr><td></td><td colspan="4"></td><td></td><td></td></tr>
<tr><td>序号</td><td colspan="4">零件名称</td><td>数量</td><td>备注</td></tr>
<tr><td colspan="3" rowspan="2">装配图</td><td>比例</td><td>1:1</td><td>共几张</td><td rowspan="2">图号</td></tr>
<tr><td>重量</td><td>kg</td><td>第几张</td></tr>
<tr><td>制图</td><td>姓名1</td><td>日期1</td><td colspan="4" rowspan="2">校名和班级</td></tr>
<tr><td>审核</td><td>姓名2</td><td>日期2</td></tr>
</table>

图 2-6-88　填写好的标题栏和明细栏模板

序号	零件名称		数量		备注
装配图		比例	1:1	共几张	图号
		重量	kg	第几张	
制图	姓名1	日期1	校名和班级		
审核	姓名2	日期2			

图 2-6-89 绘制好的"A3 模板"

(4) 保存为模板。选择下拉菜单中【文件】→【另存为】命令,弹出"图形另存为"对话框,在"文件类型"下拉列表框中选择"AutoCAD 图形样板",在"文件名"下拉列表框中输入"A3 模板",单击"保存"按钮,完成设置,过程如图 2-6-90 所示。

4. 调用 A3 模板

根据装配体的大小、复杂程度,选择合适的模板图,本任务选择刚绘制的 A3 模板。单击"新建"按钮,在弹出的"选择样板"对话框中,选择"A3 模板.dwt",文件名显示为"A3 模板.

dwt",预览窗口显示 A3 模板的样式,确定无误,单击"打开"按钮,如图 2-6-91 所示,调用 A3 模板完成。

图 2-6-90　另存为"A3 模板"对话框

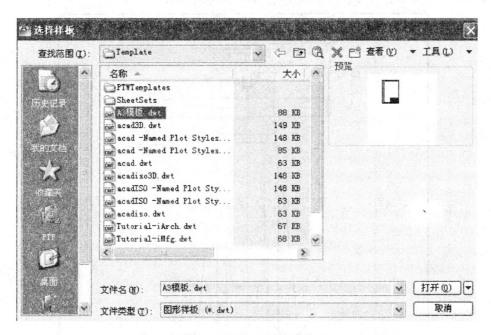

图 2-6-91　调用"A3 模板"对话框

5. 选择并确定装配图的表达方案

根据所给零件图,如图 2-6-85 所示,以及零部件之间的装配和连接关系确定装配图的表达方案。综合分析以后确定该装配图整体采用全剖视图,旋转杆采用局部剖视。拟定好方案后,需按照剖开后内部结构可见而被挡部分不可见的原则,逐个将零件图重叠(类似装配过程),修剪线段和适时调整各线段的长度。装配图绘制过程如图 2-6-92a)、b)、c)、d)所示。

6. 画剖面线

方法见第二篇项目六任务三。

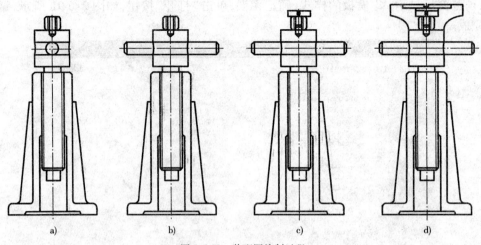

图 2-6-92 装配图绘制过程

7. 进行零部件编号,标注必要的尺寸

方法见第二篇项目六任务二、任务三。

8. 技术要求、标题栏和明细栏

书写技术要求,填写标题栏和明细栏,最终结果如图 2-6-93 所示。

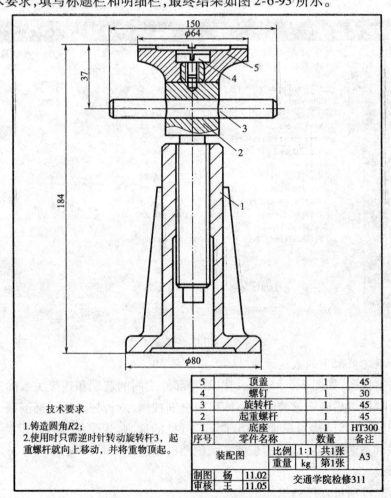

技术要求
1. 铸造圆角 R2;
2. 使用时只需逆时针转动旋转杆 3,起重螺杆就向上移动,并将重物顶起。

图 2-6-93 千斤顶的装配图

9. 常见问题解析

【问题 1】不同零件的剖面线有无区别？

【答】有，同一机件在不同剖视图中的剖面线始终应保持一致，不同机件在剖视图中的剖面线始终应不同。通常情况下，相邻机件的剖面线方向相反。

【问题 2】为什么该装配图整体采用全剖视，但是旋转杆采用了局部剖视？

【答】因为旋转杆下端是实心结构，不需要剖视，用视图就可以表达清楚，所以只将其上端采用局部剖视即可。

任务小结

装配图是用来表达机器、产品或者部件的技术图样，是设计部门提交给生产部门的重要技术文件。一张装配图的内容包括：一组视图、必要的尺寸标注、技术要求、标题栏、零部件编号和明细栏等。在绘制装配图时，要综合考虑各种因素，将这几部分的内容详实地表达清楚。

任务五　绘制立体图

任务引入

组合体的视图及立体图，如图 2-6-94 所示。

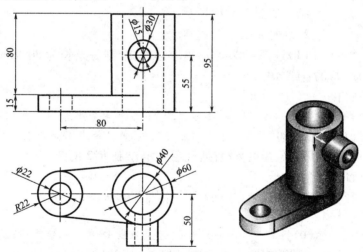

图 2-6-94　组合体的视图及立体图

【知识目标】

1. 会将模型空间切换到轴测模式；
2. 能够在轴测模式下绘制圆柱体；
3. 会使用面域命令，设置面域；
4. 会使用拉伸命令对面域进行拉伸操作；
5. 会使用移动命令移动图形到合适位置；
6. 能够进行布尔运算：并集、差集；
7. 会设置用户坐标系（ucs）；
8. 会对立体进行视觉样式的选择。

【能力目标】

1.能够根据所给的视图绘制立体图;

2.在轴测模式下,能够利用实体编辑命令或者面域和拉伸命令绘制立体图,并用"并集""差集""交集"进行实体的布尔运算;

3.能够在轴测模式下,对绘制好的立体进行视觉样式的选择。

任务实施

1.绘制大圆柱体

命令行命令如下:

命令:_cylinder　　　　(通过【绘图】→【建模】→【圆柱体】或单击建模工具栏【圆柱体】按钮,选择圆柱体命令)

当前线框密度:ISOLINES = 4

指定圆柱体底面的中心点或 [椭圆(E)] <0,0,0>:

(指定圆柱体底面的中心点,直接按 Enter 键确认,采用默认值(0,0,0))

• 指定圆柱体底面的半径或 [直径(D)]:30　　(指定圆柱体底面的半径 30,按 Enter 键确认)

• 指定圆柱体高度或 [另一个圆心(C)]:80　　(指定圆柱体高度 80,按 Enter 键确认)

结果如图 2-6-95 所示。

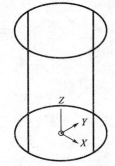

图 2-6-95　大圆柱体

2.绘制底板

(1)选择直线命令,拾取起点,绘制一条长为 80(ϕ60 和 ϕ22 的两圆不相切,中心距为 80)的直线 AB。

命令行命令如下:

命令:_line 指定第一点: <正交 开>　　(选择直线命令,拾取起点)

指定下一点或 [放弃(U)]:80　　(拾取下一点的坐标,按 Enter 键)

(2)选择圆命令,利用对象捕捉,设置捕捉端点 A,绘制 R22 的圆。

命令行命令如下:

命令:_circle 指定圆的圆心或 [三点(3P)/两点(2P)/相切、相切、半径(T)]

(选择圆命令)

指定圆的半径或 [直径(D)]:22　　(利用对象捕捉捕捉直线 AB 端点 A,绘制 R22 的圆)

(3)利用对象捕捉,设置捕捉圆点 A,绘制 ϕ22 的圆。

命令行命令如下:

命令:_circle 指定圆的圆心或 [三点(3P)/两点(2P)/相切、相切、半径(T)]

(选择圆命令)

• 指定圆的半径或 [直径(D)] <22.0000>:11　　(利用对象捕捉捕捉圆心 A,绘制 ϕ22 的圆)

(4)利用对象捕捉,设置捕捉端点 B,绘制 ϕ60 的圆。

命令行命令如下:

命令:_circle 指定圆的圆心或 [三点(3P)/两点(2P)/相切、相切、半径(T)]

(选择圆命令)

• 指定圆的半径或 [直径(D)] <11.0000>:30　　(利用对象捕捉直线 AB 端点 B,绘制 ϕ60 的圆)

(5)为防止干扰,设置捕捉方式只选中"切点",利用对象捕捉画两圆弧 R22 和 ϕ60 切线。

命令行命令如下：

命令：_line 指定第一点：　　　　（选择直线命令,拾取 R22 圆弧的上方部分为直线起点）
指定下一点或［放弃(U)］：　　　（拾取 φ60 圆弧的上方部分为下一点）
命令：_line 指定第一点：　　　　（选择直线命令,拾取 R22 圆弧的上方部分为直线起点）
指定下一点或［放弃(U)］：　　　（拾取 φ60 圆弧的上方部分为下一点）

结果如图 2-6-96 所示。

(6)拾取直线 AB 并删除。

命令行命令如下：

命令：_erase 找到 1 个　　　　　（拾取直线 AB,选择删除命令）

(7)修剪多余线条。

命令行命令如下：

命令：_trim　　　　　　　　　　（选择修剪命令）
视图与 UCS 不平行。命令的结果可能不明显。
当前设置：投影＝UCS,边＝无
选择剪切边……
选择对象：指定对角点：找到 5 个　（框选图形,选择修剪边界对象,按 Enter 键或单击右键）
选择对象：　　　　　　　　　　（拾取修剪对象,按 Enter 键或单击右键）
选择要修剪的对象,或按住 Shift 键选择要延伸的对象,或［投影(P)/边(E)/放弃(U)］：…

结果如图 2-6-97 所示。

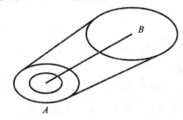 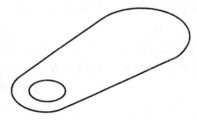

图 2-6-96　修剪前的底板底面　　　　　图 2-6-97　底板底面

(8)将底板底面外轮廓和 φ22 的圆创建为底板底面面域。

命令行命令如下：

命令：_region　　　　　　　　　（选择面域命令）
选择对象：找到 1 个　　　　　　（拾取左端 φ22 的圆,按 Enter 键或单击右键）
选择对象：　　　　　　　　　　（选择对象结束）
已提取 1 个环　　　　　　　　　（确定已经提取 1 个封闭环）
已创建 1 个面域　　　　　　　　（确定已创建 1 个面域）
命令：_region　　　　　　　　　（选择面域命令）
选择对象：找到 1 个
选择对象：找到 1 个,总计 2 个
选择对象：找到 1 个,总计 3 个
选择对象：找到 1 个,总计 4 个
　　　　　　　　　　　　　　　（拾取底板底面外轮廓,两段圆弧、两条线,共四个对象,按 Enter 键或单击右键）
选择对象：
已提取 1 个环　　　　　　　　　（确定已经提取 1 个封闭环）
已创建 1 个面域　　　　　　　　（确定已创建 1 个面域）

(9)将创建的面域进行"差"运算。
命令行命令如下：
命令：_subtract 选择要从中减去的实体或面域……
　　　　　　　　　　（选择【修改】→【实体编辑】→【差集】或单击实体编辑工具栏的差集
　　　　　　　　　　按钮，选择差集命令）
选择对象：找到1个　　（选择底板底面外轮廓面域，按Enter键或单击右键）
选择对象：
选择要减去的实体或面域……
选择对象：找到1个　　（选择左端φ22的圆面域，按Enter键或单击右键）
(10)拉伸底板底面面域形成底板立体
命令行命令如下：
命令：_extrude　　　　（选择【绘图】→【实体】→【拉伸】或单击建模工具栏的拉伸按钮，选择
　　　　　　　　　　拉伸命令）
当前线框密度：　　　　ISOLINES=4
选择对象：找到1个　　（选择底板底面面域，按Enter键或单击右键）
选择对象：
指定拉伸高度或[路径(P)]：15（指定拉伸高度为15，按Enter键）
指定拉伸的倾斜角度<0>：　（直接按Enter键，确认指定拉伸的倾斜角度为默认值0）
结果如图2-6-98所示。

3. 用移动命令将底板移动到正确位置
命令行命令如下：
命令：_move 找到2个　　（选择修改工具栏中的移动命令）
指定基点或位移：指定位移的第二点或<用第一点作位移>：
　　　　　　　　　　（捕捉底板上表面右端φ60的圆心作为基点，移动到圆柱体捕捉
　　　　　　　　　　圆柱体的底圆圆心单击左键确定移动到正确位置）

4. 执行"并"运算，将圆柱和底板合并
命令行命令如下：
命令：_union
　　　　　　　　　　（选择【修改】→【实体编辑】→【并集】或单击实体编辑工具
　　　　　　　　　　栏的并集按钮，选择并集命令）
选择对象：指定对角点：找到2个　　（拾取圆柱和底板）
选择对象：　　　　　　　　　　（命令结束）
结果如图2-6-99所示。

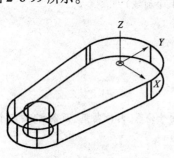

图2-6-98　底板立体

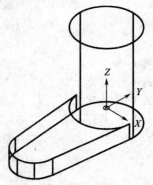

图2-6-99　合并后的圆柱和底板

5. 绘制水平的大圆柱

(1) 建立新坐标系。

命令行命令如下：

命令：ucs　　　　　　　　　　　　　　（输入命令 ucs，按 Enter 键确认）

当前 UCS 名称：＊世界＊

输入选项[新建(N)/移动(M)/正交(G)/上一个(P)/恢复(R)/保存(S)/删除(D)/应用(A)/?/世界(W)]＜世界＞：n　　　　　（输入"n"，确认执行"新建(N)"命令，新建用户坐标系，按 Enter 键确认）

指定新 UCS 的原点或 [Z 轴(ZA)/三点(3)/对象(OB)/面(F)/视图(V)/X/Y/Z] ＜0,0,0＞：0,0,40
　　　　　　　　　　　　　　　　　　（指定新 UCS 的原点(0,0,40)）

命令：ucs　　　　　　　　　　　　　　（输入命令 ucs，按 Enter 键确认）

当前 UCS 名称：＊没有名称＊

输入选项[新建(N)/移动(M)/正交(G)/上一个(P)/恢复(R)/保存(S)/删除(D)/应用(A)/?/世界(W)]＜世界＞：n

　　　　　　　　　　　　　　　　　　（输入"n"，确认执行"新建(N)"命令，新建用户坐标系，按 Enter 键确认）

指定新 UCS 的原点或 [Z 轴(ZA)/三点(3)/对象(OB)/面(F)/视图(V)/X/Y/Z] ＜0,0,0＞：y
　　　　　　　　　　　　　　　　　　（输入命令 y，表示新建用户坐标系将绕 y 轴旋转）

指定绕 Y 轴的旋转角度 ＜90＞：　　　　（直接按 Enter 键确认）

(2) 绘制水平的大圆柱

命令行命令如下：

命令：_cylinder　　　　　　　　　　　（选择圆柱体命令）

当前线框密度：　　　　　　　　　　　　ISOLINES＝4

指定圆柱体底面的中心点或 [椭圆(E)] ＜0,0,0＞：（直接按 Enter 键确认）

指定圆柱体底面的半径或 [直径(D)]：15　（指定圆柱体底面的半径 15，按 Enter 键确认）

指定圆柱体高度或 [另一个圆心(C)]：50　（指定圆柱体高度 50，按 Enter 键确认）

结果如图 2-6-100 所示。

(3) 执行"并"运算，合并底板、竖直大圆柱和水平大圆柱

命令行命令如下：

命令：_union　　　　　　　　　　　　（选择并集命令）

选择对象：指定对角点：找到 2 个　　　（框选全部）

选择对象：　　　　　　　　　　　　　　（命令结束）

结果如图 2-6-101 所示。

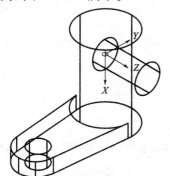　　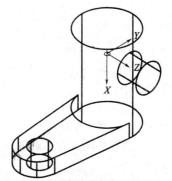

图 2-6-100　绘制好水平的大圆柱后的图形　　图 2-6-101　合并后的底板、竖直大圆柱和水平大圆柱

6. 绘制竖直大圆筒上的圆柱孔

(1) 建立新的坐标系。

命令行命令如下：

命令：ucs　　　　　　　　　　　　　　　（输入命令 ucs，按 Enter 键确认）

当前 UCS 名称：*没有名称*

输入选项●［新建(N)/移动(M)/正交(G)/上一个(P)/恢复(R)/保存(S)/删除(D)/应用(A)/?/世界(W)］＜世界＞：n

　　　　　　　　　　　　　　　　　　　（输入"n"，按 Enter 键确认）

指定新 UCS 的原点或［Z 轴(ZA)/三点(3)/对象(OB)/面(F)/视图(V)/X/Y/Z］＜0,0,0＞：80,0,0

　　　　　　　　　　　　　　　　　　　（指定新 UCS 的原点(0,0,40)）

命令：ucs　　　　　　　　　　　　　　　（输入命令 ucs，按 Enter 键确认）

当前 UCS 名称：*没有名称*

输入选项［新建(N)/移动(M)/正交(G)/上一个(P)/恢复(R)/保存(S)/删除(D)/应用(A)/?/世界(W)］＜世界＞：n

　　　　　　　　　　　　　　　　　　　（输入"n"，按 Enter 键确认）

指定新 UCS 的原点或［Z 轴(ZA)/三点(3)/对象(OB)/面(F)/视图(V)/X/Y/Z］＜0,0,0＞：y

　　　　　　　　　　　　　　　　　　　（输入命令 y，表示新建用户坐标系将绕 y 轴旋转）

指定绕 Y 轴的旋转角度 ＜90＞：-90　　　（直接按 Enter 键确认）

(2) 绘制与竖直大圆柱同心的竖直小圆柱。

命令行命令如下：

命令：_cylinder　　　　　　　　　　　　（选择圆柱体命令）

当前线框密度：　　　　　　　　　　　　　ISOLINES=4

指定圆柱体底面的中心点或［椭圆(E)］＜0,0,0＞：（直接按 Enter 键确认）

指定圆柱体底面的半径或［直径(D)］：d　（输入 d，切换到"直径(D)"命令）

指定圆柱体底面的半径或［直径(D)］：40　（指定圆柱体底面的直径 40，按 Enter 键确认）

指定圆柱体高度或［另一个圆心(C)］：120　（指定圆柱体高度 100，按 Enter 键确认）

结果如图 2-6-102 所示。

(3) 执行"差"运算，竖直大圆柱减去竖直小圆柱，形成圆柱孔。

命令行命令如下：

命令：_subtract 选择要从中减去的实体或面域…　（选择差集命令）

选择对象：找到 1 个　　　　　　　　　　（选择从中减去的实体大圆柱，按 Enter 键或单击右键）

选择对象：

选择要减去的实体或面域…　　　　　　　（选择要减去的实体小圆柱，按 Enter 键或单击右键）

选择对象：找到 1 个　　　　　　　　　　（命令结束）

结果如图 2-6-103 所示。

7. 绘制水平小圆筒上的圆柱孔

(1) 建立新的坐标系。

命令行命令如下：

命令：ucs

当前 UCS 名称：*没有名称*

输入选项［新建(N)/移动(M)/正交(G)/上一个(P)/恢复(R)/保存(S)/删除(D)/应用(A)/?/世界(W)］＜世界＞：n

指定新 UCS 的原点或［Z 轴(ZA)/三点(3)/对象(OB)/面(F)/视图(V)/X/Y/Z］＜0,0,0＞：0,0,75

命令：ucs
当前 UCS 名称：＊没有名称＊
输入选项 [新建(N)/移动(M)/正交(G)/上一个(P)/恢复(R)/保存(S)/删除(D)/应用(A)/?/世界(W)] <世界>：n
指定新 UCS 的原点或 [Z 轴(ZA)/三点(3)/对象(OB)/面(F)/视图(V)/X/Y/Z] <0,0,0>：y
指定绕 Y 轴的旋转角度 <90>：

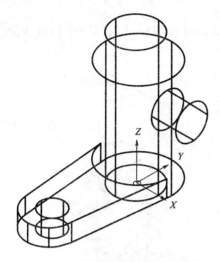 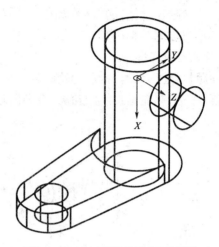

图 2-6-102　绘制好竖直小圆柱后的图形　　　　图 2-6-103　竖直圆柱孔形成后的图形

（2）绘制水平小圆柱，如图 2-6-104。

命令行命令如下：

命令：_cylinder　　　　　　　　　　　　　（选择圆柱体命令）
当前线框密度：　　　　　　　　　　　　　ISOLINES = 4
指定圆柱体底面的中心点或 [椭圆(E)] <0,0,0>：（直接按 Enter 键确认）
指定圆柱体底面的半径或 [直径(D)]：7.5　　（指定圆柱体底面的半径 7.5，按 Enter 键确认）
指定圆柱体高度或 [另一个圆心(C)]：50　　　（指定圆柱体高度 50，按 Enter 键确认）

（3）执行"差"运算，合并后的底板、竖直大圆筒和水平大圆柱减去水平小圆柱，形成水平小圆筒上的圆柱孔，如图 2-6-105。

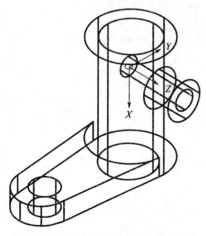 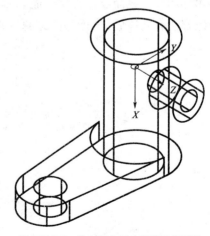

图 2-6-104　绘制好水平小圆柱后的图形　　　　图 2-6-105　绘制好水平小圆筒后的图形

命令行命令如下：

命令：_subtract 选择要从中减去的实体或面域……
选择对象：指定对角点：找到 1 个
选择对象：
选择要减去的实体或面域……
选择对象：找到 1 个

8. 视觉样式选择及确定

选择【视图】→【消隐】，结果如图 2-6-106 所示；选择【视图】→【视图样式】→【概念】或者【真实】，结果如图 2-6-107 所示。

9. 常见问题解析

【问题】创建面域时，拾取的轮廓一定是封闭的吗？

【答】是的，只能是封闭的轮廓，否则创建不成功。

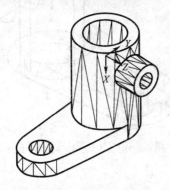
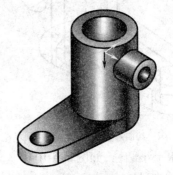

图 2-6-106　消隐后的立体图　　　图 2-6-107　概念视图样式的立体图

任务小结

实体建模的大致思路如下：

(1) 把复杂的模型分成几个简单立体组合，如将模型分解成长方体、圆柱体等基本立体。

(2) 在屏幕的适当位置创建简单立体，所包含的孔、槽等特征可通过布尔运算或编辑实体本身来形成。

(3) 用移动和对象命令捕捉将生成的简单立体"装配"到正确位置。

(4) 组合所有立体后，执行"并"运算以形成单一立体。

参 考 文 献

[1] 刘力. 机械制图[M]. 北京:高等教育出版社. 2008.
[2] 张小红. 机械制图与识图职业技能训练教程[M]. 北京:高等教育出版社. 2008.
[3] 孟冠军,王静. 机械绘图与识图技巧和范例[M]. 北京:机械工业出版社. 2011.
[4] 王槐德. 机械制图新旧标准代换教程[M]. 北京:中国标准出版社. 2004.
[5] 徐连孝. 机械制图[M]. 北京:北京大学出版社,2011.
[6] 金大鹰. 机械制图[M]. 北京:机械工业出版社,2005.
[7] 胡立平,赵智慧. 机械制图与计算机绘图[M]. 北京:中国铁道出版社,2010.
[8] 李永芳,叶钢. 机械制图[M]. 人民交通出版社,2011.
[9] 霍振生. 汽车机械制图[M]. 北京:高等教育出版社,2010.
[10] 钱可强. 机械制图[M]. 3版. 北京:高等教育出版社,2011.
[11] 庞正刚. 机械制图[M]. 北京:北京航空航天大学出版社,2012.
[12] 刘晓年,刘振魁. 机械制图[M]. 北京:高等教育出版社,2005.
[13] 赵香梅. 机械制图[M]. 3版. 北京:机械工业出版社,2010.
[14] 严胜利,刘胜杰. 机械制图[M]. 西安:西北工业大学出版社,2010.